불고기

한국 고기구이의
문화사

불고기
한국 고기구이의 문화사

초판 1쇄 발행 2021년 6월 1일
지은이 | 이규진 · 조미숙

펴낸곳 | 도서출판 따비
펴낸이 | 박성경
편　집 | 신수진
디자인 | 이수정
출판등록 2009년 5월 4일 제2010-000256호

주소 서울시 마포구 월드컵로28길 6(성산동, 3층)
전화 02-326-3897
팩스 02-6919-1277
이메일 tabibooks@hotmail.com
인쇄 · 제본 영신사

ISBN 978-89-98439-91-0 93590
값 18,000원

따비음식學
004

불고기

한국 고기구이의 문화사

이규진·조미숙 지음

따비

일러두기

- 인용한 자료의 출처는 미주로 표시했으며, 미주 번호는 부마다 새로 시작한다.
- 인용문은 굵은 글씨 강조는 지은이의 것이다.

책을 내며

한국인에게 불고기는 무엇일까? 어린 시절, 명절이면 어김없이 불고기 냄새가 났다. 음식상 가운데 놓인 불고기의 존재감은 모든 음식을 압도하고도 남았다. 명절의 들뜬 분위기와 더불어 불고기의 그 달달한 맛과 냄새가 아직도 생생히 기억난다. 나에게 불고기는 곧 명절이었다.

1970~80년대 성장기를 보낸 세대라면 다들 비슷한 경험이 있지 않을까? 우리나라 쇠고기 소비량은 1970년대 중반 이후 급격하게 증가했다. 그 시기는 바로 불고기 전성기이기도 하다. 1970~80년대 한국인 쇠고기 소비의 상당량은 '불고기'로 섭취되었다고 해도 무리가 아니다.

그런데 불고기는 알아갈수록 모호한 음식이다. 이렇게 광범위하며 포용적인, 그래서 골치 아프도록 매력적인 음식이 또 있을까 싶다. 몇 년 전 온라인상에서 불고기에 관한 뜨거운 논쟁이 있었다. 이런 논쟁이 소모적으로 흐르지 않고 생산적인 토론으로 이어지기 위해서는 기초 자료가 필요하다는 생각이 들었다. 부족하지만 논문을 정리해서 거기에 보태는 것이 나의 의무는 아닐까 생각하던 참이었다. 그런데 마침 시의적절하게, 일면식도 없었던 도서출판 따비 박성경 대표께서 메일을 보내주셨다. 우물쭈물하고만 있는 내게, 이제 좀 움직이라고 등을 툭, 밀어 동력을 보태주셨다.

바쁜 영업점에 찾아와 귀찮은 질문을 하던 연구자에게 흔쾌히 시간을 내주신 경영주들을 비롯해서 인터뷰에 응해주신 모든 분께 이 자리를 통해 깊이 감사를 드린다. 이 책이 가치가 있다면 이분들의 귀한 증언 덕분이다. '한일관' 김은숙·김이숙 사장님, '한국외식정보' 박형희 대표이사님, '삼원가든' 박수남 회장님, '우래옥' 김지억 전무님, '화춘옥' 이광문 사장님, '진고개' 정관희 사장님, '라브리' 홍성철 사장님, '삼오불고기' 김동철·김영숙 사장님, '대중식당' 김미리 사장님, '만복래' 김성환 사장님, '우진기계' 정운조 대표이사님, '팔판정육점'의 이경수 사장님, 그리고 책을 마무리하는 단계에서 일본 '식도원' 관련 귀한 자료를 제공해주신 '레스쁘아'의 임기학 셰프님께 감사드린다.

척박한 오늘날의 출판계 현실에서 뚝심 있게 음식문화 전문서적 출판의 길을 걸어오신 도서출판 따비의 박성경 대표께는 찬사를 드릴 수밖에 없다. 또한 미처 살피지 못하고 간과한 부분을 세

심하게 봐주시고 조언해준 신수진 편집장의 지지는 내게 크나큰 힘이 되었다.

책을 마무리하는 지금까지도 나는 불고기에 관해 궁금한 것이 많다. 불고기 연구가 활발하게 이루어져서 이 책의 빈 부분들이 좀 더 채워지고 잘못된 부분은 수정되었으면 한다. 논문을 책으로 발전시키면서 딱딱한 문체를 고치는 데는 한계가 있었다. 하지만 내용은 어렵지 않다. 함께 맛있고 즐거운 불고기 탐구를 해보시자고 손을 내밀어본다.

2021년 6월
저자를 대표하여, 경남대학교 식품영양학과 이규진

논쟁적 음식,
불고기

불고기는 그 의미가 너무나도 포괄적이며, 시대에 따라 다양하게 변신을 거듭해왔다. 더욱이 많은 유사 단어들이 있어 혼동을 가져오기도 했다.

1930년대 중반 신문에는 당시 '평양(모란대)의 명물'로 유명했던 불고기에 대한 기사가 다수 게재되었다. 종합해서 비교해보면 '불고기=소육燒肉=군고기=야키니쿠'로 모두 같은 의미라는 것이 확인된다. 여기에서 중심이 되는 단어는 소육燒肉이다. 이미 우리나라 14세기 문헌에서 '구운 고기'의 의미로 나타나며, 이후 조선시대 각종 문서에서 많이 발견된다. 한자어 소육을 우리말로 풀이한 '구운 고기'를 줄인 말이 '군고기'다. 그리고 당시가 일세강점기였기에 소육을 일본식으로 발음한 '야키니쿠'도 사용되었다.

이렇게 보면 소육, 군고기, 야키니쿠의 관계는 명확한데, 아직도 불고기의 어원은 확실히 밝혀지지 않았다. 어쨌든 결과적으로, 여러 단어들의 경쟁에서 어려운 한자어인 '소육'이나 발음이 쉽지 않은 '군고기' 대신, '불에 구운 고기'라는 뜻을 담으면서 발음하기도 좋은 '불고기'가 대중의 선택을 받았다.

불고기는 '불에 구운 다양한 고기'를 통칭하는 단어였다. 고기는 쇠고기에 국한되지 않고 다양했다. 고기 두께는 덩이에서 얇게 썬 것까지, 양념 또한 생고기에서 너비아니식 양념에 이르기까지 모든 것을 포함했다. 한편 너비아니는 '얇게 저며 양념하여 불에 구운 쇠고기'라는 정체성이 분명한 음식이었다. 하지만 '블랙홀' 같은 불고기라는 단어는 너비아니의 의미도 흡수해버렸다. 한국 음식문화의 초석을 놓은 방신영 교수는 불고기가 너비아니의 "속칭"이며 "상스러운 부름"이라며 기꺼워하지 않았지만, 불고기는 이미 대세였다.

불고기는 6.25전쟁이라는 격변의 시기에 큰 변신을 하는데, 육수가 생기면서 '구운' 음식에서 '끓이는' 음식으로 바뀐 것이다. 또한 1970~80년대에 이르자 더 넓게 진화한다. 그 시기 조리서에서 발견되는 "오징어 불고기", "전갱이 불고기", "꿩 불고기", "가지 불고기"처럼 어류, 조류, 채소류를 막론하고 재료의 범위가 확장되었고, 그 의미도 '불에 익힌 모든 종류의 음식'으로 확대되었다.
느슨하게 연결된 '불'과 '고기'의 두 단어 사이에는 시대별로 '굽고', '끓이고', '볶는' 다양한 조리법이 넘나들었다. 모호한 이름 덕분에 역설적이게도 불고기는 구속받지 않고 창의성을 발휘해 자유롭게 변신을 거듭할 수 있었다. 그리고 마침내 한국을 대표하는 음식으로 우뚝 섰다. 비록 현재는 한국인들이 음식점에서 많이 찾는 음식이 아님에도 말이다. 대신 '불고기 버거'와 '불고기 피자'로 또 진화했다. 진정 불고기는 힘이 세다.

이 책에서는 불고기를 중심으로 한국의 육류구이 문화 변천사를 살펴보고자 한다. 굴곡진 근현대사 속에서 진행된 불고기의 진화를 살펴보면, 근대 이후 100년의 한국 육식문화는 '불고기 탄생과 발전의 역사'라고 해도 과언이 아니다.

제I부에서는 불고기의 유래와 의미에 대해 정리했다. 그리고 이후 부들에서는 시기별로 나누어 육류 소비량과 육류구이 문화의 변천 과정을 살피고자 한다.

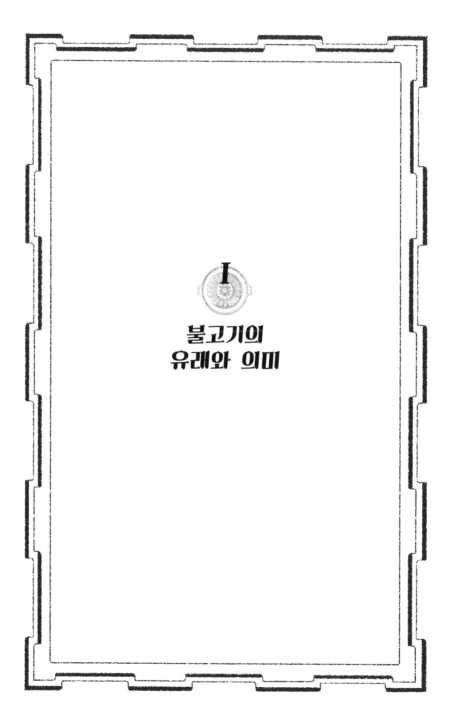

I

불고기의
유래와 의미

우리나라 전통 육류구이는 고구려시대 '맥적貊炙'에서 유래하며, 불교의 영향으로 잊혔던 맥적이 고려시대에 '설야멱雪夜覓'으로 되살아나 조선시대로 이어졌고, 조선 후기의 '너비아니'에서 현재 '불고기'로 연결된다는 것이 학계의 정설이다. 그런데 한편으로는 그 시초부터 각 변천 단계마다 이견과 논란이 있는 것이 사실이다.

불고기는 우리나라 대표 음식 중 하나로 꼽히지만 그 시초와 유래를 확인하기에는 자료가 절대적으로 부족하고, 너무나 긴 시기를 다뤄야 하는 어려움 등으로 인해 체계적인 연구가 거의 이루어지지 않았다. 대신, 통념에 기댄 근거 없는 주장이나 출처 없는 인용이 계속 확산되어 이로 인한 오류가 많이 발견되고 있다. 최근 온라인상에서 불고기를 뜻하는 한자어인 '소육燒肉'과 일본의 '야키니쿠燒肉/やきにく'와의 관련성을 놓고 많은 논란이 벌어진 것이 그 하나의 방증이라고 볼 수 있다.

여기에서는 우선, 지금까지 진행된 맥적, 설야멱, 너비아니에 관련된 연구들을 정리하고자 했다. 그리고 여태까지 다소 막연하게 불고기의 발전 단계로 생각해왔던 맥적, 설야멱, 너비아니의 흐름에서 어떤 점이 면면히 계승되어왔는지, 또한 변화된 점은 무엇인지 살펴보고, 불고기가 역사적으로 어떻게 발전해왔는지 고찰하고자 한다.

1장

불고기의
유래

1) 맥적

(1) 맥적은 우리 음식인가

우리나라 육류구이의 원조로 일컬어지는 음식은 맥적貊炙이다. 맥적을 우리 민족의 음식으로 처음 주목한 사람은 최남선[1]으로, 그가 1943년에 낸 역사개설서《고사통故事通》에서 처음 맥적에 대해 언급했다고 알려져 있다. 그런데 최남선이 맥적을 처음 언급한 시점에 대해서는 논의의 여지가 있다. 최남선은《고사통》 (1943),《조선상식문답朝鮮常識問答》(1946),《조선상식朝鮮常識》(1948)

을 통해 '부여·고구려계 고기구이'를 언급했다. 《고사통》에서 "맥
貊은 동북의 부여계 민족을 가리키는 것이다. 맥적貊炙, 곧 부여식
고기구이"[2]라고 했고, 문답 형식으로 엮은 《조선상식문답》에서는
"조선의 음식 만드는 법에 무엇이 가장 유명합니까?"라는 물음에
"첫째 고기구이가 예로부터 유명하야 시방말로 하자면 방자고기,
산적, 섭산적 가튼 것이 부여, 고구려 시절에 크게 발달하고 이
법이 중국으로 들어가서 중국의 음식 내용에 혁명을 일으켰다.
(중략) 원래 부여, 고구려는 북방 추운 지방의 나라로서 기름기를
많이 먹게 된 관계가 있으매 저절로 짐승을 많이 치고 또 그 고
기를 다루는 솜씨가 특별히 발달"[3]했다고 설명했다.

  그리고 《조선상식》 서문에서는 이 책이 《매일신보》에 연재되
었던 글을 모아서 만든 것이라고 밝히고 있다. 최남선은 1937년
에 매일신보 부사장이었던 이상협이 자신에게 "재료 정리의 의미
로써 그 일부를 성문成文하여 그의 주재하는 《매일신보》 학예면
에 게재하기를 종용"하여 신문에 글을 썼는데, 이 글들을 모아 일
제강점기에 책을 내려고 하다가 뜻을 이루지 못하고 해방 후에
간행하게 되었다고 술회했다.[4] 실제로 맥적을 언급한 부분을 《매
일신보》 1937년 3월 7일자에서 〈그림 I-1〉과 같이 찾아볼 수 있
으며, 이 내용은 《조선상식》에 실린 것과 동일하다. 따라서 최남
선이 맥적에 대해 처음 언급한 시점은 현재 알려진 바처럼 《고사
통》이 발간된 1943년이 아닌, 1937년 《매일신보》로 거슬러 올라
간다.*

  《매일신보》 1937년 3월 7일자에 실린 글의 제목은 '高麗(고려)'

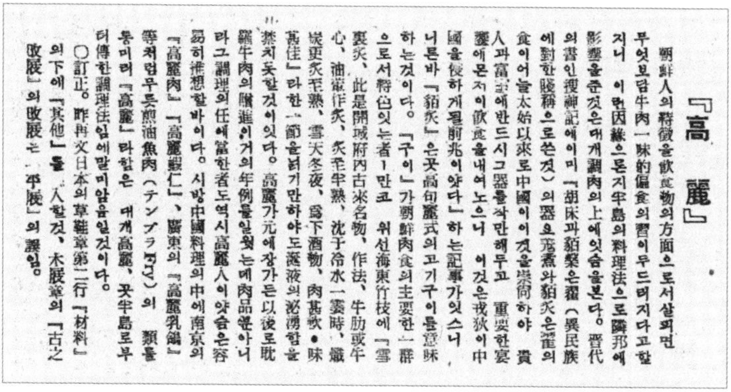

「高 麗」

朝鮮人의 特徵을 飮食物의 方面으로서 살펴면 무엇보담 牛肉一味的偏食의 習이 두드러지다고 할지니 이 亦因緣으로 온지 半島의 料理法으로 隣邦에 影響을 준 것은 대개 調肉의 上에 잇슴을 본다。 晉代의 書인 搜神記에 이미 「胡床과 貊槃은 翟(異民族에 對한 賤稱으로 쓴 것)의 器요 羌煮와 貊炙은 翟의 食이어늘 太始以來로 中國이 이것을 崇尙하야 貴人과 富室에 반드시 그 器를 작만해두고 重要한 宴饗에 몬저 이 飮食을 내여노으니 이것은 戎狄이 中國을 侵하게 될 前兆이얏다」하는 記事가 잇스니 니른바 「貊炙」은 곳 高句麗式의 고기구이를 意味하는 것이다。 「구이」가 朝鮮肉食의 主要한 一群으로서 特色잇는 者ㅣ 만코 위선 海東竹枝에 「雪裏炙、此是開城府內古來名物、作法、牛肋或牛心、油醬作炙、炙至半熟、沈于冷水一霎時、熾炭更炙至熟、雪天冬夜、爲下酒物、肉甚軟・味甚佳」라한 一節을 넘기만하야도 涎液의 泌湧함을 禁치 못할 것이 잇다。 高麗가 元에 장가든 以後로 耽羅牛肉의 贈進이 거의 年例를 일웟는데 肉品뿐아니라 그 調理의 任에 當한 者도 역시 高麗人이 얏슴은 容易히 推想할 바이다。 시방 中國料理의 中에 南京의 「高麗肉」「高麗蝦仁」、廣東의 「高麗乳鴿」 等처럼 무릇 煎油魚肉(テンプラFry)의 類를 통미러 「高麗」라 함은 대개 高麗、곳 半島로부터 傳한 調理法임에 말미암음일 것이다。

○訂正。昨再文日本의 草鞋章第二行 「材料」의 下에 「其他」를 入할 것、木屐章의 「古之改展」의 改展는 「平展」의 誤임。

그림 1-1 최남선의 글 '고려' (출처: 《매일신보》 1937. 3. 7)

인데, 1937년 당시 중국요리 중에 '고려'가 붙는 음식들은 우리나라로부터 전래된 조리법임을 강조하기 위함이었다. 그 글 첫머리는 "조선인의 특징을 음식물의 방면으로 살피면 무엇보담 우육일미적편식牛肉一味的偏食의 習(습)이 두드러진다."고 시작한다. 그리고 중국 진晋시대의 《수신기搜神記》의 다음과 같은 내용을 인용하며 "맥적은 곧 고구려식의 고기구이를 의미하는 것"이라고 했다. "호상胡床과 맥반貊槃은 적翟[이민족에 대한 천칭賤稱으로 쓴 것]의 기器요, 강자羌煮와 맥적貊炙은 翟의 食이어늘, 태시 이래로 중국이 이것을 숭상崇尙하야 귀인貴人과 부실富室에 반드시 그 器를 작만해

* 《조선상식문답》 또한 《매일신보》에 연재한 것을 엮은 책이며 여기에서도 고기구이에 대한 언급이 있지만, 본문에서 소개한 것처럼 '맥적'이라고 명시한 것이 아니라 그냥 고기구이가 유명하다고 폭넓게 이야기하고 있다.

두고 중요한 연향宴饗에 몬저 이 음식을 내여노흐니 이것은 융적
戎狄이 중국을 침侵하게 될 전조이얏다." 최남선은 이어서 최영년
의 《해동죽지海東竹枝》 중 설리적雪裏炙에 대한 설명을 다음과 같이
인용했다.

> 雪夜炙, 此是開城府內, 作法, 牛肋惑 牛心, 油薰作炙, 炙至半熟, 沈
> 于冷水一霎時, 熾炭炙至熱, 雪天冬夜, 爲下酒物, 肉甚軟 味甚
> 설야적은 개성부의 명물로서, 소갈비나 염통을 기름과 훈채로 조미
> 하여 굽다가 반쯤 익으면 찬물에 잠간 담갔다가 센 숯불에 다시 굽
> 는다. 눈 오는 겨울밤의 안주로 좋고 고기가 매우 연하여 맛이 좋다.

그리고 "이 구절은 읽기만 하여도 涎液(연액)의 泌涌(필용)을
금치 못할 것이다(침이 솟아나는 것을 금치 못할 것이다)."라고 덧붙
였다. 최남선은 우리나라 육류구이의 전통이 부여·고구려의 맥적
부터 고려의 설리적까지 이어지고 있음을 피력한 것으로, 이 주
장은 지금까지 학계에 영향을 끼치고 있다.

이렇게 '부여'를 강조하는 경향은 1908년 《대한매일신보》에 연
재된 신채호의 〈독사신론讀史新論〉에서 비롯된 것이다.[5] 신채호는
"부여족은 곧 우리 신성한 종족인 단군의 자손들로서 지난 4천
년 동안 이 땅의 주인공이 된 종족"이라며 민족사의 주족主族을
'부여족'으로 설정했다. 일제에 국권을 빼앗기려는 상황에서 독립
정신을 높이기 위해 신채호가 부여를 강조한 이래 민족사학자들
이 이 용어를 자주 사용했는데, 최남선 역시 이에 영향을 받았다

고 보인다.

그러나 이런 최남선의 주장에 대해 최근 일부 국내외 연구자들은 의문을 제기하고 있다. 그 첫 번째 이유는 맥적이 언급된 《수신기》의 신빙성 문제다. 《수신기》가 정통 역사서가 아닌, 신비하고 괴기스러운 이야기를 모아놓은 설화집이기 때문이다. 《수신기》는 4세기경 중국 동진東晉의 역사가 간보干寶가 편찬한 소설집으로, "육조六朝 지괴소설志怪小說의 백미"이며 "세상에 있을 수 있는 신비하고 괴기스러운 온갖 사건이 총망라"[6]되어 있다고 평가받는다. 주영하는 "《수신기》는 기이한 이야기를 모아놓은 일종의 소설책"으로 "이 내용의 사실 여부는 검증이 필요하다. 다만 민간에서도 고구려의 맥적에 대한 이야기가 전설로 전해지고 있었다는 사실은 가치가 있다."[7]고 지적했다. 따라서 이런 설화집에 실린 내용을 그대로 믿을 수 있는가 하는 문제 제기인 것이다.

물론 맥적이 소설책인 《수신기》에 실렸다 해서 그런 음식 자체가 없었다고 볼 수는 없다. 맥적에 대한 가장 이른 시기의 기록은 후한시대 유희劉熙가 지은 한대漢代 일상용어집이라고 할 수 있는 《석명釋名》이다.[8] 이성우는 "《석명》에서 맥적은 통구이 하여 각자가 칼로 잘라가며 먹는 것으로 호맥胡貊에서 온 것"[9]이라고 했다.* 또한 맥적의 연원에 대해 깊이 있는 연구를 진행한 박유미는 "서진西晉의 장창張敞이 기록한 문헌인 《동궁구사東宮舊事》에도 맥적과

---

* 석명의 원문은 다음과 같다. "貊炙, 全體炙之, 各自以刀割出於胡貊之爲也(맥적은 통으로 구워, 각자의 칼로 저며 먹는다. 오랑캐(호맥)의 방식에서 나왔다)."

관련된 소반과 그릇이 왕실에서 태자비를 맞아들일 때 쓰는 물품 목록에 들어 있"는데, "맥적을 접빈객들에게 내갈 때 사용한 그릇이 '대함大函'이었다는 것에서 맥적의 부피가 상당했"[10]으리라 추측하고 있다. 즉《수신기》뿐 아니라 다른 기록을 통해서도 맥적의 존재가 확인된다.

맥적과 관련해 제기되는 두 번째 의문은《석명》의 "맥적이 호맥胡貊에서 비롯"되었다고 한 설명과, 《수신기》에서 "맥적은 적翟의 음식"이라고 한 설명에 대해 일부 연구자가 '호맥胡貊'이나 '적翟'이 우리 민족과 관련이 없다고 지적한 것이다. 중국 학자 가운데서도 의견이 나뉘는데, 맥적이 우리 민족과 관련 없다고 주장하는 왕런샹王仁湘 및 장웨이공姜維恭 등의 주장과 맥적이 고구려계 음식이라는 리근판李根蟠 및 루안판欒凡의 주장이 엇갈린다.[11] 박유미는 "호맥胡貊의 호胡는 흉노, 맥貊은 맥족"을 의미한다며, "맥적은 비한족계 육류 음식문화로, 맥이 반드시 고구려를 지칭하는 것은 아니라고 할지라도 맥족 계열 가운데 고구려가 포함되어 있음은 분명하다."[12]고 보았다.

또 다른 연구에서는 맥족 계열 중 고구려가 있으며, 맥적이 맥족의 고기구이 음식이라고 주장한다.

본래 맥이란 명칭은 중국의 춘추전국시대 문헌에서 맥貊, 호맥胡貊, 만맥蠻貊 등의 이름으로 등장한 이래 중국인들이 북방민족을 가리키는 일반적인 칭호다. 이후 사마천의《사기史記》에서 중국인들의 동북쪽에 있는 종족을 '맥족貊族'이라고 부르게 되었고,《후한서後漢書》'동이열전東夷列傳'에 보면 (고)구려는 일명 맥貊이라 한다고 해서 중국인들이 고구려를 '맥'이라고 불렀음을 확인할 수 있다. 고구려는 한문 사료에서 맥貊, 貉 또는 고구려高句驪, 구려句驪, 고구려高句麗, 구려句麗, 고려高麗 등으로 불리게 되었다. 따라서 맥적은 중국인의 동북쪽에 있던 고구려인들이 즐겨 먹었던 음식을 가리킨다. (중략) 강자와 맥적은 적翟의 음식으로 중국의 전통음식은 아니지만 3세기 이래 중국의 부유층이 즐긴 음식으로 묘사되고 있다. '적翟'은 적狄이라고도 부르며 중국인들이 북방민족을 가리킬 때 많이 사용하는 일종의 범칭이다. 여기서 '강자'란 서북계 유목민들이 즐겨 먹는 고깃국을 의미하고 맥적은 맥족 계통이 즐겨 먹는 통구이 음식을 가리킨다.[13]

이렇게, 현재까지 관련 연구는 맥적이 중국 전통음식과 구별되는 비한족계 고기구이이며, 맥족 계열 가운데 고구려가 포함되어 있음에 의견을 모으고 있다.

(2) 맥적은 어떤 음식일까

맥적에 관한 세 번째 의문은 그것이 과연 어떤 음식이었는가다. 《석명》에서 얻을 수 있는 "통구이"라는 단서 외에는 자세한 기록을 찾기 어려운 까닭이다. 통째로 조리하는 이유에 대해서는 다음과 같은 견해를 볼 수 있다. "맥적은 일반인들이 아무 때나 먹을 수 있는 음식이 아니라 동맹東盟과 같은 제천행사에서 사용했던 일종의 제사음식이자 잔치음식이다. 제사음식으로 만들기 전에 수렵물이나 가축을 희생 제물로 신에게 바친다. 샤머니즘의 영향을 받아 흠이 없는 동물들을 선별해 제사를 지냈던 민족들에게서는 희생제 이후에 음식 만들 때도 통째로 조리하는 특성이 나타난다."[14]

이성우는 맥적이 "고기에다 부추나 마늘을 풍성히 넣고 미리 조미하여 구워 먹는 것"이라면서 "다만 소, 돼지, 개 등 고기의 종류는 가리지 않았을 것"[15]이라고 추측했다. 그리고 후속 연구에서 《석명》과 《수신기》의 맥적 조리법이 다를 수 있다고 지적했다. "《석명》에서 맥적은 통구이라고 하였는데 《수신기》에서는 모든 잔치에 나오는 적을 맥적이라 하고, 맥반貊盤을 중심으로 한 잔치상을 맥적이라 하니, 이것이 통구이는 아닌 것 같다. 통구이라면 전체를 미리 조미하기 어렵다. 따라서 《수신기》에서 말하는 맥적은 역시 오늘날의 불고기처럼 미리 조미한 것이라고 보아야 할 것 같다. 《석명》의 맥적은 이것과 다른 조리법인 것 같다. 맥족은 통구이의 맥적도 잘한 것 같다."[16]

그런데 박유미는 이에 이견을 보였다. "이성우는 맥적이 후한 대에는 양념 통구이 음식이었지만 위진시대에는 전체를 조미하기 어렵기 때문에 통구이 형태가 아닌 오늘날 불고기처럼 고기를 썰어 조미한 형태로 변했을 것이라고 추정하고 있다. 하지만 서진시대에 맥적을 담는 그릇을 대함이라고 묘사한 것으로 보아 맥적은 부피나 크기가 큰 음식, 즉 여전히 통구이 형태를 취했을 가능성을 시사하고 있다. (중략) 맥적의 주재료는 당시 주요한 가축인 양, 소, 돼지, 말 등이 모두 활용되었을 가능성이 있지만, 그중에서도 양이나 돼지가 유력하다고 보았다. 즉 맥적의 시작은 양념한 돼지 통구이였다."[17]

윤서석은 맥적이 특별히 좋은 음식으로 칭송받은 이유는 양념을 했기 때문이며, 그 양념은 술, 소산류小蒜類(야생 달래 등), 장류 등이었다고 주장했다.[18] 주영하는 맥적이 "멧돼지를 통째로 간장에 절여 항아리에 넣어둔 것을 꺼내서 여기에 마늘과 아욱으로 양념을 한 후 그것을 숯불에 넣고 굽는 방식으로 만들었을 가능성이 많다."[19]고 추정했다.

한편, 부여·고구려의 맥적 외에 신라에서도 '통돼지구이'를 먹었다는 고고학적 연구 결과가 발표되었다. 경상북도 경주시 인왕동에 있는 월성月城(사적 제16호)은 신라 건국 초기(101년)부터 멸망 때까지 무려 800년 이상 동안 왕이 살았던 성으로, 2014년 말부터 발굴 작업이 시작되었다. 국립경주문화재연구소에 따르면, "신라인들의 동물 이용 흔적들이 월성 해자에서 확인"되며, "해자에서 가장 많은 양을 보이는 것은 멧돼지류"였다. 또한 이 멧돼지의 아래턱뼈를 조사한 결과 생후 6개월 안팎이 36%로 가장 많았다.[20] 연구소 관계자는 이런 고고학적 발견을 통해 "신라인들이 어린 돼지를 식용 혹은 의례용으로 선호했다는 사실"을 알 수 있다면서 "5세기 신라에서는 멧돼지 사육과 관리가 이뤄졌고, 이를 통해 안정적으로 돼지를 공급했을 것"[21]이라고 유추했다.

5세기 신라는 아직 불교가 공인되기 전이므로 종교에 의한 육식 제한은 없었다고 보인다. 또한 발굴된 뼈 유적이 어린 멧돼지이므로 통돼지구이로 먹었음을 추정할 수 있다. 신라는 삼국 중 가장 늦은 528년에 불교가 공인되었고 법흥왕 16년(529)에 살생 금지령이 내려졌으나, 이성우는 "신라 사람들에게 육식 엄금은 아니었던 것 같다."고 추측했다.[22] 《삼국사기》 '신라본기 신문왕 3년(683)조'에 의하면, 신문왕이 김흠운金欽運의 딸을 맞아들여 비妃로 삼으면서 보낸 결혼예물 중에 포脯[23]가 포함되었던 사례가 있었기 때문이다.

백제의 경우는 384년 불교 공인 이후 7세기에 이르러서는 육식이 절제되었음을 추정할 수 있는 유적이 발굴된 바 있다. 2019년 6월 전북 익산의 왕궁리 유적에서 왕궁의 고대 화장실 터가 발견된 것이다. 백제 30대 무왕(재위 600~641) 시기의 유적으로 추정되는데, 그곳의 "기생충 조사 결과는 백제인들의 식습관을 유추할 수 있는 중요한 단서도 제공했다. 발견된 기생충은 채식을 많이 하는 사람들이 감염되는 회충과 편충에 집중됐고, 육식을 통해 감염되는 조충은 검출되지 않은 것이다. 이와 함께 민물고기를 먹어서 감염되는 간흡충도 발견됐다. 백제인들이 주로 채식을 했으며, 육류보다는 주변 하천에서 잡을 수 있는 민물고기로 단백질을 보충했음을 알 수 있"[24]었다. 즉 육식이 절제되었음을 알 수 있다.

고구려에만 육식의 전통이 있었던 것이 아니라 삼국 중에서 가장 불교가 늦게 전래된 신라에서도 5세기 어린 돼지 통구이를 먹었다. 그리고 불교가 공인된 이후인 7세기 백제는 불교의 영향으로 육식이 절제되는 경향을 띠었다. 이렇듯, 불교의 전래가 우리나라 육식문화에 커다란 영향을 미쳤다는 것을 알 수 있다.

2) 설야멱

(1) 고기구이의 부활

앞서 살펴본 것처럼, 최남선은 우리나라 육류구이의 시초를 '맥적'에서 찾으면서 《해동죽지》를 인용해 고려시대 개성의 명물 '설리적'을 언급한 바 있다. 이성우 역시 설리적에 관해 "고려시대에 접어들면서 불교의 영향으로 도살법과 요리법이 잊혀졌으나, 몽고 지배의 영향으로 맥적을 되찾게 되었고 몽고 사람과 회교도가 많이 들어와 살던 개성에서 설하멱雪下覓이라는 명칭으로 되살아났다."[25]고 설명했다.

고려시대의 육식 기피가 무너졌다는 것은 충렬왕 34년(1308)에 왕이 시효사와 왕륜사에 행차했을 때 육선肉膳이 올랐다는 기록에서 알 수 있으며, 이것은 원 침입 이후 몽골의 음식문화가 고려에 도입되었음을 보여준다.[26] 이렇듯, 잊혔던 육류 조리법은 원나라의 영향으로 되살아났지만, '설야멱雪夜覓'이라는 명칭 자체는 송나라 고사故事에서 왔다. 설야멱은 재료나 조리법이 연관되어 있는 일반적인 음식 명칭과는 달리, 고사와 관련된 문학적인 표현이 음식 명칭이 된 특이한 경우다. 명칭과 관련한 고사를 소개할 때 많이 인용되는 19세기《송남잡지松南雜識》외에도 영조가 직접 이에 대해 언급했던 기록(영조실록, 영조 39년)도 찾을 수 있다.

壬辰/上御金商門, 頒柑試士, 居首進士權, 命直赴殿試. 是夜召諸試
官宣饌, 仍敎曰: "昔宋祖有雪夜故事, 今者君臣一堂同餐, 古與今奚異
也? 其毋忘共餐之至意."

임금이 금상문金商門에 나아가 귤을 반사頒賜하고 나서 시사試士하
였다. 으뜸은 진사進士 권엄權儼이었는데, 직부 전시直赴殿試하게 하
였다. 이날 밤 시관試官들을 불러서 찬선饌膳을 베풀고 나서 이어서 하
교하기를, "옛날 송나라 태조太祖는 설야雪夜의 고사故事가 있었는데,
이제 군신君臣이 한 전당殿堂에서 같이 음식을 먹는 것이 옛날과 지금
과 다를 것이 뭐가 있겠는가? 오늘 함께 음식을 먹는 지극한 뜻을 잊
지 말라." 하였다.[27]

주註에는 '설야의 고사'가 "송나라 태조 개보開寶 2년(969)에, 태
조가 눈 내리는 밤에 조보趙普의 집에 가서 주안상을 차려놓고
함께 마시면서 국사國事를 논의했던 고사에서 나온 말"이라고 해
설되어 있다. 임금이 시관들에게 찬선을 베풀면서 인용했을 만큼
널리 알려진 고사인 것을 알 수 있다.

설야멱은 조선시대 의궤에도 등장하므로, 궁중에서 실제로 먹
던 음식이었음을 알 수 있다. 의궤는 왕족들의 탄생일과 각종 통
과의례에 왕실의 위엄을 부여하기 위해 개최한 행사인 연향宴享
의 전모를 기록한 것으로, 현존하는 의궤의 종류는 637종[28] 혹은
654종[29] 등으로 자료에 따라 차이가 있다. 이 중 '영접도감의궤'
가 있다. 조선의 국제교류 기본 원칙은 사대교린事大交隣으로, 중
국 사신을 접대하기 위한 임시기구로 '영접도감'을 설치했으며 사

신을 위한 영접, 즉 외교 의전 및 준비에 관한 기록으로 '영접도감의궤'를 남겼다.[30] 김상보의 연구에 의하면, '영접도감연향색의궤迎接都監宴享色儀軌'의 1609년 기록에는 산저설아멱山猪雪阿覓이 있고, 1643년에는 저육설아멱猪肉雪阿覓, 당저설아멱唐猪雪阿覓이 있다.[31] 이것으로 보아 1600년대에는 '설아멱'에 돼지고기를 이용했음을 알 수 있다. 한편 1765년(영조 41) 영조의 71회 탄신을 축하하는 수작의식受爵儀式을 기록한 〈수작의궤受爵儀軌〉의 설야멱은 쇠고기구이였다. 상차림을 담당한 '이방二房'* 미수상味數床** 중에 "설야멱雪夜覓"[32]이 있고, 예빈시禮賓寺***에서 준비한 설야멱雪夜覓의 재료는 "소 뒷다리 60그릇당 1척씩 3척과 외심육外心肉 1부, 참기름 6리씩, 소금 4사씩, 사지絲紙감으로 세 가지 색종이 각 5장"[33]이라고 되어 있다. 주註에는 재료 중 외심육을 "소의 등골 밖에 붙은 고기", 사지絲紙는 "제사나 잔치에 누름적, 산적을 꽂는 꼬챙이 끝에 감아 늘어뜨린 좁고 가늘게 오린 종이. 제사에는 흰종이, 잔치에는 오색종이를 쓴다."[34]라고 해설했다. 즉 설야멱을 구울 때 꼬치에 꿰어 조리했다고 생각된다. 김상보는 "쇠고기 안심육, 쇠고

* 〈수작의궤〉의 구성에서 일방(一房)은 풍물을, 이방(二房)은 상차림을, 그리고 삼방(三房)은 의주와 반차도를 담당한 조직이다. "이방은 잔치의 배설(排設), 즉 상차림을 담당하였다. 이방등록에는 이와 관련한 음식과 상, 보자기를 비롯하여 천막, 돗자리 등 현장의 비품 마련에 관한 문서와 목록이 실려 있다."(국립고궁박물관, 2018,《국역 수작의궤》, 국립고궁박물관, p. 19)
** 진찬(進饌)이나 진연의 특별 상차림.(국립고궁박물관, 2018,《국역 수작의궤》, 국립고궁박물관, p. 102)
*** 조선시대 빈객의 연향과 종실 및 재신들의 음식물 공급 등을 관장하기 위해 설치되었던 관청.

기 사태육, 참기름, 소금으로 되어 있기 때문에, 재료 구성상 쇠고
기에다 소금과 참기름을 발라 불에 구운 음식이 설야멱"[35]이라고
했다.

또한 1795년(정조 19) 혜경궁홍씨의 회갑연을 기록한 〈원행을
묘정리의궤[園幸乙卯整理儀軌]〉에는 왕의 점심 수라인 주수라畫水剌에
설야적雪夜炙[36]이 포함되어 있어 궁중에서 '설야적'으로도 불렸다
는 것을 알 수 있다. 여기에서 설야적은 '적炙'과 '적이炙伊' 항목에
모두 나타나는데, 김상보는 "굽는 요리를 炙과 炙伊로 구분하여
의궤상에 기록한 대표적인 것이 1765년 원행을묘정리의궤"인데,
"炙伊와 炙에는 근원적인 차이가 없어 보인다."[37]고 했다.

후대에 한글로 기록한 의궤도 나타났는데, 여기에서도 설야
멱이 발견된다. 그동안 의궤 중 한글로 필사된 것은 순조 28년
(1828)에 편찬된 〈자경뎐진쟉졍례의궤[慈慶殿進爵整禮儀軌]〉가 유
일한 것으로 알려졌지만, 이보다 앞선 시기에 편찬된 것으로 추
정되는 한글본 〈뎡니의궤[整理儀軌]〉가 프랑스 동양어학교 도서
관에 소장되어 있다.[38] 〈뎡니의궤〉는 원행과 화성성역이 끝난 후
인 1797년 9월 이후부터 활자본 〈화성성역의궤〉가 편찬 완료
된 1800년 5월 사이에 편찬되었을 가능성이 큰데,[39] 1796년 1월
20일의 찬품 내용 '점심 수라상 1상 18기' 중에서 한글로 쓰인
"설야멱 일긔"가 발견된다.[40] 즉 1700년대 말 궁중에서 한자어인
설야멱을 그대로 한글로 전환하여 표기했음을 알 수 있다.

조선시대 왕실의 여러 행사에 소요된 물품과 식재료의 목록,
수량, 인물을 기록한 문서를 '왕실음식발기'라고 한다. 한글로는

'발긔'나 '건긔'로 쓰며, 한자로는 發記, 撥記, 件記 등으로 쓴다.*
한국학중앙연구원 장서각에 연대가 불명확한 다례발기茶禮發起**
가 있는데, 이 중 '청포다례'에 올린 음식으로 한글로 적힌 "양셜
아적, 간셜아적"이 있다.[41] 1924년 이용기의 《조선무쌍신식요리제
법朝鮮無雙新式料理製法》에는 "양서리목양雪夜覓", "간서리목간雪夜覓"이
라고 표기되어 있어서 민가에서는 설야멱을 한글로 '서리목'이라
고 부르기도 했다는 것을 알 수 있다.

〈표 I-1〉에서 볼 수 있듯이, 설하멱은 궁중 의궤에 한자로 雪阿
覓(설아멱), 雪夜覓(설야멱), 雪夜炙(설야적), 한글로 설야멱으로 나
타났다. 《규합총서閨閤叢書》의 설하멱雪下覓 설명에는 "눈 오는 날
찾는다는 말이니 근래 설이목이 음을 잘못한 말이다."[42]라고 설명
하고 있어 '설이목'이라는 명칭으로도 불렸음을 알 수 있다.

박채린 등의 연구에서는 문헌을 통해 설아멱, 설하멱雪下覓, 설
중멱雪中覓, 설화멱雪花覓, 서리목雪夜覓, 설리적雪裏炙 등의 명칭이
나타났음을 밝혔다.[43] 지금까지 알려진 바로는 "조리서 중에 설
하멱이라는 명칭이 처음 기록된 책은 1670년경 쓰인 《음식디미
방》"[44]인데 다음과 같이 '가지느름적'과 '동아적'을 설명하면서 "설
하멱처럼 하라."고 되어 있다.

---

* 한국학중앙연구원 장서각에 217점, 경상대학교 고문헌 도서관 문천각에 206점, 그리고
서울대 규장각 한국학연구원과 한국궁중음식연구원, 풀무원김치박물관 등에 10여 점이
소장되어 있다(주영하, 2013, 〈조선왕조 궁중음식 관련 고문헌 자료 소개〉,《장서각》30호, 한국학
중앙연구원출판부, p. 426).
** 여러 종류의 다례(茶禮)에 올리는 제수를 기록한 발기인데, 앞부분이 소실되어 정확한
연대와 발기명은 알 수 없다.

표 I-1 조선시대 의궤와 왕실음식발기에 나타난 '설야멱'

명칭	출처	저술연대
山猪雪阿覓(산저설아멱)	迎接都監宴享色(영접도감연향색의궤)	1609
猪肉雪阿覓(저육설아멱)	迎接都監宴享色(영접도감연향색의궤)	1643
唐猪雪阿覓(당저설아멱)		
雪夜覓(설야멱)	受爵儀軌(수작의궤)	1765
雪夜炙(설야적)	園幸乙卯整理儀軌(원행을묘정리의궤)	1795
설야멱(한글)	뎡니의궤(整理儀軌)	1797~1800
양설야적, 간설야적(한글)	다례발기(茶禮發起)	미상
양설야적, 간설야적(한글)	절사제품(節祀祭品)	미상
양설야적, 간설야적(한글)		

동화적(동아적): 굵고 살찐 동아를 썰어 설하적 꿰듯이 꿰여 설하적
꿰듯히 하여

가지느르미: 가지를 설하멱적처럼 단 간장, 기름, 밀가루를 얹어 구워[45]

동아적을 설명하며 "설하적 꿰듯이"라고 했으므로 꼬챙이에
뀐 것을 알 수 있다. 또한 가지느르미를 설명하며 "단 간장, 기름"
으로 양념을 했고 "밀가루를 얹어 구워"라고 하여, 1670년 이전
의 설하멱 조리법에는 밀가루 자체인지 밀가루 풀의 형태인지는
알 수 없으나 밀가루가 사용되었음을 알 수 있다.

한편, 설하멱 조리법이 실질적으로 명확하게 나온 사료는
1718년 홍만선의 《산림경제山林經濟》이다. 여기의 설하멱법에는 밀

가루 사용이 나타나지 않고, 함께 소개한 《거가필용居家必用》에서
만 밀가루 풀을 볼 수 있다.《산림경제》의 내용은 다음과 같다(한
글 번역문은 한국고전종합 DB[http://db.itkc.or.kr]를 따랐다).[46]

凡燒肉. 忌桑柴火.〈神隱〉

燒肉. 用簽子. 插於炭火上. 蘸油鹽醬細料物. 酒醋調薄糊. 不住手勤
翻燒. 至熟剝去麪皮.〈必用〉

炙肉. 用芝麻花. 爲末置肉上. 則油不流.

(중략)

炙牛肉煮熟燒. 燒法見上.〈必用〉

雪下覓炙. 取牛肉作片. 以刀背擣之使軟. 插串和油鹽壓置. 待其盡
入. 用慢火燒之. 乍浸水旋出更燒. 如是者三. 又塗油荏而更燒之. 極
軟味佳.〈西原方〉

대개 고기 굽는 데 뽕나무 장작불을 꺼린다.〈신은지〉

고기 구울 때는 대꼬챙이에 꿰어 숯불에 올려 놓고 굽는데, 먼저 기
름·소금·장·갖은양념·술·초에 재었다가 묽은 풀을 슬쩍 발라 손을 재
게 놀려 구워낸 뒤 고기에 입힌 밀가루 풀을 벗긴다.〈거가필용〉

고기를 구울 때, 참깨꽃을 가루로 만들어 고기 위에 뿌리면 기름이
흐르지 않는다.

(중략)

쇠고기구이炙牛肉는 삶아서 굽는다. 굽는 법은 위에 있다.〈거가필용〉

설하멱적雪下覓炙은 쇠고기를 저며, 칼등으로 두들겨 연하게 한 뒤,
꼬챙이에 꿰어 기름과 소금을 섞어 꼭꼭 눌러 재어두었다가 양념기가

흡수된 뒤에 뭉근한 불로 구워 물에 담방 잠갔다가 곧 꺼내어 다시 굽는다. 이렇게 세 차례하고 참기름을 발라 다시 구우면 아주 연하고 맛이 좋다. 〈서원방〉

1766년 유중림의 《증보산림경제》에서는 《산림경제》에서 인용했던 《서원방西原方》의 방법을 소개하면서 덧붙여 《거가필용》에서 볼 수 없었던 밀가루 풀 바르는 것과 함께 마늘즙 곁들이는 방법을 기록하고 있다.

(2) 설야멱과 소육

박채린 등은 《증보산림경제》의 '설하멱'과 《거가필용》의 '소육燒肉'을 비교했다. 두 음식은 양념에 잰 고기를 꼬치에 꿰어 직화로 굽는다는 공통점이 있다. 차이점은 양념과 밀가루 코팅 방법인데, 《거가필용》의 소육은 밀가루 옷을 코팅제로만 사용한 반면, 《증보산림경제》의 설하멱은 조리가 완료된 후에도 밀가루 옷을 벗겨내지 않고 먹는 차이가 있다. 또한 우리나라의 설하멱은 밀가루 양념풀, 냉수침지, 기름, 깨 코팅의 3단계 기법을 한꺼번에 적용한 발전된 방식의 구이라고 평가했다. 그런데 "냉수침지법을 사용한 우육구이는 1809년 《규합총서》를 마지막으로 사라지고, 《임원십육지》(1827), 《주찬》(1855년 이전) 등 19세기 초반의 문헌에 등장하던 설하멱 조리법은 이후 문헌에서 사라진다."[47] 즉, 소육과 설하멱 조리법이 결과적으로 별다른 차이가 없게 된 것이다. 그러자 고기구이를 가리키는 용어로서 설하멱이 사라지면서 고기구이를 포괄적으로 일컫는 용어인 '소육'에 흡수되었을 가능성이 있다. 고사에서 비롯된 문학적 표현인 설하멱 대신 소육이 널리 사용되기 시작한 것으로 보인다.

'소육燒肉'은 중국뿐 아니라 우리나라에서도 많이 사용된 용어다. 조선왕조실록이나 승정원일기 같은 공식 문서를 비롯해 개인 문집에 이르기까지 각종 문서에서 발견된다. 소육燒肉은 '구운 고기'라는 의미를 가진 명사 외에도 '고기를 굽다'라는 동사로도 사용되었다.

14세기 문헌인 《박통사朴通事》는 한문으로 된 중국어 학습서로서, 박씨 성을 가진 역관이 저술하고 원말명초에 간행되었다고 추정하는 책인데, 이것을 1510년경 최세진이 한자어를 직역하여 풀이한 것이 《번역박통사飜譯朴通事》다.[48] 그런데 이 책에 여기에 '燒肉'이 나타나며 "구은 고기(구운 고기)"[49]라고 풀이하고 있다.

세조실록 세조 8년 9월 29일 기사에는 다음과 같은 내용이 있다.

太宗嘗講武, 命召承旨, 內竪不知承旨所在, 太宗笑曰, "尋出烟處去." 以承旨等每當駐駕, 必先燒肉後酒而飮故云.

태종太宗이 일찍이 강무講武할 때에 승지를 부르기를 명하니 내수內竪가 승지이 있는 곳을 알지 못하였는데, 태종이 웃으며 이르기를, "곧 연기가 나는 곳을 찾아가라."고 말하였다. 승지들이 매양 주가駐駕할 때를 당하면 반드시 먼저 고기를 굽고 술을 마시기 때문에 이렇게 말

한 것이다.[50]

必先燒肉後酒는 '반드시 먼저 고기를 굽고 술을 마신다'는 뜻
으로, 여기에서는 소육이 '고기를 굽다'라는 동사로 사용되었다.
소육燒肉이 '구운 고기'라는 명사로 쓰인 경우는 1639년 승정
원일기에서 볼 수 있다.

> 鄭太和, 以備邊司言啓曰, 丁丑經亂之後, 一路蕩殘難支. 故上年本司
> 啓辭, 大小使命除迎逢, 只羅將一雙, 早飯粥一器, **燒肉一器**, 茶啖粥一
> 器, 菓一器, **燒肉一器**, 飯床湯一器, **燒肉一器**, 定爲式例施行之意
>
> 정태화가 비변사의 말로 아뢰기를, "정축년(1637, 인조 15)의 난리를
> 겪은 뒤에 연로가 피폐하여 지탱하기 어려운 상황입니다. 그래서 지난
> 해에 본사가 계사를 올려, 크고 작은 사명使命에 있어서 영접군迎接軍
> 을 없애고 나장羅將 1쌍雙으로 하였으며, 조반早飯은 죽 1그릇, **소육燒**
> **肉 1그릇**으로, 다담茶啖은 죽 1그릇, 과일 1그릇, **소육 1그릇**으로, 반상
> 飯床에는 탕湯 1그릇, **소육 1그릇**으로 하는 것을 식례式例로 정하여 시
> 행하려는 뜻으로 아뢰었는데[51]

사신에게 제공하는 음식의 가짓수를 줄이되 소육만큼은 아
침, 점심, 저녁 모두 빠지지 않게 상에 올리라는 내용이다. 이 글
에서 '소육 일기燒肉一器'는 '구운 고기 한 그릇'이라는 명사로 사용
되었다.
또 다른 예로는 정약용의 《목민심서牧民心書》 중 '其肉三俎 熟

肉一楪 燒肉一楪 魚膾一楪', 즉 "육肉은 3조組요, 삶은 고기 1접시, 구운 고기 1접시, 생선회 1접시"[52]라는 표현을 들 수 있다. 여기에서 '소육 일조燒肉一楪'는 '구운 고기 1접시'다.

한글본 〈뎡니의궤〉에 "난로 쇠고기 1기"라는 기록이 있는 등 난로회는 민간, 궁중을 가리지 않고 하나의 풍습이 되었다. 특히 18세기에 유행하게 된 이 난로회와 연관되어 '소육燒肉'이라는 표현이 많이 나타난다. 그 예의 하나가 박지원(1737~1805)의 《연암집燕巖集》 중 '만휴당기'에 "고기를 굽다"라는 동사로 쓰인 다음과 같은 표현이다.

余昔與故大夫金公述夫氏. 雪天對爐. 燒肉作煖會. 俗號鐵笠圍.
내가 예전에 작고한 대부大夫 김공 술부金公述夫 씨와 함께 눈 내리던 날 화로를 마주하고 '고기를 구우며 난회燒肉作煖會'를 했는데, 속칭 철립위鐵笠圍라 부른다.[53]

또한 정약용(1762~1836)의 《여유당전서與猶堂全書》 1집 '시문집詩文集'에서는 '설중소육雪中燒肉'이라는 독특한 표현을 볼 수 있다.

달빛 아래 차를 끓여 중과 함께 맛을 보고 / 月下烹茶僧共澹
흰 눈 속에 고기 구워 손님 함께 즐긴다오 / 雪中燒肉賓俱悅[54]

이 시에서 '설중소육'은 눈과 관련된 고기구이인데, 설하멱과 의미적 연관성이 있다. 설중소육이라는 표현은 설야멱의 고사를 연상시키면서도 고기구이라는 의미를 담고 있어서 훨씬 이해하기 쉬웠을 것이라고 보인다. 즉 '설중소육'은 설하멱을 쉽게 풀어쓴 것인 듯하다. 그리고 후에 '설중'이 탈락되고 소육으로 정착했을 가능성도 있다.

설야멱은 그 이름 자체는 송나라 고사에서 왔으나, 중국의 소육과 구별되는 우리나라 고유의 조리법으로 발전된 고기구이였다. 17세기 의궤에서도 설하멱과 소육은 같이 나타났는데, 설야멱 조리법이 단순화되면서 1800년대 중반 이후 조리서에서 그 명칭이 사라진다. 그리고 비슷한 시기에 중간 단계로 보이는 '설중소육'이라는 명칭을 볼 수 있으며, 후에 난로회와 관련해서는 '소육'이라는 명칭이 많이 발견된다.

3) 너비아니

(1) 명칭에 대한 논란

너비아니는 궁중 용어로 알려져 있다. 강인희는 "구이의 대표적인 것이 불고기와 같은 조리 방법이다. 이것은 예로부터 '설야멱'이라 했고 궁중에서는 '너비아니'라고 했다."[55]고 했고, 이성우는 《시의전서是議全書》에는 정육을 저며 잘게 칼질하여 양념한 다음 직화에 쬐어 구이 하는 것을 너비아니라 하였는데 너비아니는 불고기의 궁중 용어로서 오늘날의 불고기를 뜻하는 것"[56]이라고 했다.

너비아니는 한말 궁중에서 일했던 상궁과 숙수의 증언에서도 나타난다. 조선의 마지막 주방상궁으로 알려진 한희순으로부터 궁중의 일상식과 제사음식을 익힌 황혜성이 전수받은 음식을 계량화하고 조리법을 정리해 1957년에 낸《이조궁정요리통고李朝宮庭料理通攷》의 서문에는 "조리에서 나오는 용어를 가급적 그 시대에 궁중에서 보통 쓰던 그 말대로 쓰기로 한 것"[57]이라고 쓰여 있다. 따라서 구이류에 소개된 너비아니는 한희순 상궁이 "궁중에서 보통 쓰던 말"이라고 생각된다.

한편, 조선의 마지막 임금인 순종에게 음식을 올렸던 숙설소熟設所 최고 책임자인 도숙수와 숙수가 일제강점기 유명한 요릿집을 돌면서 요리를 만들었는데, 그 숙수인 손수남은 다음과 같이 궁중음식의 예로 '너비아니'를 들었다.

올해(1987년) 일흔여덟 살인 손수남 옹은 조선조 마지막 임금인 순종에게 음식을 만들어 올렸던 마지막 숙수이다. (중략) 안국동 별궁에는 음식을 만드는 숙설소가 있어 최고 책임을 맡은 도숙수, 그 밑의 부숙수를 비롯, 여러 명의 숙수가 음식을 만들었다. (중략) (궁중에서는) 너비아니구이만 해도 칼등으로 넓적하게 다져 백탄에 구웠고, 고기요리는 주로 쇠고기를 많이 썼으며 (중략) 별궁이 해체된 후 손옹은 도숙수와 함께 그 당시 유명한 요리집이었던 대한관, 태서관, 명월관 등을 돌며 요리를 만들게 된다. 숙수가 귀했기 때문에 이런 요리집에서 받는 월급은 큰 상점 매상이 1백 원이 채 못 되었을 당시, 2, 3백 원씩 한복 허리띠에 띠고 다니며 쓸 정도였으나 그의 표현으로는 숙수

라는 직업은 '홀랑 자랑할 만한 것'은 못 되었다고 한다.[58]

그런데 의문점이 하나 있다. 설야멱이 의궤나 왕실음식발기에 나타나는 것과는 달리, 너비아니는 의궤나 발기, 조선왕조실록, 승정원일기 등 조선왕조의 공식 문서에 나타나지 않는다는 것이다. 한글로 적힌 〈뎡니의궤〉에도 한자어 발음대로 '설야멱'만 나올 뿐 '너비아니'라는 한글 기록은 찾을 수 없으며, 너비아니를 의미하는 한자어에 대해서는 아직 밝혀진 바가 없다. 구한말의 경상대 소장 〈왕실음식발기(1895~1921)〉*에 수록된 고기구이류로는 "우육누름적, 우육산적, 우육적, 우적"이 있다.[59] 즉 19세기에 설야멱이라는 명칭이 사라지면서 이러한 명칭에 흡수된 것으로 보인다. 그러나 이런 과정에서도 너비아니라는 음식 명칭을 찾을 수 없다.

따라서 앞서 증언에서 언급된 너비아니라는 명칭은 궁중의 공식 기록에서는 나타나지 않지만, 구어체의 일상용어로 사용된 것이 아닌가 하는 추측을 해볼 수 있다. 혹은 왕조가 해체된 후 상궁과 숙수 등이 민가로 나오게 된 시점에서 너비아니라는 명칭을 일반인들이 사용하고 있었기에 과거를 회상하면서 그 명칭을 궁중 고기구이에 적용한 것일 수도 있다.

잘 알려진 대로, '너비아니'가 최초로 등장하는 기록은 1800년

---

* 1895년부터 1921년까지 고종과 명성왕후를 위한 다례와 조석 상식을 올리기 위해 제작된 경상대학교 소장의 고문서.

대 말 편찬된 것으로 추정되는 《시의전서》의 '너븨안이'다. 주영하는 《시의전서》에 대해 다음과 같이 설명했다.

저자가 알려지지 않은 책으로 심환진의 필사본이 남아 있는데 상주군수로 부임한 심환진이 그 지역 양반가에서 소장하고 있던 조리서를 빌려 부하 직원에게 필사를 시킨 것이다. 이 필사본 괘지에는 '대구인쇄합자회사인행大邱印刷合資會社印行'이라는 글자와 '상주군청'이라는 글자가 붉은색으로 인쇄되어 있다. 대구인쇄합자회사는 1911년 일본인이 대구에 설립한 회사이다. 이로 미루어 이 필사본은 대략 1919년 심환진이 상주군수로 부임한 이후부터 그가 칠곡군수로 임지를 옮기는 1923년 이전에 작성된 것으로 보인다.[60]

그런데 《친일인명사전》의 기록을 보면, 심환진沈晥鎭은 1914년 9월부터 1922년 4월까지 7년 7개월에 이르는 기간 동안 상주군수로 재직했다.[*] 따라서 필사된 시기는 1914년부터 1922년 사이로 추정할 수 있다. 이 시기에 "심환진이 지역 양반가에서 소장하고 있던 조리서를 빌려" 필사를 한 것이고, 조리서가 처음 편찬된 연대는 1800년대 말경이라고 막연하게 추정할 뿐 정확한 시점은 알 수 없다.

---

[*] 심환진(沈晥鎭, 1872~1951)은 1911년 경상북도 문경군수에 임명되었고 하양군수·성주군수를 거쳐 1914년 9월 상주군수에 임명되었다. 1922년 5월부터 칠곡군수로 재직하다가 1924년 황해도 참여관으로 승진했다. (민족문제연구소, 2009. 친일인명사전, 삼화, 서울, p. 428)

또한 상주 지역에서 필사되었다고 해서 상주 반가 조리서라고 단정할 수는 없다. "이 책이 경상북도 상주의 반가음식을 소개하고 있다고 생각하면 오해다. 그보다는 왕실이나 서울의 부자들이 즐겨 해 먹던 음식들을 적어둔 것이라 보아야 옳다. 왜냐하면 이 책에 적힌 음식들이 상주 지역의 특징만을 오롯이 담고 있지 않기 때문이다."[61] 궁중음식이라고 주장되는 너비아니가 서울에서 멀리 떨어진 상주 지역 양반가 조리서에서 처음 나타났다는 것은, 그 양반이 서울에서 기거한 적이 있고 그동안 손에 넣게 된 조리서를 가지고 상주로 내려갔으며 이후에 조리서에 상주 음식도 함께 보충되었을 가능성이 많아 보인다.

(2) 사전에 나타난 너비아니

그렇다면, 이 너비아니라는 단어가 현대에는 어떻게 사용되고 정의되었을까. 우리나라 최초의 종합적 국어사전은 1938년 문세영이 펴낸 《조선어사전》으로 알려져 있다. 그런데 그 이전 시기 외국인에 의해 편찬된 이중어 사전 중에서 1897년 게일James S. Gale(1863~1937) 목사가 편찬한 《A Korean-English dictionary韓英字典》에서 표제어로 《시의전서》와 동일한 표기법인 '너븨안이'가 발견된다.

또한 이보다도 더 앞선 1880년 프랑스 파리 외방선교회의 리델Felix Clair Ridel(1830~84) 신부가 주도해서 펴낸 《Dictionnaire Coreen-Francais韓佛字典》에서는 '너부할미'라는 음식명을 찾을 수 있다. '너부할미'에 대해서는 "Esp. de rata, nom d'un fricot, tranche de boeuf, bifteck."[62]라고 풀이하고 있는데, 번역하면 '일종의 대강 만든 음식, 대강 만든 음식을 지칭하는 이름, 쇠고기의 슬라이스, 쇠고기 스테이크'다. "쇠고기의 슬라이스, 쇠고기 스테이크"라는 표현에서 쇠고기를 잘라 구운 음식이라는 것을 알 수 있으며, 이 음식이 '너비아니'를 의미할 가능성이 크다. 그러나 이 사전에서 "너비아니" 혹은 "너븨안이" 등의 표제어는 발견할 수 없었다.

리델의 《Dictionnaire Coreen-Francais韓佛字典》는 "근대 한국 최초의 이중어 사전"이며 "서울말을 중심으로 삼았다는 점에서 표준적 한국어를 대상으로 한 본격적인 이중어 사전의 효시[63]로 평가되므로, 1880년 당시 서울 지역에서 '너부할미'라는 음식명이 있었음을 알 수 있다. 따라서 1800년대 말에 편찬되었다고 추정되고 1914년부터 1922년 사이 필사되었다고 짐작되는 《시의전서》에 비해 구체적인 시기를 알 수 있으며 시기적으로도 앞선 기록이라고 추측할 수 있다.

한편, 게일 목사는 1897년, 1911년, 1931년 모두 3편의 한영사전을 간행했다.[64] 1897년에 편찬한 《A Korean-English dictionary韓英字典》에서는 표제어로 '너븨안이'와 '너브할미'를 모두 발견할 수 있다. '너븨안이'에 대해서는 "Broiled meat. See 셥산적"이라고 해설했고, '너브할미'는 "A broiled slice of spiced meat. See 너븨안이"라고 해설했다.[65] "구운 고기"라는 의미의 너븨안이에 비해 너브할미는 "얇게 잘라 양념해 구운 고기"라고

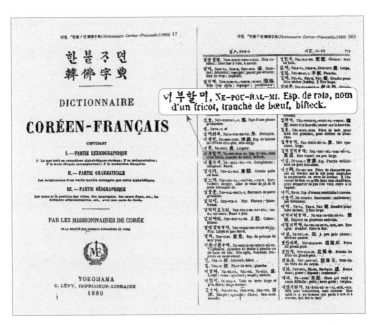

그림 I-2 _Dictionnaire Coreen-Francais_ 韓佛字典(1880)에 나타난 '너부할미'

좀 더 구체적으로 적고 있다. 또한 '섭산적'에는 "Dried slices of meat. See 너부안이"라고 되어 있어 얇게 썰어 말린 고기를 의미하는 것으로 보이며, '너부안이'를 참고하라고 했지만 표제어에는 '너부안이'가 없다. 섭산적은 방신영의 《조선요리제법朝鮮料理製法》(1921)에서 "연한 고기를 잘게 익여서 간장, 기름, 깨소금, 호초가루, 파 익인 것을 넣고 한참 주물러서 얇게 반대기를 만들어 기름과 깨소금을 치고 굽나니라."[66]고 설명한 음식으로, 사전의 "얇게 썰어 말린 고기"와는 그 의미가 다르다.

게일의 사전 1911년판에도 세 단어가 동일한 의미로 등장

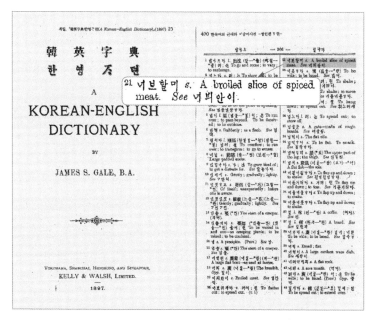

그림 I-3 *A Korean-English dictionary*韓英字典(1897)에 나타난 '너븨안이'

한다. 그러나 1931년판에서 '너븨안이'는 "Broiled meat.", '너브할미'는 "A broiled slice of spiced meat. See 너븨안이"로 풀이하고 있고, 섭산적은 표제어에서 제외되었다.

이후 문세영의 《조선어사전》(1938)에서는 '너비아니'를 "쇠고기를 얇고 너붓하게 저미어 갖은 약념을 하여 구운 음식"으로, '너브할미'는 "너비아니의 사투리"로 풀이하고 있다. 보통 '너비아니'라는 음식명의 유래에 대해 고기를 너붓하게 썰었기 때문이라고 알려져 있는데, 같은 사전에서 '너붓하다'를 "형용사: 조금 넓다, 조금 평편하다, 너브죽하다."라고 풀이하고 있어 쇠고기를 넓게 저몄다는 의미임을 알 수 있다. 또한 1946년에 편찬된 《국어사전》은 '너비아니'를 "쇠고기를 얇고 너붓하게 저미어 갖은 약념을 하여 구운 음식"으로, 1949년 편찬된 《조선말큰사전》는 "저미어 양념하여 구운 쇠고기(너브할미)"라고 풀이했다.

《명물기략名物紀畧》은 황필수黃泌秀(1842~1914)가 각종 사물의 명칭을 고증하여 1870년에 펴낸 책[67]으로, 여기에서 '설야멱雪夜覓'이 발견된다. 그런데 1880년 《한불자뎐》에서는 '너부할미'가 발견되고 설야멱은 나타나지 않으며, 또한 1897년 《한영자전》에서는 '너븨안이', '너브할미'가 나타나고 설야멱은 없다. 이를 통해 볼 때, 1870년대 이후 '너부할미', '너븨안이'라는 용어를 많이 사용하게 되었다고 생각할 수 있다.*

사전 이외의 조선 말기 고전소설에서도 '너부할미'를 찾아볼 수 있다. 작자 미상의 〈이춘풍전〉은 "1900년 이후에 필사된 이본異本이 13종에 이르는데, 우리가 현재 접하는 〈이춘풍전〉은 19세기 중엽에 형성된 것으로 이 시기의 사회상황과 밀접한 관련을 맺고 있다."[68]고 평가된다. 〈이춘풍전〉을 보면, 숙종 때 서울에 사는 이춘풍이 가정을 돌보지 않고 놀러 다니며 가산을 탕진하는 장면에서 "맛 좋은 일년주一年酒며 벙거짓골 열구지탕 너부할미 갈비찜에 일일장취日日長醉 노닐 적에"[69]라고 그가 먹었던 음식이

---

* 설야멱은 세 번의 침지 과정을 거치는 번거로운 조리법을 가지며, 너비아니와 조리법이 다르다. 고기구이에서 세 번씩 굽는 번거로운 조리법 자체가 점차 사라지면서 설야멱이라는 용어도 같이 사라진 것으로 추정할 수 있다. 폭넓게 보았을 때, 우육구이를 지칭하는 용어들의 그룹에서 설야멱은 사라지고 너부할미, 너비아니가 나타난 것이다.

표 I-2 **개화기·근대 시기 사전에 나타난 '너비아니'**

연도	사전명	저자	표제어	해설
1880	韓佛字典	Ridel	너부할미	Esp. de rata, nom d'un fricot, tranche de boeuf, bifteck
1897, 1911	韓英字典	Gale	너븨안이	Broiled meat. See 섭산젹
			너브할미	A broiled slice of spiced meat. See 너븨안이
			섭산젹	Dried slices of meat. See 너부안이
1931	韓英字典	Gale	너븨안이	Broiled meat
			너브할미	A broiled slice of spiced meat. See 너븨안이
1938	조선어사전	문세영	너비아니	쇠고기를 얇고 너붓하게 저미어 갖은 약념을 하여 구운 음식
			너브할미	너비아니의 사투리
1946	국어사전	조선도서 간행회	너비아니	쇠고기를 얇고 너붓하게 저미어 갖은 약념을 하여 구운 음식
1949	조선말 큰사전	조선어 학회	너비아니	저미어 양념하여 구운 쇠고기(너브할미)
			너브할미	(이)= 너비아니
1952	우리말사전		너비아니	쇠고기를 얇고 너붓하게 저미어 갖은 약념을 하여 구은 음식
			너브할미	너비아니의 사투리

열거되는데, 이 중에 〈그림 I-4〉와 같이 "너부할미"를 볼 수 있다.

이외에 1924년 현진건의 소설 〈운수 좋은 날〉에서도 "석쇠에서 빠지짓 빠지짓 구워지는 너비아니구이"[70]라는 구절을 발견할수 있다. 또한 《동광》 제22호(1931년 6월 1일자)에 실린 당시 동아

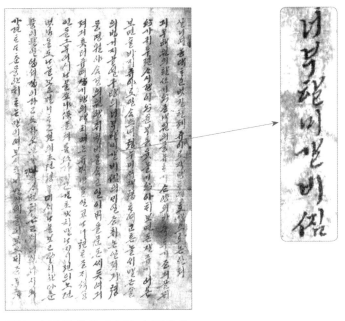

그림 I-4 〈이춘풍전〉에 나타나는 '너부할미'

일보 기자 김동진金東進의 '會寧城內의 하로밤'이라는 기행문에서
도 너비아니를 먹었던 기록이 나온다. "군수가 환행還幸한 후에
우리는 조선식으로 저녁을 먹엇다. 반찬은 7첩이라 하야 닭백숙
과 쇠고기 전골과 너비아니와 백반 등 7종인데 여게다 빵을 섞어
먹으니 별미다." 군수가 환영을 하고 조선식으로 7첩 상을 차려
준 만큼 제대로 격식을 차린 '너비아니'였으리라 생각된다. 여기
에서 주목할 것은 '회령會寧'이라는 지역이다. 너비아니는 궁중음
식이라는 인식이 강하다. 그런데 함경북도 북부 두만강 연안에 있
는 회령에서 1931년에 너비아니를 먹었다는 것이다.

일제강점기 당시 생활상을 잘 보여주는 잡지 《별건곤》 제71호 (1934년 3월 1일자) '세상은 이러타!'에는 다음과 같은 대목이 나온다.

룸펜 황달이는 … 종로 뒷골목으로 드러섯다. 황달이의 주린 속 주린 코에 확 끼치는 것이 선술집에서 흘러나오는 **너비안이** 굿는 냄새와 술국의 구수한 냄새엿다. (중략) 룸펜 황달이는 10원짜리를 한손에 쥔 채 딱근한 약주를 꿀떡꿀떡 마시엿다. **너비아니** 파산적이 뱃속으로 돌격해 드러간다.

여기에서는 '너비안이'와 '너비아니'가 혼용되어 쓰였는데, 이 고기구이가 상업화되어 선술집에서 안주로 팔리기도 했다는 것을 알 수 있다.

국문학자이자 《규합총서》와 《조선요리법》을 풀어 쓰기도 한 정양완(1929~)은 "손님상에 놓는 고기구이는 너비하니, 너비아니, 혹은 너비할미"[71]라고 했다고 회고했는데, 따라서 너비아니는 '너부할미', '너브할미', '너비할미', '너븨안이', '너비하니', '너비안이', '너비아니' 등 다양한 명칭으로 불렸다는 것을 알 수 있다. 이에 대해서는 좀 더 심층적인 국어학적 연구가 요구된다.

(3) 조리서에 나타난 너비아니

이렇게 다양하게 표기된 너비아니는 그 조리법도 여러 가지 방식으로 소개되었다. 너비아니의 구체적인 조리법과 그 변화를 확인하기 위해 1800년대 말의 문헌인 《시의전서》부터 1987년의 《한국의 맛》까지 약 100년간 편찬된 대표적 조리서 총 10권을 살펴보았다. 너비아니의 주재료, 부재료, 양념, 고명, 조리법, 문헌을 정리한 것은 〈표 I-3〉과 같다.

가. 주재료 및 부재료의 변화

너비아니의 주재료로 쇠고기, 고기, 우육 외에 '등심, 안심'이라고 부위까지 구체적으로 언급한 조리서는 《간편요리제법》, 《이조궁정요리통고》, 《한국요리 백과사전》이었다. 《조선무쌍신식요리제법》에서는 '등심, 우둔, 도가니'라고 밝혔고, 《한국의 맛》에서는 '등심, 우둔', 《조선요리법》에서는 '등심'이라고 해, 너비아니의 주재료로 쇠고기 등심이 으뜸으로 꼽힌 것을 알 수 있다.

너비아니가 나타난 10권의 조리서에서 공통적으로 부재료는 사용되지 않았다. 너비아니가 현대 '불고기'의 전신이라는 맥락에서 본다면, 현대의 '불고기'에는 버섯, 양파 등 각종 채소가 보편적으로 쓰이고 있으므로 부재료 사용에 관해서는 매우 다른 양상이라고 생각된다.

나. 양념 및 고명의 변화

《시의전서》 속 '너븨안이'의 주재료는 "연한 쇠고기"이며 "얇게 저미고, 잔칼질로 자근자근 연하게" 하는 연육 과정을 거쳐 "갖은양념"에 잰다. 《시의전서》의 갖은양념이 무엇인지 원문에서는 밝혀져 있지 않으나 김태홍은 "진장, 깨소금, 후추가루, 파, 참기름, 마늘"이라 보았다.[72] 그런데 후대 조리서인 1917년 방신영의 《조선요리제법》 속 '너비아니'에서는 이 갖은양념을 계승하지 않고 "깨소금"만을 사용했으며, 1934년 이석만의 《간편조선요리제법》에서도 그대로 따르고 있다. 그러나 방신영의 다른 조리서인 1939년의 《조선요리제법(증보9판)》에는 너비아니의 양념이 "깨소금, 간장, 호초, 파, 설당"으로 바뀌었다. 또한 방신영의 또 다른 조리서인 1957년의 《우리나라음식 만드는 법》에서는 "설탕, 생강, 파, 마늘, 간장, 깨소금, 기름, 호추가루"로 양념이 더욱 늘어나서 40년 사이의 너비아니 양념 변화를 확인할 수 있다.

1924년 《조선무쌍신식요리제법》에서는 "쟝과 기름과 깨소금과 설당과 호초가루 치고 파 익여너코"라고 하여 《시의전서》의 갖은양념에서 마늘이 빠지고 설탕이 추가되었다. 그 밖의 조리서 《조선요리법》, 《이조궁정요리통고》, 《한국요리백과사전》, 《한국의 맛》의 공통 양념은 간장, 깨소금, 후추, 파, 참기름, 설탕, 마늘이며, 《조선요리법》과 《한국요리백과사전》은 여기에 배즙, 《한국의 맛》은 배즙, 생강즙, 꿀이 추가되었다. 즉, 너비아니의 양념은 '간장'*을 기본으로 하여 '깨소금, 후추, 파, 참기름, 설탕, 마늘, 배즙'을 보편적으로 사용했음을 알 수 있다.

---

* 주영하 교수는 저서 《음식전쟁, 문화전쟁》에서 너비아니는 "짠맛과 은근한 맛을 내는 조선간장으로 조미"했던 것에 비해, 일제강점기와 한국전쟁의 영향으로 왜간장이 식탁을 잠식한 결과 불고기는 단맛이 강한 일본 왜간장이 주된 맛을 내게 되었다고 하였다. 본 연구에서 분석한 조리서에는 조선간장과 왜간장의 구별이 없으므로 '간장'이라고 통칭했다.

표 I-3 너비아니의 재료, 양념과 조리법

음식명	주재료	양념	고명	조리법	조리서명
너븨안이	쇠고기	갖은양념	–	연한 쇠고기는 얇게 저미고, 잔칼질로 자근자근 연하게 하여 갖은 양념에 재었다가 굽는다.	시의전서 (1800년대 말)
너비아니	고기	깨소금	–	연하고 좋은 고기를 잘 씻어서 얇게 저며서 그릇에 담고 한참 주물러 섞은 후 고기조각을 다시 펴놓고 깨소금을 치고 석쇠에 놓아 숯불에 구어내어 네모지게 썰어 먹느니라.	조선요리제법(1917)
너뷔안이 (본문) 너비안이 (목차)	등심, 우둔, 도가니	쟝, 기름, 깨소금, 설당, 호초가루, 파	–	연하고 조흔고기 등심과 우둔과 도간이를 행자로 씻고 얇게 점여서 쟝과 기름과 깨소금과 설당과 호초가루치고 파 익여녹고 한테 주물러 재엿다가 석쇠에 구워먹나니라.	조선무쌍신식요리제법(1924)
너비아니	등심, 안심	깨소금	–	연하고 조흔고기를 잘 씨서서 얇게 점여서 그릇에 담고 한참 쥬물너 석근 후 고기조각을 다시 펴 놋코 깨소금을 치고, 석쇠에 노아 숯불에 구어내여 네모지게 썰어 먹나니라.	간편조선요리제법(1934)
우육구이 (너비아니)	우육	깨소금, 간장, 호초, 파, 설당	–	고기를 얇게 저며서 그릇에 담고 간장과 파 이긴 것, 깨소금, 호초, 설당을 다 넣고 잘 섞어서 굽나니라.	조선요리제법 (증보9판) (1939)
고기 너비아니	등심	참기름, 설탕, 진간장, 후추가루, 파, 마늘, 깨소금, 배즙	잣가루	등심을 정히 씻어 얇게 저며서 안팎으로 잔칼질을 고루해서 찬물에 한참 동안만 담궜다가 피물이 빠지거든 건져서 고운 베헝겊 같은 데 싸서 물기를 없이 해놓고 배를 강판에 갈어서 고기를 버무려두고 파 마늘을 곱게 다져 갖은양념을 다 준비해놓고 고기를 꼭 짜가지고 양념을 간맞게 해서 구워놓습니다. 고기 구워놓은 위에다 잣가루를 뿌리십시오.	조선요리법(1943)

음식명	주재료	양념	고명	조리법	조리서명
너비아니	우육	설탕, 생강, 파, 마늘, 간장, 깨소금, 기름, 호추가루	-	① 우육을 얇게 저며서 도마에 한 조각씩 놓고 잔칼질을 해서 설탕을 넣고 골고루 주물러놓고, ② 생강, 파, 마늘을 곱게 이겨서 간장에 넣고 깨소금 기름을 쳐서 저어가지고, ③ 고기에 약념 간장을 넣고 잘 주물러서 석쇠에 구어 4센치 길이와 3센치 넓이로 썰어서 더운김에 상에 놓으라.	우리나라 음식만드는 법(1957)
너비아니	안심, 등심	간장과 양념(설탕, 후춧가루, 깨소금, 참기름, 파, 마늘)	-	안심이나 등심 등의 연한 고기를 될 수 있는 대로 얇게 저며서 칼로 자근자근 다져서 간장과 양념(설탕, 후춧가루, 깨소금, 참기름, 파, 마늘)을 넣고 고루 주물러서 재어 두었다가 식사하기 직전에 구어서 더운 것을 낸다.	이조궁정 요리통고 (1957)
너비아니	등심, 안심	진장, 배물, 설탕, 깨소금, 참기름, 후춧가루, 파, 마늘	-	1. 등심 또는 안심 연한 고기를 얇게 떠서 잔칼질을 자근자근 한다. 2. 너무 빡빡하지 않게 배를 갈아 넣거나, 물을 타서 만든 양념장에 고기를 주물러 흠씬 간이 배게 한 후 즉석에서 굽도록 한다.	한국요리 백과사전 (1976)
너비아니	쇠고기 (등심, 우둔)	간장, 다진 파, 다진 마늘, 설탕, 꿀, 후춧가루, 참기름, 깨소금, 배즙, 생강즙	-	① 쇠고기는 얇게 저미고, 잔칼질을 해서 설탕 큰술1을 넣어 20분 정도 재어둔다. ② 양념장을 만들어 저며놓은 쇠고기를 넣고 잘 주물러, 양념이 골고루 배도록 30분 정도 둔다. ③ 약간 센 불에 구워 그릇에 담아 낸다.	한국의 맛 (1987)

표 I-4 너비아니 양념 종류

조리서	간장	깨소금	후추	파	참기름	설탕	마늘	배즙	생강즙	꿀
서의전서	O	O	O	O	O	×	O	×	×	×
조선요리제법	×	O	×	×	×	×	×	×	×	×
조선무쌍신식요리제법	O	O	O	O	O	O	×	×	×	×
간편조선요리제법	×	O	×	×	×	×	×	×	×	×
조선요리제법(증보9판)	O	O	O	O	×	×	×	×	×	×
조선요리법	O	O	O	O	O	O	O	O	×	×
우리나라음식 만드는 법	O	O	O	O	O	O	O	×	O	×
이조궁정요리통고	O	O	O	O	O	O	O	×	×	×
한국요리백과사전	O	O	O	O	O	O	O	O	×	×
한국의 맛	O	O	O	O	O	O	O	O	O	O

주) O: 사용함, × : 사용하지 않음. (이하 다른 구이의 양념 종류 표에서도 동일함)

조사 대상 조리서의 너비아니에 사용된 양념의 종류는 〈표 I-4〉와 같다.

다. 조리법의 변화

너비아니의 조리는 조사 대상 모든 조리서에서 고기를 얇게 저미는 것으로 시작하고 있으며, 《조선무쌍신식요리제법》과 《조선요리제법(증보9판)》을 제외하고는 모두 잔칼질을 하거나 주물러서 고기를 연하게 했다. 다른 조리서와는 달리 《조선요리법》은 찬물에 담가 핏물을 빼는 조리 단계를 추가했고 갖은양념을 하기 전에 간 배에 고기를 버무려두는 특색을 보였다. 또한 갖은양념을 하기 전에 설탕을 따로 버무리는 조리서는 《우리나라음식 만드는 법》과 《한국의 맛》이었다.

기타 다른 조리서에서는 설탕이나 배즙을 갖은양념에 추가하여 고기를 양념에 재는 것으로 나타났다. 미리 간 배나 설탕에 버무려놓은 《조선요리법》,《우리나라음식 만드는 법》의 경우는 양념에 재지 않았는데, 《한국의 맛》은 미리 설탕에 재고도 양념에도 30분 정도 재어두었다. 《조선요리제법》은 다른 양념 없이 깨소금만을 쳐서 구웠고, 《간편조선요리제법》은 양념에 재지 않고 구웠다.

너비아니의 조리 과정을 12단계로 나누어 정리하면 〈표 I-5〉와 같으며, 조리 과정은 왼쪽에서 오른쪽 단계로 진행된다.

너비아니는 조사 대상 조리서의 총 10개의 조리법 중에 5개는 양념한 뒤 재었다가 구웠고 5개는 그냥 구웠다. 따라서 너비아니의 표준적인 조리법은 '쇠고기를 얇게 저며 칼집을 넣고 양념에 버무려 재어서 굽거나 혹은 그냥 굽는 것'이라고 할 수 있다.

1800년대 말의 《시의전서》부터 1987년의 《한국의 맛》까지, 조리서에서의 '너비아니' 명칭 변화는 다음과 같다.

《시의전서》에서는 '너븨안이'였고, 《조선무쌍신식요리제법》의 경우 목차에는 '적 만드는 법'에 '너비안이'라고 했는데, 본문에서는 '너뷔안이(쟁인고기)'라고 되어 있었다. 《조선요리법》에서는 '고기 너비아니'라고 하여 뒤에 나오는 '염통 너비아니'와 구별했다.

표 I-5 **너비아니 조리 과정**

조리서 명	얇게 저민다	잔칼질한다 / 주무른다	핏물을 뺀다	건진다	간 배 / 설탕에 버무린다	고기를 짠다	깨소금	양념을 섞는다 / 주무른다	양념에 재운다	굽는다	썬다(조형)	잣가루
시의전서	○	○	×	×	×	×	×	○	○	○	×	×
조선요리제법	○	○	×	×	×	×	○	×	×	○	○	×
조선무쌍신식요리제법	○	×	×	×	×	×	×	○	○	○	×	×
간편조선요리제법	○	○	×	×	×	×	○	×	×	○	○	×
조선요리제법 (증보9판)	○	×	×	×	×	×	×	○	×	○	×	×
조선요리법	○	○	○	○	○	○	×	○	○	×	×	○
우리나라음식 만드는법	○	○	×	×	○	×	×	○	×	○	○	×
이조궁정요리통고	○	○	×	×	×	×	×	○	×	○	×	×
한국요리백과사전	○	○	×	×	×	×	×	○	×	○	×	×
한국의 맛	○	○	×	×	○	×	×	○	○	○	×	×

이후 대부분의 조리서에서는 모두 '너비아니'라는 명칭을 사용했다.

　맥적, 설야멱 그리고 너비아니는 긴 역사 속에서 각 시대적 상황을 반영하며 발전했다. 주재료나 고기를 자르는 방법, 양념의 종류, 굽는 방법 등 조리법에 있어서는 많은 변화를 보여왔으므로, 동일한 음식이라고 보기는 어렵다. 오히려 큰 틀에서 우리나라 육류구이의 흐름이며 변천 모습이라고 생각된다. 맥적부터 설야멱, 너비아니에 이르는 우리나라 육류구이 문화는 미리 양념을 해서 구웠다는 공통적인 특징을 가지고 있으며, 이것은 오늘날 우리나라 대표 음식 중 하나인 불고기에까지 이어지고 있다.

2장

불고기의
의미

1) 불고기의 등장

'불고기'라는 단어가 언제부터 쓰였는지에 대해 많은 관심이
쏠려 있다.

한동안 온라인상에서 불거진 '불고기 논쟁'에서 언급된 자료
중 하나가 〈덴동어미전〉이다. 조선 후기 소백산 지역에서 쓰여진
내방가사인 〈덴동어미전〉은 "경상북도 방언과 여성생활사에 관
한 자료로서도 매우 가치가 있"[73]는 작품으로 평가받는다. 이 가
사 중 "표슈놈의 불고기흣듯 아조 흠박 쑤어고나(포수놈의 불고기
하듯 아주 함박 구웠구나)"[74]라는 구절이 있다. '불고기하다'가 '불에

고기를 굽다'라는 뜻으로 사용되었음을 알 수 있다. 문제는 이 작품의 창작 연대인데, 조선 후기라는 주장부터 20세기 초라는 주장까지 여러 가지 견해가 있다.*

한편, 정확한 창작 연대를 알 수 있는 문헌 자료로 현재까지 발견된 바로는 1922년 4월 1일《개벽》제22호에 실린 현진건의 소설〈타락자墮落者〉에서 '불고기'라는 단어를 최초로 볼 수 있다. 〈타락자〉에서 주인공 '나'는 경성의 '명월관 지점'에서 만난 기생 춘심을 사이에 두고 김승지 영감과 팽팽한 삼각관계다. 춘심의 집에서 연적인 '나'와 '김승지' 두 남자가 마주쳤을 때의 장면 묘사는 다음과 같다.

'똑 내가 가야 들어가시겠습니까' 하고 나는 눈쌀로 궐자厥者를 쏘며 웃음 속에 도전挑戰의 칼날을 빗내엇다. (중략) 궐厥의 얼굴은, 마치 **이글이글 타는 숫불우에, 노치여 잇는 불고기덩이 가탯다.** 모르면 모르되, 나의 얼굴빗도, 그러하엿스리라. 어찌하엿든, 나는 밀리어 나왓다.

---

* 덴동어미가 21~23세 때 괴질이 발생한 것으로 보고 이 노래의 발화 시점을 50대로 보아, 1886년에서 30년을 더한 1916년부터 필사된 1938년 사이로 추정하거나(①), 주인공의 두 번째 남편이 괴질로 사망한 때를 병술년(1886)으로 보고, 이때 덴동어미가 30대였고 이후 귀향한 때가 60대라는 점을 근거로 20세기 초로 창작 시기를 추정하는 경우(②)가 있으며, 후자는 시기와 상관없이 이승발이 괴질로 죽는 것으로 구전되다가 작자 및 향유층이 1886 병술년 괴질의 참상을 겪은 이후 경험의 구체성을 공유하려는 의도로 괴질 앞에 병술이라는 간지를 추가했을 가능성이 있다고 보는 경우(③)다. 창작 시기를 언제로 보든 간에, 작품이 반영하는 정서는 조선 후기적인 것이어서, 대체로 조선 후기 가사의 연장선상에서 보고 있다. (박상영, 2017, 〈'덴동어미화전가'의 중층적 담론 특성에 관한 一考〉,《韓民族語文學》第76輯, p. 333.)

패배敗北하고 말앗다. 분해서 견딜 수 업다.

이 글의 "숫불우에, 노치여 잇는 불고기덩이"는 '구운 고기덩이'라는 의미로, '쇠고기를 얇게 저며 양념하여 구운 요리'인 너비아니와 동일한 음식으로 보기는 어렵다.

이로부터 10여 년 후인 1930~31년에 걸쳐 《동아일보》에 연재되었던 윤백남의 소설 〈대도전大盜傳〉에서는 '너비아니'와 '불고기'라는 단어를 한꺼번에 볼 수 있다.

마치 굶줄인 이리 떼가 기름이 이글이글 끌허올으는 "너비아니"의 냄새를 마튼격으로 코를 벌름거렷다.(《동아일보》1930년 1월 20일(3))

화로불을 헤쳐 꼬챵이에 꿔인 고기를 구워냈다. … "어제 잡은 꿩이올시다. 양념이 업서서 맛은 업지마는 이러케 먹는 불고기도 먹어나면 미상불 별다른 맛이 납니다.*"(《동아일보》1931년 2월 9일(3))

첫 번째 인용문의 '너비아니'는 얇게 저며 양념한 쇠고기구이를 의미한다. 두 번째 인용문의 '불고기'는 '양념을 하지 않은 꿩고기를 꼬챙이에 꿰어 불에 구운 것'을 가리킴을 알 수 있다. 이렇게 1930년대 초에 이 두 단어는 공존했는데, 너비아니는 요리 명

---

* "이렇게 먹는 불고기도 먹어보면 미상불(아닌 게 아니라 과연) 별다른 맛이 난다."고 해석된다.

칭이었고 불고기는 불에 구운 육류를 폭넓게 의미했다.

2) 사전에 나타난 너비아니와 불고기

이기문에 따르면, '불고기'는 옛 문헌에서 그 모습을 볼 수 없다. '블[火]'과 '고기[肉]' 각각은 한글 창제 초기와 그 뒤의 여러 문헌에서 볼 수 있으나 이들의 복합어인 '블고기', '불고기'는 중세어, 근대어의 어느 문헌에서도 찾아볼 수 없다. '불고기'라는 단어가 표제어로 제시된 첫 사전은 한글학회의 《큰사전》(제3권, 1950년)이다.[75]

앞서 살펴본 것처럼 문헌상으로는 너비아니보다 '너부할미'가 먼저 나타났고, 그 외 다양한 명칭이 있었지만, 1938년 사전에서부터는 '너브할미'가 너비아니의 사투리로 기록되어 있다. 이것으로 보아 여러 명칭 중에 너비아니로 정착된 것으로 보인다.

불고기의 개념과 범위를 알아보기 위해, 먼저 국어사전에서 '너비아니'와 '불고기'를 각기 어떻게 정의하고 있는지 〈표 I-6〉에서 정리했다.

앞에서 밝힌 것처럼, '불고기'라는 단어가 가장 먼저 등재된 사전은 《큰사전》인데, 이 사전은 6권으로 구성되어 있다. 1947년에 발간을 시작했는데 6.25전쟁의 혼란기를 겪으면서 1957년까지 장기간에 걸쳐 발행되었다. 이 중 '너비아니'는 1947년에 발행된 2권에, '불고기'는 1950년에 발행된 3권에 실려 있으므로

표 I-6 국어사전에 나타난 '너비아니'와 '불고기'의 의미

연도*	사전명**	음식명	사전적 의미
1947~ 1957	큰사전[76]	너비아니 (1947)	저미어 양념하여 구운 쇠고기
		불고기 (1950)	숯불 옆에서 직접 구워가면서 먹는 짐승의 고기
1950	우리말 사전[77]	너비아니	쇠고기를 얇고 너붓하게 저미어 갖은 약념을 하여 구은 음식
		불고기	없음
1954	수정증보 국어대사전[78]	너비아니	쇠고기를 얇고 너붓하게 저미어 갖은 약념을 하여 구은 음식
		불고기	없음
1958	표준 국어사전[79]	너비아니	쇠고기를 얇게 저미어 양념하여 구운 음식
		불고기	구어서 먹는 짐승의 고기
1958	수정증보 표준 국어사전[80]	너비아니	쇠고기를 얇게 너붓하게 저미어 갖은양념을 하여 구운 음식
		불고기	없음
1959	큰국어 사전[81]	너비아니	쇠고기를 얇고 너붓하게 저미어 갖은 약념을 하여 구운 음식
		불고기	없음
1963	新撰국어 대사전[82]	너비아니	쇠고기를 얇게 저미어 양념하여 구운 음식
		불고기	구워서 먹는 짐승의 고기
1966	표준 국어사전[83]	너비아니	쇠고기를 얇게 저미어 양념하여 구운 음식
		불고기	구어서 먹는 짐승의 고기
1968	표준 국어사전[84]	너비아니	없음
		불고기	쇠고기 따위 육류를 구운 음식
1973	신콘사이스 국어사전[85]	너비아니	없음
		불고기	살코기를 얇게 저며 양념하여 구운 짐승의 고기, roast meat

연도*	사전명**	음식명	사전적 의미
1973	새국어 사전[86]	너비아니	없음
		불고기	쇠고기 따위의 살코기를 엷게 저며 양념을 하여 재 웠다가 불에 구워 먹는 요리, やきにく, roast meat
1977	국어대 사전[87]	너비아니	저미어 양념해서 구운 쇠고기
		불고기	살코기를 엷게 저며서 양념을 하여 재었다가 불에 구운 쇠고기 등의 짐승의 고기
1982	수정증보판 국어대사전[88]	너비아니	저미어 양념해서 구운 쇠고기
		불고기	살코기를 얇게 저며서 양념을 하여 재었다가 불에 구운 쇠고기 등의 짐승의 고기
1983	새국어 사전[89]	너비아니	없음
		불고기	살코기를 엷게 저며 양념하여 구운 짐승의 고기, roast meat
1987	새국어 대사전[90]	너비아니	쇠고기를 얇게 저미어 양념하여 구운 음식
		불고기	구워서 먹는 짐승의 고기
1991	국어 대사전[91]	너비아니	얄팍얄팍하게 저미어 갖은양념을 하여 구운 쇠고 기
		불고기	연한 살코기를 엷게 저며서 양념을 하여 재었다가 불에 구운 짐승의 고기. 안심, 등심살이 많이 이용 되나 소가리(소의 갈비), 염통, 콩팥, 간 등도 같은 방법으로 구움. 번육(燔肉), a roast meat
2010	국립국어원/ 표준 국어대사전[92]	너비아니	얄팍하게 저며 갖은양념을 하여 구운 쇠고기
		불고기	쇠고기 따위의 살코기를 저며 양념하여 재었다가 불에 구운 음식. 또는 그 고기.

* 사전의 연도는 초판 이후 개정 증보되면서 게재 단어가 보충되었을 가능성을 고려해서
최종판을 기준으로 했다.
** '너비아니'와 '불고기'가 둘 다 없는 사전은 제외했다.

불고기라는 단어는 1950년에 사전에 나타났다고 보아야 할 것이다.《큰사전》에서 너비아니는 "저미어 양념하여 구운 쇠고기"라고 풀이되어 있는데, 불고기는 "숯불 옆에서 직접 구워가면서 먹는 짐승의 고기"라고 기록되어 많은 차이를 보이고 있다. 너비아니의 재료가 '쇠고기'로 명시된 것에 비해, 불고기는 '짐승의 고기'라고 했다. 조리법도 너비아니는 저며서 양념하여 굽는 세 단계를 거치는 데 비해 불고기는 단순하게 굽기만 해서, 사전적 의미만으로는 불고기가 너비아니를 계승한 동일 음식이라고 볼 수 없다.

1950년《우리말사전》과 1954년《수정증보국어대사전》에는 "쇠고기를 얇고 너붓하게 저미어 갖은 약념을 하여 구운 음식"인 '너비아니'만 있고, '불고기'라는 단어는 등재되어 있지 않다. 1958년《표준국어사전》에서 '불고기'가 다시 나타나는데, 그 의미는 "구어서 먹는 짐승의 고기"로《큰사전》의 불고기 설명에서 "숯불 옆에서 직접"이라는 표현이 생략되었다.

1968년《표준국어사전》부터는 반대로 너비아니가 사라지고 불고기가 '쇠고기 따위 육류를 구운 음식'이라는 풀이로 등재되어 육류의 범위가 '쇠고기' 위주로 좁혀졌음을 알 수 있다. 1973년까지의 사전에도 너비아니는 없고 대신 '불고기'가 "쇠고기 따위의 살코기를 얇게 저며 양념을 하여 재웠다가 불에 구워 먹는 요리"라는 풀이로 너비아니와 거의 동일한 의미로 쓰인 것을 볼 수 있다.

너비아니는 1977년에야 다시 사전에 등장하는데, 1977년과

1982년 사전에는 "저미어 양념하여 굽는다"는 점에서 너비아니와 불고기가 동일하고, 다만 불고기는 양념에 "재며" 쇠고기뿐만 아니라 "쇠고기 등 짐승의 고기"라고 범위를 넓힌 점이 다를 뿐이다.

그런데 그 후 1987년에는 1958년의 사전과 동일하게 "구워서 먹는 짐승의 고기"로 기재되어 있다. 그리고 1991년에는 다시 불고기를 너비아니와 거의 동일한 방법이되 양념을 해서 '재었다가' 굽는 음식으로, 범위는 '짐승의 고기'로 규정하고 있다. 현재 국립국어원의 표준국어대사전에서는 '너비아니'는 "얄팍하게 저며 갖은양념을 하여 구운 쇠고기"로, '불고기'는 "쇠고기 따위의 살코기를 저며 양념하여 재었다가 불에 구운 음식. 또는 그 고기"로 풀이하고 있어 현대에는 '너비아니'와 '불고기'가 '잰다'는 것 외에는 사전의 의미상으로는 차이가 없다.

다시 정리하면, 1950년의 《큰사전》에서 "숯불 옆에서 직접 구워가면서 먹는 짐승의 고기"라고 해설한 것처럼, 불고기는 '불에 구운 다양한 고기의 통칭'이었다. 이렇듯 불고기의 범주가 크다 보니 너비아니도 불고기의 범주에 포함된 것으로 보인다. 그러다가 사전의 의미 변화에서 볼 수 있듯이, 점차 불고기의 의미가 '짐승의 고기'에서 '쇠고기'로, 그리고 고기의 두께도 '덩이'에서 '얇게'로 바뀌었다. 즉 불고기가 너비아니와 비슷한 음식이 된 것이다. 1958년 이후 사전에는 너비아니와 불고기가 공존하다가 불고기가 더 우세해진 듯, 1968년 사전에는 너비아니가 사라지고 불고기만 있게 된다. 너비아니와 불고기가 비슷한 의미가 되자 너비아니라는 어려운 단어 대신, 직설적이고 대중적인 불고기라는 단어가 '양념한 고기구이'라는 의미로 대체된 것으로 보인다.

하지만 이후 불고기가 단지 너비아니의 의미로 축소, 변형되어 정착된 것은 아니다. 사전적인 의미와는 별개로 현시대 대부분의 사람들 머릿속에서 불고기는 '볼록한 불판에 양념한 쇠고기를 얹어 자작하게 육수를 붓고 채소를 함께 넣어 끓여 먹는 음식'이다. 이렇게 육수가 있는 불고기는 남녀노소가 즐기는 우리나라의 가장 대중적인 음식 가운데 하나인데도, 사전에서 불고기를 설명하면서 단 한 차례도 '국물'이나 '육수'라는 단어가 보이지 않는다는 점은 매우 특이하다. 오랜 세월 동안 변함없이 재료와 조리법을 고수하고 있는 너비아니에 비해, 불고기는 많은 변화를 거치면서 어느덧 '구이'가 아니라 '끓이는 음식'이 된 것이다. 불에 굽는 '불고기'가 아니라 국물에 잠겨서 익는 '물고기'[93]로 변하게 되었다라고 표현되기까지 했다.

이후 1977년 사전에 너비아니가 재등장했고 현재까지 너비아니와 불고기가 공존하고 있다. 물론 사전마다 조금씩 시각의 차이가 있어서 동시대 사전이라도 서로 다른 의미를 기록하고 있기도 하지만, 60년의 세월 동안 편찬된 여러 사전에서 '너비아니'는 그 의미에 거의 변화가 없는 데 비해 '불고기'는 시대에 따라 그 의미의 변화를 볼 수 있다. 또한 너비아니는 그것을 계승했다는 '불고기'라는 단어의 등장 이후에도 50년 이상 공존하며 현대에까지 이어지고 있다.

그리고 1970~80년대 불고기의 뜻은 1950년대의 '구운 짐승의 고기'보다 더 넓게 확장되었다. 조리서에서 발견되는 '오징어 불고 기', '전갱이 불고기', '꿩 불고기', '가지 불고기' 등에서도 알 수 있 듯이 불에 구운 모든 종류의 음식으로 어류, 조류, 채소류까지 포 괄하고 있다.

3) 조리서에 나타난 너비아니와 불고기

조리서 가운데 가장 먼저 '불고기'라는 단어가 등장한 것은, 현 재까지 조사된 바로는 1950년에 발간된 황혜성의 《조선요리대 략》이다.[94] '구이'로 분류된 음식군에 별다른 설명 없이 '너비아니 (보통 굽는 불고기)'라고 되어 있다. 이어 닭구이를 설명하며 "살로 만 너비아니 고기처럼 양념했다가 굽는다."[95]고 했다.

"보통 굽는 불고기"라는 것이 어떤 의미인지는 정확히 알 수 없으나, '일반적으로 불에 굽는 고기'를 뜻한다고 보면, 고기를 넓 적하게 저며서 양념하여 석쇠에 굽는 너비아니가 가장 일반적인 고기구이였다고 해석할 수 있다. 즉 양념하지 않고 굽는 방자구 이나 저미지 않은 통구이 등과는 대비되는 설명으로 보인다. 닭 구이 또한 너비아니로 설명하는 것으로 보아도 일반인이 보통의 고기구이로 인식했던 것이 너비아니로 보인다.

그리고 '적(밥반찬)'으로 분류된 음식군에 '사슬적(너비아니)'이 라는 이름으로 "고기를 넙적넙적 저며서 양념하여 꼬치에 꿰지 않고 셕세(석쇠)에 굽는"[96] 음식으로 소개되어 있다. 당시 너비아

그림 I-5 방신영의 《고등요리실습》
(1958)

니를 '사슬적'이라고도 불렀다는 것을 알 수 있다.

그다음으로 '불고기'라는 단어를 찾아볼 수 있는 조리서는 1958년에 발간된 방신영의 《고등요리실습》이다. 《고등요리실습》의 '한 끼의 메뉴'에서 '밥, 너비아니, 된장찌개, 김치, 깍두기'로 구성된 식단을 소개하며 너비아니 만드는 법에 대해서 다음과 같이 기록했다.

〈너비아니〉

재료: 고기 1근, 설탕 2테불스푼, 진간장 4테불스푼, 깨소금 1큰사식*, 후추가루 1/4티스푼, 파 1뿌리, 마늘 1쪽, 참기름 1테불스푼

만드는 법: 1. 고기를 등심으로 사서 할 수 있는 대로 얇게 저미라.

2. 저민 고기에다가 설탕을 넣고 잘 주물러놓고

3. 파, 마늘을 곱게 이겨서 고기에 넣고

4. 간장, 후추, 깨소금, 참기름을 다 한데 넣고

---

* '큰 사시'의 오타로 사료된다. 《중등가사교본》의 머리말에 의하면, 당시 계량 단위로 큰 사시는 TS(table spoon), 차사시는 ts(tea spoon)를 의미했다. (손정규 외, 1948, 《중등가사교본-》, 장왕사, p. 3.)

5. 손으로 잘 주물러서

6. 번철에다가 빛곱게 구어서 더움게 상에 놓아라.

〈참고〉 표준어로는 너비아니라고 하든지 또는 고기구이라고 한다. 속칭 불고기라고 하지만 상스러운 부름이다.[97]

위에서 볼 수 있듯이, '불고기'가 독립된 명칭이 아니라 너비아니의 보충설명으로 나타나는데, 표준어인 너비아니나 고기구이의 '속칭'이며 '상스러운 부름'이라고 했다. 그럼에도, 불고기는 너비아니와 동일하게 위에 제시한 조리법을 따라 '쇠고기를 얇게 저며 갖은양념 하여 구운 음식'을 의미했던 것을 알 수 있다.

조사 대상 조리서에 나타난 너비아니와 불고기를 정리하면 〈표 I-7〉과 같다. 여기에서 소개된 불고기 조리법의 차이를 드러내고 이후 논의의 편의를 위해 불고기의 종류를 다음과 같이 두 가지로 나누었다.*

• 석쇠 불고기: 국물이 없이 '굽는' 불고기로, 석쇠뿐 아니라 불고기판, 프라이팬 등에서 조리하는 것을 포함(이하 '석쇠 불고기').

• 육수 불고기: 쇠고기와 함께 자작하게 육수를 붓고 버섯 등

---

* 구분은 불고기에 국물이 없이 '굽는' 것인지, 아니면 국물이 있어 '끓이는' 형태인지를 기준으로 했다. 기준에 따른 명칭은 '굽는 불고기와 끓이는 불고기' 혹은 '국물 없는 불고기와 국물 있는 불고기', 또는 '마른 불고기와 젖은 불고기' 등이겠지만, 현재 음식점에서 통상적으로 불리는 용어를 고려하여 명칭을 석쇠 불고기, 육수 불고기로 했다.

표 I-7 조리서에 나타난 너비아니와 불고기의 명칭

연도	조리서명	음식 명칭	비고
1800년대 말	시의전서[98]	너븨안이	
1917	조선요리제법[99]	너비아니	
1924	조선무쌍 신식요리제법[100]	너비안이, 너뷔안이(쟁인고기)	목차에는 '너비안이', 본문에서는 '너뷔안이(쟁인고기)'라고 소개
1934	간편조선요리 제법[101]	너비아니	
1939	조선요리제법 (증보9판)[102]	우육구이 (너비아니)	
1943	조선요리법[103]	고기 너비아니	염통 너비아니도 있음
1950	조선요리대략	너비아니(보통 굽는 불고기)	'불고기'라는 단어 처음등장
1957	우리나라음식 만드는법[104]	너비아니	
1957	이조궁정요리 통고[105]	너비아니	
1958	고등요리실습[106]	너비아니	너비아니 설명에 불고기가 나타남
1965	요리백과[107]	너비아니구이	
1967	한국요리[108]	쇠고기 너비아니구이	
		불고기	차례 앞의 화보에 '불고기' 언급 (석쇠 불고기)
1969	한국요리[109]	너비아니구이	
1969	요리[110]	너비아니 (쇠고기구이)	
1970	가정요리[111]	너비아니구이	설명에 '불고기'라는 단어 등장

연도	조리서명	음식 명칭	비고
1972	생활요리: 동양요리[112]	불고기	독립된 음식 명칭으로 '불고기' 처음 등장
1974	한국요리[113]	불고기	쇠고기 불고기, 제육불고기 소개 (석쇠 불고기)
1975	새가정요리집[114]	너비아니	
1976	계절과 식탁[115]	너비아니	너비아니(우육구이), 너비아니(팬에 구울 때), 너비아니 소금구이 세 가지 소개
1976	한국요리 330가지[116]	쇠고기구이(불고기), 불고기(돼지고기), 불고기(쇠고기)	구이: 쇠고기구이(불고기), 전, 적 종류: 불고기(돼지고기), 불고기(쇠고기)
1976	한국요리백과 사전[117]	너비아니	
1980	한국의 가정요리[118]	불고기	육수 불고기로 추정
1981	한국의 요리[119]	너비아니	설명에 '불고기'라는 단어 등장
1982	한국요리[120]	불고기	석쇠 불고기
1983	주부생활 카드요리[121]	불고기	석쇠 불고기+채소 설명에 '너비아니'라는 단어 등장
1986	한국요리전집[122]	불고기	육수 불고기, 석쇠 불고기 모두 소개
1987	한국의 맛[123]	너비아니	

여

불
고
기 ←

고기를 얇게 썰어 내고 여기에 여
러 가지 양념을 해서 무친 다음 구
멍뚫린 불고기 구이 판이나 석쇠에
구어낸다.

그림 I-6 《한국요리》(1967)의 불고기 소개

의 채소를 함께 넣어 '끓이는' 불고기로, 불고기판, 프라이
팬, 전골판 등에서 조리하는 것을 포함(이하 '육수 불고기').

《고등요리실습》 이후 '불고기'를 발견할 수 있는 조리서는
1967년 《주부생활》 2월호 부록으로 나온 《한국요리》다. 목차 앞
에 실린 화보에 〈그림 I-6〉과 같이 불고기가 접시에 담긴 사진과
함께 "고기를 얇게 썰어내고 여기에 여러 가지 양념을 해서 무친
다음 구멍 뚫린 불고기 구이판이나 석쇠에 구어낸다."라는 설명
이 붙어 있다.

그런데 책 본문에는 '불고기'는 나오지 않고 '쇠고기 너비아니
구이'가 있는데, "쇠고기는 등심으로 구하여 얇게 너비아니를 떠
서 잔칼질을 하여 배강즙을 넣어 양념장을 만들어 재워놓았다가

표 I-8 《한국요리》(1967년)의 '불고기'와 '쇠고기 너비아니구이'

명칭	재료	썰기	양념	굽기	고명
불고기	고기	얇게 썰어낸다	여러 가지 양념을 해서 무친다	구멍 뚫린 불고기 구이판이나 석쇠	-
쇠고기 너비아니구이	쇠고기 등심	얇게 너비아니를 떠서 잔칼질을 한다	배강즙을 넣어 양념장을 만들어 재워놓는다.	-	잣소금

타지 않게 구워서 얌전히 가장자리를 오려내고 잣소금을 뿌려 따끈할 때 낸다.'라고 조리법을 설명했다.

'불고기'와 '쇠고기 너비아니구이'의 차이점을 대비시켜보면 〈표 I-8〉과 같다.

1967년 《한국요리》의 불고기 재료는 '고기'로 되어 있는 반면 '쇠고기 너비아니구이'는 쇠고기 등심으로 국한되어 있다. 얇게 써는 것은 동일하며 '쇠고기 너비아니구이'는 잔칼질이 추가되었다. 양념은 불고기의 경우 자세히 밝히지 않았고 '무친다'로 되어 있는데 '쇠고기 너비아니구이'는 "배강즙, 파, 마늘, 참기름, 후추, 왜간장, 설탕, 맛돋음"으로 밝히고 '재워놓는다'라고 했다. 불고기는 "불고기 구이판이나 석쇠에 굽는다."고 했고 '쇠고기 너비아니구이'는 굽는 도구에 대해서는 언급하지 않았으며 구운 후 잣소금을 뿌린다고 하여 차이점을 보였다.

1969년의 《요리》에는 불고기가 등장하지 않으며 '너비아니(쇠고기구이)'만 기록되어 있었다. 뒤이어 1970년에 발행된 《가정요리》의 쇠고기 조리법에도 '너비아니구이'만 소개되어 있다. 그러나 요리 명칭으로서 '불고기'는 없지만 '너비아니구이'의 설명에 '불고기'라는 단어가 나온다. '너비아니구이'의 참고 설명에 "간편하게 하려면 불고기판에 구워도 좋으나 먼저 불고기판을 뜨겁게 한 뒤 고기를 얹도록 합니다. (중략) 불고기는 식기 전에 대접하도록 하고 구워서 상에 놀 때는 뚜껑 있는 그릇에 담아서 따뜻하게 내놓습니다."라고 제시했다. 따라서 '너비아니'와 '불고기'를 동일한 음식으로 보았으며, 그 음식의 공식 명칭을 불고기가 아닌 '너비아니'로 여겼다는 것을 알 수 있다. 여기에서의 불고기는 불고기판에 구웠으나 국물이 없는 석쇠 불고기 형태였다.

'불고기'가 비로소 독립된 음식 명칭으로 등장한 것은 1972년 《생활요리: 동양요리》로, 내용은 다음과 같다.

재료: 쇠고기, 설탕, 간장, 다진 파 마늘, 깨소금, 후추, 참기름, 화학조미료, 당근, 양파

① 쇠고기는 안심이나 등심 중 연한 고기를 될 수 있는 대로 얇게 저며 칼로 자근자근 다져둔다.

② ①의 재료에 설탕을 버무려 윤기가 나면 마늘, 파 다진 것, 깨소금, 후추, 화학조미료를 넣어 버무린 다음 간이 잘 밴 다음 참기름을 넣어 다시 한 번 주물러 재어둔다.

③ 잘 핀 불에 불고기판을 얹고 뜨겁게 달면 불고기를 얹어 빠른 시간에 굽는다.[124]

1974년 《한국요리》에는 '불고기'를 "쇠고기, 제육, 닭고기로

표 I-9 《한국요리 330가지》(1976년)의 불고기

명칭	분류	재료	썰기	양념	굽기
쇠고기구이(불고기)	구이	안심, 등심	얇게 포를 뜨듯 다져둔다	양념장을 만들어 쇠고기와 버무려 20~30분 쟁여 둔다	석쇠에 굽는다
불고기(쇠고기)	전·적	쇠고기	고기는 결과 반대 방향으로 얇게 저민다	배즙과 설탕으로 고기를 일단 재어놓는다. 양념장을 만들어 설탕에 재어놓았던 고기에 양념을 넣고 골고루 주무른다	석쇠에 굽는다

각각 다른 양념을 하여 조리한다면 더욱 다양한 맛을 얻을 수 있다."라고 설명했다. 그리고 '쇠고기 불고기'와 '제육 불고기'뿐만 아니라 '닭고기 굽기'도 불고기의 범주에 포함시켜서 불고기가 쇠고기에만 국한된 음식이 아님을 알 수 있다.

1976년 조리서 《계절과 식탁》에는 불고기는 없고 '너비아니(우육구이)', '너비아니(팬에 구울 때)', '너비아니 소금구이' 세 가지가 소개되었다. '너비아니(팬에 구울 때)'의 특징을 보면 쇠고기 양념은 보편적 방법과 같은데, 풋고추와 양파를 볶아 쇠고기와 같이 내며 "국물 없이" 하라고 지시했다. '너비아니 소금구이'는 "위와 같은 너비아니를 식탁에서 즉석에서 구워 참기름, 소금, 후추를 찍어 먹는 것"이라고 설명했다.

역시 1976년에 발행된 《한국요리 330가지》의 '구이'에는 '쇠고기구이(불고기)'가, '전煎·적炙'에 '불고기(돼지고기)와 불고기(쇠고기)'가 따로 분류되어 있었으며, 그 조리법은 〈표 I-9〉와 같다.

'쇠고기구이(불고기)'와 '불고기(쇠고기)'의 차이점은 양념하는

방법인데, 전자가 양념장을 만들어 쇠고기와 버무려 재어두는 것에 비해 후자는 먼저 배즙과 설탕으로 고기를 재었다가 양념을 넣는다. 한편 조리서가 아닌 《여성동아》 1976년 12월호 별책부록인 《음식솜씨 도와주는 요리사전》[125]에는 불고기는 없고 너비아니구이만 소개되었다.

1980년 《한국의 가정요리》에서는 불고기를 봄에 적당한 음식으로 추천했는데, 양념에 고춧가루가 약간 들어가는 것이 특징이고 재료에 '다시마 육수 1컵'이라고 적혀 있어서 육수가 있었으리라 추정된다. 그러나 만드는 법에는 다시마 육수가 빠져 있고 "불고기를 맛있게 구우려면 숯불에 굽는 것이 원칙이지만 번거로우므로 불고기판, 프라이팬, 전기철판을 추천"한다고 나온다. 재료에 육수가 있으면서 '숯불에 굽는 것이 원칙'이라고 하여 잘 이해가 되지 않는 점이 있다.

1981년 《한국의 요리》에도 '불고기'는 없지만 '너비아니' 설명에 '불고기'라는 단어가 다음과 같이 등장한다.

불고기용 구이판이나 석쇠를 불에 올려놓아 충분히 단 다음에 양념한 고기를 얹어 구워 먹는다. (중략) 쇠고기 불고기가 너비아니인데 고기가 너붓너붓하게 생긴 데서 연유한 이름인 듯.

1983년 《주부생활 카드요리》에는 '너비아니'가 없고 '불고기'가 있다. 국물이 없는 석쇠 불고기이지만 부재료를 넣지 않는 너비아니와는 달리 양파, 피망, 마늘을 얹어 굽는 형태다. 불고기 조

리법 소개에 "쇠고기를 저며 양념해 구운 불고기를 너비아니라고
도 한다."라고 설명하고 있어 과거에 너비아니 소개에 불고기라는
단어가 사용되던 것의 반대 현상을 볼 수 있다.

1986년《한국요리전집》에도 '너비아니'는 나타나지 않고 '불고
기'만 나타나는데, 이 책에서는 두 가지 형태의 불고기가 모두 소
개된다. 즉 양념간장에 육수가 1/2컵이 들어가며 "불고기팬을 불
에 올려놓고 양념한 육수를 부은 다음 양념한 고기를 얹고 마늘,
파를 얹어가며 굽는다."라고 하여 육수 불고기에 대한 설명이 나
왔다. 그리고 "석쇠에 재어둔 고기를 알맞게 얹어 센 불에서 구워
야 양념이 흐르지 않는다. (중략) 보통은 불고기를 양념하여 팬에
볶아 먹는 경우가 있는데 불고기는 직접 불에서 직화로 구워야
제맛이 난다."라며 석쇠 불고기까지 소개했다.

정리하면, 조리서 가운데서 가장 먼저 '불고기'라는 단어가 등
장하는 것은 현재까지 조사된 바로는 1950년에 발간된 황혜성의
《조선요리대략》으로, '너비아니(보통 굽는 불고기)'라고 되어 있다.
1958년에 발간된 방신영의 《고등요리실습》에도 '불고기'가 독립
된 명칭이 아니라 너비아니의 보충설명으로 나타나는데, 표준어
인 너비아니나 고기구이의 '속칭'이며 '상스러운 부름'이라고 했다.
1967년《주부생활》 2월호 부록으로 나온《한국요리》에서는 불
고기가 화보에 소개되었다. 그리고 1970년《가정요리》에서도 너
비아니 설명에 '불고기'라는 단어가 등장했고, 비로소 '불고기'가
독립된 음식 명칭으로 등장한 것은 1972년《생활요리: 동양요리》

였다.

그런데 1980년의 《한국의 가정요리》에서는 너비아니가 없고, 불고기는 이전의 석쇠 불고기가 아닌 국물이 있는 육수 불고기가 등장했다. 1983년 《주부생활 카드요리》에도 '너비아니'가 없고 석쇠 불고기이지만 부재료로 양파, 피망, 마늘을 얹어 굽는 형태가 나타났다. 불고기 조리법 소개에 "쇠고기를 저며 양념해 구운 불고기를 너비아니라고도 한다."라고 설명하고 있어 과거에는 너비아니의 소개에 불고기라는 단어가 들어가던 것의 반대 현상을 볼 수 있다. 1986년 《한국요리전집》에도 '너비아니'는 보이지 않고 '불고기'만 있는데, 석쇠와 육수 불고기가 모두 소개되었다.

이렇게 조리서에 '불고기'라는 명칭이 늦게 등장한 이유는 1958년 방신영이 《고등요리실습》에서 서술한 것처럼 당시 '불고기'라는 명칭이 너비아니의 '속칭'이며 '상스러운 부름'으로 여겨졌기 때문이었다. 따라서 학자들이나 요리 연구가들이 조리서를 쓸 때는 불고기가 아닌 너비아니라는 명칭을 채택했고, 불고기가 완전히 대중화된 1972년이나 되어야 독립된 명칭으로 조리서에 등장한 것으로 볼 수 있다.

II

육류구이 문화 형성기:
1910~45년

지난 100여 년의 기간을 육류구이 문화의 형성기(1910~45년), 발전기(1945~75년), 전성기(1975~2000년), 정체기(2000년 이후)로 구분했다.

시기 구분의 기준은 육류 소비량과 육류구이 소비문화의 변화다. 첫째, 육류 소비량은 일제강점기의 경우 《조선총독부 통계연보》에 나타난 자료를 참고했고, 1955년 이후는 《축산물 통계총람》의 공식통계를 기본으로 했다. 그리고 공식적으로 집계된 자료가 없는 1942년부터 1954년 사이의 소비량은 당시 신문·잡지 관련 기사를 참고했다. 둘째, 소비문화의 변화는 육류 수급량이 소비문화에 미친 영향, 외식문화의 형성 과정, 외식업 통계수치, 육류구이 상업화 발달 과정 등을 종합적으로 고려했다.

3장

육류구이 문화 형성기의
육류 소비량과 소비경향

한 시대의 육류 공급량, 소비량과 소비문화는 긴밀한 관계를
가질 수밖에 없다. 일제강점기 우리나라 육류 공급량과 소비문화
의 관계는 다음과 같다.

우리나라에서 소는 농사를 짓기 위한 농우農牛였다.* 백성의
대다수를 차지하는 농민에게 농사를 짓는 데 반드시 필요한 일
꾼이자 큰 재산인 소를 식육을 위해 도살한다는 것은 극히 이례

---

* 농경에 지장을 주지 않노록 고려 말인 충숙왕 12년(1325)에는 "소나 말을 도살하는 자를
벌한다."는 명이 내려졌고, 공민왕 11년(1362)에는 금살도감(禁殺都監)을 두기까지 했다. 이
정책은 조선시대로 이어져 도우금지령(屠牛禁止令)이 내려지는 등 농우 보호를 위한 노력
이 이어졌다. (이성우(1984), 《한국식품사회사》, 교문사, p. 35-36)

적인 일이었다. 특히 일제 식민지라는 시대적 특성상 한반도의 일반 국민이 소비할 수 있었던 육류량은 매우 제한적이었다. 따라서 육류를 구워서 고기 자체를 먹기에는 절대적으로 육류 공급량이 부족했으며, 대신에 고기 국물을 내서 먹는 '탕' 위주의 소비가 이루어졌다.

그러나 한편으로 경성과 평양 등의 대도시에서는 육식 소비량이 점차 증가했고 쇠고기 선호성향이 강했다. 특히 '평양우'가 명물로 꼽혔던 평양 지역에서는 이미 1933년에 육식을 목적으로 식용 전용 평양우를 키우기 시작했다. 이러한 육류 공급으로 평양 지역은 육류구이가 발달하며 상업화되기 시작했고, 평양우는 종우種牛로 각지에 수송되어 전국으로 퍼져나갔다. 특수계급에 한정되기는 했지만, 이 시기에 육류구이 문화가 형성되고 상업화되기 시작했다고 볼 수 있다. 그리하여 일제 말기에는 '평안남도 보안과'에서 전국 쇠고기 소비량 1위인 평양의 육류 소비에 대해 '육식 제한량'을 각 음식점에 통고할 정도로 육류구이 문화가 퍼져나갔다.

여기에서는 한국 육류구이 문화 형성기라 할 수 있는 1910년에서 1945년까지의 육류 소비량과 소비경향을 살펴보고자 한다. 일제강점기 축산에 대한 자료는 매우 제한되어 있어 자세한 상황을 알기 어려우나,《조선총독부 통계연보》와 당시 신문 기사 등을 토대로 대략적으로 살펴보았다.

1) 축산

일제강점 직전의 우리나라 축산 상황을 볼 수 있는 1909년 12월 10일《국민신보》기사(그림 II-1 참고)는 다음과 같다.

종우배부: 금회 평안남도로부터 구입하는 종우 19두는 어제 용산에 도착하였음으로 농상공부 축산과로부터 계원이 출장을 하여 수취한 후 바로 대구, 김천, 청도의 각 역으로 수송하였다더라.

위의 기사에서 평안남도의 종우를 전국 각지로 수송했다는 것으로 보아 평안남도의 소가 우수했고 정부 차원에서 보전 노력을 기울였다는 것을 알 수 있다. 이를 반영하듯 당시 자료에는 특히 '평양우'에 대한 내용이 많이 나타난다.

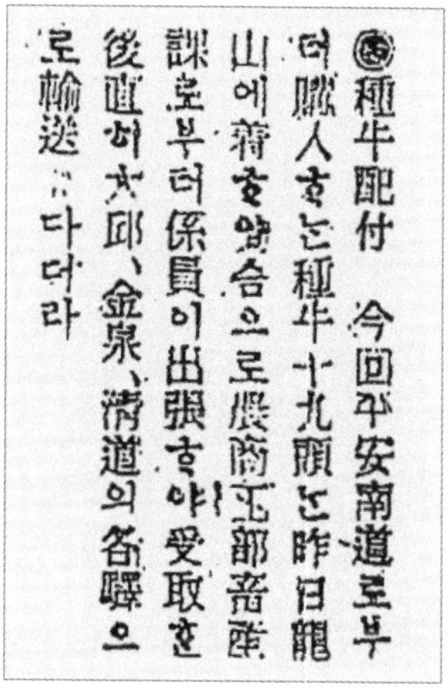

평안남도에서 편찬된《평양소지平壤小誌》는 1933, 1934년 연속해서 "본도의 명물 및 특산물" 중 하나로 '평양우'를 꼽았다. "체구가 위대하고 매우 유순하여 일 시키는 데 적합하고 석회암층에서 사육하였기 때문에 맛이 좋다. 호평이 널리 퍼져 있는데 현재 두수는

그림 II-1 종우배부種牛配付
(출처:《국민신보》1909. 12. 10)

십만 팔천여 두이다. 순천, 맹산, 양덕, 덕천, 성천, 영원 등의 중간 산간지대가 주산지이다."

1933년 6월 1일자 《조선신문》에는 '평양우 격감 대책'에 대한 기사가 실렸다. "1930년대 들어 지난 3년 동안 평균 축우 수는 평남이 10만 8천 두, 평북이 18만 6천7백 두였는데, 1932년의 상황은 도살, 질병, 이출 등으로 양도의 축우 수가 5천7백 두 감소되어 대책이 필요하다."는 것이었다. 이어 "우육 소비 조사를 했는데 경기도에 이어 평안남북도가 그다음으로 소비를 많이 한 것으로 나타났다."라고 하여 경성 중심의 경기도와 평양 중심의 평안도에서 우육 소비가 많았음을 보여준다.

1933년부터는 평양우를 식용 전용으로 키우기 시작했는데, 이렇게 육식을 목적으로 비육이 시작되었음을 알 수 있는 기사는 《평양매일신문》 1933년 9월 2일자 '평양우의 비육사양肥育飼養 개시'로, "순천군 은산면에 있는 우량우 생산 부락에는 작년 동안 비육우 사양시험을 실시하여 평양육의 성가聲價를 높였다."고 보도했다. 《평양매일신문》 1934년 12월 4일자 '평남도 축우, 평양우의 진가 고조'라는 기사에서도 "평남도에서는 소화 10년(1935)부터 5개년 계획으로 소의 증산을 시도하기로 했다."고 하여 일제강점기 당시 정책적으로 평안남도의 소를 증산하는 계획을 실시했음을 알 수 있다. 1935년에 발간된 《평안남도 농업》의 '축우' 부분에서도 '평양우'의 우수성을 강조해 "본도 축우를 고래로 '평양우'라 칭해왔는데 체격이 위대하고 육질이 맛있다. 평양의 명물로 체질이 강건하고 성품이 온순"하다고 소개했다.

'평양우'뿐만 아니라 우리나라의 소는 우수하다는 평가를 받았는데, 1933년(쇼와 8)에 조선총독부가 발간한《조선의 산업朝鮮の 産業》중 축산 관련해 "조선의 소는 체질이 강건하고 결핵병에 대해 대부분이 면역적 저항력을 가지고 있다. 성질도 온순하여 농경용, 운반용에 적절하고 고기 맛도 뛰어나서 식용으로 귀하게 여겨지고 있다."는 내용이 있다. 자료가 밝힌 전국의 축우 두수(지역별)는 〈표 II-1〉과 같다.

이 기록에 의하면, 1931년 당시 우리나라의 총인구는 20,262,958명이었으며 축우 두수는 1,637,019마리로 집계되어 있다. 또한 인구 1,000명당 축우 두수를 보면 강원도가 141.9로 가장 많고 그 뒤가 평안북도 132.5, 함경남도 111.3, 함경북도 101.9 순으로, 주로 북쪽 지역에서 소를 많이 키웠음을 알 수 있다.

이러한 축산 상황에서 당시의 육류 소비량과 소비경향은 어떠했는지, 다음 절에서 좀 더 구체적으로 알아보고자 한다.

2) 소비량과 소비경향

일제강점기의 식육 소비량을 알 수 있는 대표적인 통계자료는《조선총독부 통계연보》다. 1907년에 1906년을 대상으로 조사한《제1차 통감부 통계연보》가 간행된 이래,《통감부 통계연보》로 제3차 1908년분까지 간행되었고, 이른바 '조선병합' 이후에 나

표 II-1 1931년 말의 축우 수와 인구

도명*	축우 두수(두)	총인구(인)	인구 천 명당 축우 수
경기도	123,940	2,060,160	60.1
충청북도	63,806	863,896	73.8
충청남도	56,094	863,896	41.1
전라북도	55,363	1,456,271	38.0
전라남도	125,174	2,242,335	55.8
경상북도	183,082	2,316,054	79.0
경상남도	159,696	2,075,975	76.9
황해도	126,760	1,485,085	85.3
평안남도	108,277	1,306,497	82.8
평안북도	198,426	1,496,518	132.5
강원도	198,452	1,398,225	141.9
함경남도	163,236	1,466,336	111.3
함경북도	74,713	732,696	101.9
합계	1,637,019	20,262,958	80.7

출처: 《朝鮮の 産業》(1933), pp. 40-44

* 제주도는 당시 전라남도에 소속됨.

온 1909년분 이래《조선총독부 통계연보》라는 이름으로 1944년 3월에 나온 1942년분까지 지속적으로 간행된 자료다.[1]

《조선총독부 통계연보》는 항목 분류와 편제가 자주 바뀌었는데, 축산과 관련된 수치는 주로 '농업' 분야에 속해 있었다. 1909년부터 1942년 사이의 소의 총 두수, 도살 두수와 당시 물가를 재구성한 자료는 〈표 II-2〉와 같다.

소의 총 두수는 약간의 등락이 있으나 전반적으로는 계속 증가하다가 1923년 1,610,097마리를 기점으로 1929년까지 감소세를 보인다. 그 후 1930년에 감소 이전의 수준을 회복하고 다시 증가하는 추세를 보였다.

소의 총 도살 두수는 1909년의 167,396마리에서 1914년에 271,178마리로 서서히 증가하다가 1915년에 갑자기 400,660마리로 대폭 증가한 것을 볼 수 있다. 1914년과 1915년의 소 도살 두수를 각 도별로 구체적으로 살펴보면, 모든 지역이 증가했지만 특히 평안남도가 23,541마리에서 45,960마리로, 평안북도는 17,838마리에서 27,316마리, 그리고 함경남도는 11,061마리에서 22,101마리로 주로 북쪽 지방의 도살 두수가 격증한 것으로 나타났다. 이 수치가 다시 1916년에는 전국적으로 줄어들어서 1918년에 소의 전국 총 도살 두수가 153,367마리까지 줄었는데, 자료에는 수치만 제시되어 있을 뿐 도살 두수의 등락 원인에 대해서는 밝혀져 있지 않았다.

가격은 한 마리 기준으로 1916년에는 45.79원이었는데 1918년에 98.30원으로 급등한 것을 볼 수 있다. 물가는 그 기준이 '한

표 II-2 일제강점기의 소 수급 상황

연도	총 두수*(마리)	도살 두수(마리)	물가(圓)
1909	628,142	167,396**	0.350*** (一斤기준)****
1910	703,844	175,947	0.350 (中一斤)
1911	906,057	241,548	0.240 (중급)
1912	1,040,720	236,094	0.236
1913	1,211,011	230,713	37.50(一頭)
1914	1,338,401	271,178	38.43(一頭)
1915	1,353,531	400,660	수:37.78(一頭) 암:29.66(一頭)
1916	1,353,108	309,467	45.79(一頭)
1917	1,384,609	217,279	-
1918	1,480,037	153,367	98.30(一頭)
1919	1,461,660	237,124	118.03(一頭)
1920	1,489,797	267,554	-
1921	1,524,134	329,771	0.47(百匁)*****
1922	1,607,707	275,892	0.48(百匁)
1923	1,610,097	286,711	0.43(百匁)
1924	1,605,072	316,604	-
1925	1,590,806	293,975	0.47(百匁)
1926	1,594,894	257,271	0.43(百匁)
1927	1,586,418	257,374	0.54(百匁)
1928	1,569,722	287,955	0.435(百匁)

연도	총 두수*(마리)	도살 두수(마리)	물가(圓)
1929	1,585,526	251,204(1929년) 260,966(1938년)******	0.434(1929년)(百匁) 0.34 (1938년)(百匁)
1930	1,611,585	216,113	0.40
1931	1,637,019	266,095	0.34
1932	1,664,435	291,051	0.32
1933	1,663,136	288,175	0.36
1934	1,671,185	244,335	0.39
1935	1,679,470	250,446	0.40
1936	1,702,979	272,541	0.45
1937	1,713,249	286,017	0.50
1938	1,717,063	226,940	0.60
1939	1,705,462	256,191	–
1940	1,740,390	302,925	–
1941	1,753,556	315,294	–
1942	1,740,073	318,268	–

출처:《조선총독부 통계연보》1909-1942

* 사육 두수를 의미.
** 내지인 도축(42,569), 조선인 도축(90,334), 도살장 외 장소 추정(34,493)의 합계로 추정함.
*** 경성 지역 우육 상중하급 중 중급을 기준으로 함.
**** 一斤(1근)은 통상 600g임.
***** 匁(문)은 일제강점기의 무게단위로 一 匁이 3.75g이므로 百匁은 375g임.
****** 1929년의 도살 두수와 물가에 대한 자료가 1929년과 1938년의 자료가 각기 다르게 나타남.

근一斤'이었다가 1913년에는 '한 마리一頭'로, 1921년에는 '100돈百匁'으로 단위가 변경되었다.

한반도에서 소비한 육류가 소에 국한된 것은 아니었다. 1910년 1월 19일자 《대한매일신보》에는 '즘승 잡은 수효'라는 제목으로 1909년)에 각 지역별로 도축한 소, 양, 말, 돼지의 총수를 밝힌 기사가 실렸다(표 II-3).

〈표 II-3〉에 제시된 도축 육류는 소 외에도 돼지, 양, 말까지 포함돼 있다. 이 표를 통해 한성부를 포함한 경기도가 45,728두로 가장 많은 육류를 도축했고 전북, 경북, 충남 등의 순서로 그 뒤를 잇고 있음을 알 수 있다. 북쪽 지역에서는 평남이 가장 많았고 이어서 황해도 지역에서 육류 도축이 많았다.

이 외에 신문 등에서 나타나는 육식 소비량 관련 기사는 주로 경성 지역에 국한되어 있다. 《조선일보》 1925년 8월 6일자 기사는 "7월 중 경성 시민 먹은 소가 1천6백 두"이며 "수해로 생선이 없어 그 때문에 소를 많이 잡아먹은 듯하다."라고 보도했다. 또한 1927년 9월 3일자 '8월 중의 부민 육식량'이라는 제목의 기사에서는 "35만 경성부민의 팔월 중 먹은 고기 분량은 우, 마, 돈을 합하야 6천3백34두인데 이것을 인명수로 나노아보면 한 달에 이십이 인 앞헤 한 마리씩 돌아간다더라."고 했다.

육류 소비량은 1930년대에 들어서면서 경성을 중심으로 증가 추세를 보였다. 《조선일보》 1935년 8월 8일 기사는 "칠월 한 달 동안에 경성부민 배속으로 드러간 고기는 소가 1천8백32마리, 도야지가 1천4백41마리, 말이 7마리, 도합 3천2백8십 마리로서

표 II-3 1909년 전국의 소, 말, 양, 돼지 등 도축 총수

지역	도축 총 두수(마리)
한성부	19,033
경기도	26,695
충청남도	13,449
충청북도	9,818
경상북도	14,516
경상남도	10,086
전라북도	15,800
전라남도	12,376
강원도	2,050
황해도	11,680
평안남도	21,524
평안북도	10,307
함경남도	9,440
함경북도	2,500

출처: 《대한매일신보》 1910. 1. 19

그 가격은 21만 8천3백73원 70전이다. 이것을 작년 칠월달과 비교하면 소는 238마리, 도야지는 351마리를 더 먹엇다. 단 말만은 한 마리 덜 먹엇다. 경성은 역시 육식도시다."라고 보도했다. 이 기사를 통해 소의 소비량이 1925년 8월 6일과 비교하면 10년 만에 1,600마리에서 1,832마리로 늘어났으며, 1년 전인 1934년 7월에 비해 238마리 증가했음을 알 수 있다. 돼지 소비량 또한 1년

표 II-4 **경성부의 육류 도살 수와 금액 (괄호 안은 금액이며 단위는 원)**

	37년 1월[2]	37년 11월[3]	37년 12월[4]	38년 7월[5]	38년 10월[6]
소	2,215 (251,423)	2,326 (260,707)	2,806 (308,016)	1,515 (201,221)	2,014 (265,560)
돼지	1,165 (26,652)	1,165 (26,579)	1,337 (30,622)	1,211 (32,053)	1,194 (34,188)
말	12 (330)	3 (55)	8 (-)	9 (292)	20 (587)
염소	2 (20)	–	1	–	2 (25)
합계	3,394 (-)	3,484 (287,342)	4,152 (338,804)	2,735 (233,567)	3331 (30,360)

출처:《조선일보》, 표 상단의 기사 출처

만에 351마리가 증가했으며, 한 달 동안 말도 7마리를 먹었다는 내용으로 보아 수는 미약하지만 말이 육식의 범위에 속했던 것을 알 수 있다.

1937년 2월 14일부터 1938년 11월 8일까지 5건의《조선일보》 기사에 나타난 경성의 육류 소비량을 정리하면 〈표 II-4〉와 같다.

1937년 2월 14일《조선일보》 기사에 의하면 1937년 1월 한 달 동안 도살한 가축의 수는 전 해 1월에 비하면 984두 감소했고 금액으로는 10,138원 10전이 감소했다. 기사는 이에 대해 "이 와가티 준 것은 소갑시 비싼 탓이 아닌가 한다."라고 원인을 분석했다. 그러나 설을 전후해서는 다시 육류 소비량이 크게 늘어나서 "음력 정월 임박하야 5일부터 10일까지 엿새 동안 경성 도수장에서 희생된 소는 1020두, 도야지는 424두엿는데 소를 만히

잡은 날은 칠일 하루에 232두, 도야지는 구일 하루에 198두를 잡았다."고 했다.[7]

당시 육류 소비량의 증가는 기사 제목만 봐도 알 수 있다(이하 《조선일보》). 1937년 12월 11일자 기사 제목은 '육식량이 폭증', 1938년 1월 14일자 기사 제목은 '도시인은 육식당: 연말 경성에 도축 급증'으로, 이 시기에 도시를 중심으로 육식량이 많이 늘었음을 알 수 있다. 그러나 1938년 8월 6일자 기사 제목은 '육식당에 대타격: 두수와 가격 모다 격소'로, 실제로 〈표 II-4〉를 보면 1937년 12월보다 1938년 7월에 도축한 소의 숫자가 1,291마리가 줄었고 돼지는 126마리가 줄었으며, 가격은 폭등했음을 알 수 있다. 기사에는 그 이유가 밝혀져 있지 않으나, 중일전쟁의 영향으로 모든 물가가 상승한 상황이었으리라 생각된다. 1938년 11월 8일자 기사에 의하면, 소의 도축 수는 늘었으나 돼지가 조금 줄었고, 대신 말이 1938년 7월의 9마리에서 20마리로 크게 늘었다. 1938년 11월 8일자에서는 '무던히 먹엇군: 시월 중 경성부민의 육식량'이라는 제목으로 "칠십만 경성부민의 부엌에서 시월 중에 업서진 고기는 실로 30만 360원 30전이란 엄청난 금액이다."라며 육류 소비가 많음을 강조하는 기사가 실렸다.

1937년 1월 14일자 '영양과 맛으로 육류의 왕자: 쇠고기'라는 제목의 기사에서는 "사실 무슨 고기 무슨 고기 해도 쇠고기만치 맛조흔 고기도 드물 것입니다. (중략) 조선 쇠고기는 천하에 맛조키로 제일입니다. (중략) 제일 조흔 고기는 등심이고 그다음에는 배살, 다리, 꼬리의 순서로 제일 나쁜 데가 두부(머리)고기입니다."라고 소개했다. 이 기사를 통해 한국인의 쇠고기 선호성향을 짐작할 수 있으며, 특히 등심 부위를 가장 선호했음을 알 수 있다. 그러나 일제가 태평양전쟁을 준비하고 있던 1940년에 들어서면 육식, 특히 쇠고기 소비에 제동이 걸렸다. 《매일신보》는 '육식에 제한량'이라는 제목으로 다음과 같은 기사(1941. 10. 23)를 보도했다.

국제정세는 날로 긴박하여가는 비상시국에 소고기만 먹는 것이 좃치 못하다 하야 평남도 보안과에서는 수일 전에 평양 진남포 양곳에 소고기의 법도를 통고하얏다. 평양은 소고기가 명물로 되어 잇슬 뿐 안이라 소고기를 먹는 양에 잇서 전선에서 제1위를 점하고 잇다. 그 원인은 대부분 명물 불고기와 스끼야끼, 갈비를 만히 먹는 데 큰 원인이 있는 것인데 (중략) 불고기는 일 인당 150몸메, 스끼야끼는 100몸메, 갈비는 300몸메로 제한하여 팔도록 한 것이다.[8]

기사는 쇠고기가 명물로 꼽혀온 평양이 먹는 양에 있어서도 "전 조선에서 1위"라면서, 이러한 높은 식육량을 통제하기 위해 음식점에서 파는 쇠고기의 양을 제한한다고 소개한 것이다. '몸메匆'란 일제강점기의 무게 단위이며 돈錢*을 일컫는 것인데, 즉 불고기는 562.5g, 스키야키는 375g, 뼈가 붙은 갈비는 1,125g로 1인당 판매량을 제한했음을 알 수 있다.

* 1돈은 3.75g이므로 100돈은 375g.

그러나 이와 같은 육류 소비는 경성과 평양 등 대도시 일부 계층에 한정되어 있었고, 대부분의 서민에게는 해당되지 않았다. 《한국민중구술열전》의 구술자료 중 "예전에 집에서 구식으로 [결혼식]할 때는 고기 마음대로 배부르게 못 먹었어요. 일부 [잔칫집에서] 국 끓여 가지고 국이나 먹고 찌찜(부침개)이나 부쳐가 먹고 그렇지. 고기 같은 거, 육류는 없었다카이."[9]라는 홍성두의 증언을 통해 결혼식에서조차 육류를 먹기는 어려웠다는 것을 알 수 있다. 한편, "소 한 마리 키워가 팔면 논 말가오지기 살 수 있었다. 그래 나도 소 키워가지고 논도 좀 사고 해가 살림을 불렸다 아이가."[10]라는 김순현의 증언에서 1940년 즈음의 소 값을 짐작할 수 있다. '말가오지기'란 '300평 정도'를 의미하는 것으로, 당시 소는 큰 재산이자 살림밑천이었던 것을 알 수 있다.

4장

대표적 육류구이와
육류구이 음식점의 시작

1) 육류구이의 상업화

(1) 육류구이 상업화의 배경

육류구이가 상업화되는 과정은 외식업의 형성·발전과 그 궤를
같이한다. 서서히 외식업이 형성되며 육류구이도 하나의 메뉴로
등장했다. 그러나 여전히 육류구이를 향유할 수 있는 계층은 매
우 한정적이었다. 초기에는 육류구이가 일반 대중적 식사 공간인
'음식점'이 아닌, 주로 '요리점'에 등장한 것으로 보인다.

1929년에 편찬된《경성편람京城便覽》[11]에서 당시 경성의 '요리점,

음식점'에 대한 기록을 찾아볼 수 있다. '시내 저명 요리점 및 음식점' 부분을 보면 조선요리점 10개 업소, 일본요리점 10개 업소*, 중국요리점 10개 업소, 서양요리점 3개 업소, 일본요리 및 끽다점喫茶店 2곳, 서양요리 및 끽다점 3곳, 조선음식점 10개 업소 등이 있었음을 알 수 있다. 《경성편람》에 기록된 조선요리점 및 조선음식점을 정리하면 〈표 II-5〉와 같다.

이 표에서 따로 분류한 것처럼, 당시 요리점과 음식점은 다른 개념의 식공간이었다. '요리점'은 조선왕조가 몰락하면서 궁의 숙수들이 나가서 궁중음식을 기반으로 연회 요리를 상업화한 곳이다. 따라서 요리점의 고객들은 특수 계층으로 한정되었으며 음식을 먹으며 기생들과 유흥을 향락할 수 있었던 곳이었다. 반면 '음식점'은 영업 종목에서 볼 수 있듯이 설렁탕, 냉면, 떡국 등의 음식 위주로 대중이 식사를 위해 이용하는 공간이었다.

우리나라의 대표적 요리점 '명월관'의 창업주 안순환(1871~1942)**은 한말에 궁내부 주임관 및 전선사장典膳司長으로 있으면

---

* 그중 '청수당' 한 곳은 일본요리와 서양요리를 모두 취급했다.
** 안순환은 고려시대 선비 안유의 24대손으로 안순근의 넷째 아들이다. 두 살 때 생모가 죽자 남의 집 수양아들이 되었는데 아홉 살 때 생부인 안순근이 세상을 떠나고 열 살 때는 자기를 데려다 키워주던 수양어머니마저 세상을 떠나는 등 어려운 유년 시절을 보냈다. 이리저리 떠돌며 남의 집 눈칫밥을 먹으면서 자랐던 울분이 쌓여 걸핏하면 주먹질을 하고 싸우고 다녔다고 한다. 그러던 그가 스물세 살 때 마음을 잡고 장사를 하여 불과 일 년 남짓만에 수만금을 모았다가, 갑오동란의 여파로 파산을 했는데 그것을 계기로 스물다섯 살이 넘어 비로소 뒤늦은 공부를 했다고 한다. 그는 신개화문명의 물결을 따라 관립영어학교에 들어가 영어 공부를 했으며 덕분에 주원전 참봉, 전환국 건축 감독, 전환국 기수, 궁내부 전선사 장선, 황태자 문후사 수원, 이왕직 사무관 등 정3품 벼슬까지 하게 되었다. (이준구·강호성, 2006, 《조선의 부자》, 스타북스, pp. 246-259)

표 II-5 **시내 저명 조선요리점 및 조선음식점**

분류	업소명	영업종목
조선요리점	명월관(明月館) 본점	조선요리
	명월관 지점	
	식도원(食道園)	
	국일관(國一館)	
	고려관(高麗官)	
	천향원(天香園)	
	춘경원(春景園)	
	장춘원(長春園)	
	창서원(暢叙園)	
	태서관(太西館)	
조선음식점	전주식당(全州食堂)	조선음식
	이문식당(里門食堂)	
	전동식당(典洞食堂)	
	평양루(平壤樓)	조선음식 냉면
	화천옥(貨泉屋)	설넝탕
	일삼옥(一三屋)	설넝탕 냉면
	이문설농탕(里門雪濃湯)	설널湯*
	사동옥(寺洞屋)	설널湯
	이문냉면가(里門冷麪家)	냉면
	월송루(月松樓)	떡국

출처: 《京城便覽》(1929), pp. 226-227

* '설렁탕'의 당시 표기인 '설넝탕'의 오자로 짐작된다.

서 어선御膳*과 향연을 맡아 궁중요리를 담당[12]했는데, 자신의 조리 경력에 대해서 스스로 이렇게 기록했다.

　나는 구 한국시대에 다년간 궁내부 뎐션과典膳課에 잇섯슬 뿐 안이라 이래 수십 년 동안을 료리업에 종사하야 실디로 조선의 음식은 다 맨드러도 보고 연구도 하며 또 일본에 가서 궁내성의 료리 맨기는 것도 시찰하고 그 외에 중국료리 서양료리도 대개는 내 손으로 맨기러도 보고 먹어도 보고 또 연구도 하야 보앗슴니다.[13]

　그리고《경성편람》에 안순환이 쓴 '요리계로 본 경성'이라는 글에서 그가 밝힌 명월관 건립 동기는 다음과 같다.

　본인이 연전에 흥화문 부근 자문동에 거주할 시에 일일은 지구수인과 야심토록 담화하다가 소창消暢 겸기반차로 십여 인이 산책하야 음식점을 수탐搜探하니 시時는 기호축말인초幾乎丑末寅初라[새벽 3시 전후] 전등은 고사하고 석유등 일개 업는 흑암세계라, 야주현통으로부터 육조전 송교통, 포청교, 허병, 종로사가리, 철물교, 포병, 동구내, 종묘전, 이현, 하교, 철자동, 영희전압, 동현, 곤당골까지 와도 먹을 것을 찾지 못하얏다가 지금 황금정 아서원 중화요리점 부근에서 일개의 음식점을 발견하고 일동이 썩 들어섯스나 기 설비의 불결함을 볼 때에 점주 개인을 책하는 것보담 일반을 위하야 생각하고 천사만념 중에 조

---

* 임금에게 올리는 음식.

선에 대표적 광채를 발휘코자 갑진년甲辰年간에 광화문통(현 동아일보 사 터)에 순 조선요리 본위로 명월관을 창립한 바 당시 찬양이 자자하드니[14]

이처럼 안순환은 음식점 찾기도 어렵고 위생 상태도 불결한 열악한 상황에서 조선을 대표하는 음식점을 만들고자 명월관을 창업했다고 했다.

그런데 명월관의 건립 시기는 주영하 교수가 《대한매일신보》의 기사를 통해 1903년 9월 17일이라고 밝힌 이후[15] 다른 연구에서도 1903년으로 기정사실화하고 있다. 그 근거가 된 《대한매일신보》 1908년 9월 18일자 기사는 "명월관明月館에서 작일昨日은 해관설시該館設始하던 第五 紀念日(제5 기념일)인 故(고)로 國旗(국기)를 高揭(고게)하고 紀念式(기념식)을 設行(설행)하얏다더라."는 내용이다. 즉, 주 교수는 1908년 기사에서 "제5 기념일"이라고 한 내용을 근거로 1903년이라고 했다. 그런데 위에서 살펴본 것처럼 안순환 본인은 명월관 창립 연도를 "갑진년甲辰年", 즉 1904년이라고 회고했다. 따라서 안순환의 기억이 착오가 아니라면, 《대한매일신보》의 "제5 기념일"이라는 표현은 '만 5년'이 되었다는 의미가 아닌, '5년차' 기념일이라는 의미일 수도 있다. 그렇다면 명월관의 창립 연도는 안순환의 회고처럼 1904년일 가능성이 있다.

개점 초기부터 고관들과 친일파 인물들이 드나들면서 명성을 얻었던 명월관은 광고에도 매우 적극적이어서 《만세보》에

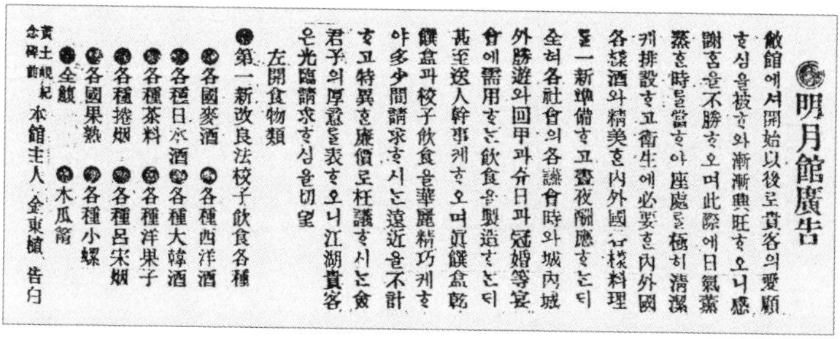

그림 II-2 명월관 광고 (출처:《만세보》1906. 7. 13)

1906년 7월 13일부터 9월 말까지 거의 매일 〈그림 II-2〉와 같은 광고를 냈다.

광고에는 "새롭게 개량한 각종 교자음식, 각국 맥주, 각종 서양주, 각종 일본주, 각종 대한주, 각종 차료, 각종 양과자, 각종 궐연, 각종 송연, 각국 과숙, 각종 소라, 전복, 모과"라고 되어 있고 더 이상의 자세한 기록은 없다. 그런데 앞서 살펴본 글에서는 명월관 음식의 기본이 '순 조선요리 본위'였으며 안순환 자신이 '궁내부 전선과'에 있었으므로, 명월관 음식은 많은 부분 궁중음식의 영향을 받은 것으로 생각된다.

한편, 궁이 해체된 후 조선의 마지막 임금인 순종에게 음식을 올렸던 숙설소 최고 책임자 도숙수와 손수남 옹이 함께 당시 유명한 요릿집을 돌면서 요리를 만들었다는 증언이 있었다.* 이것으로 보아 소수의 왕족과 상류층만이 향유할 수 있었던 궁중음식을 대중이 맛보고 누릴 수 있었던 계기가 된 것은 요리점의 개점이라고 봐야 할 것이다. 또한 그 맥락에서 궁중의 너비아니를 비

그림 II-3 봉황정 개업 광고
(출처:《만세보》1907. 4. 9)

롯하여 쇠고기를 위주로 한 고기 요리도 역시 요리점으로 이어졌다고 생각된다. 그러나 품격 높은 조선의 전통 궁중 상차림은 요리점에서 대중을 상대로 하는 영업을 위해 '개량 교자상'으로 변형되고 왜곡되었는데, 앞의 명월관 광고에서 밝힌 대로 '화려하고 정교하게 마련된' 교자상 차림에 너비아니도 함께 올랐으리라 여겨진다.

명월관 이외 다른 요리점들도 계속 생겨났는데, 그중 하나인 '봉황정'은 "1907년 4월 3일에 개업했다."는 개점 광고를 명월관과 똑같이《만세보》에 1907년 4월 9일부터 5월 초까지 거의 매일 냈다. "대한우등요리"라고 하여 조선요리 위주였다는 것을 알 수

---

* (앞쪽) 조선에서 궁중의 음식을 맡아 운영하는 기관을 사옹원(司饔院)이라 했다. 사옹원에는 문관직으로 행정 실무를 맡아보는 관리가 있었고, 실제로 궁궐 내의 각 전에서 음식을 담당하는 잡직관리가 근무했다. 잡직관리인 재부·선부·조부·임부·팽부는 고도의 조리 기능을 가진 남성들로서 이들 조리기능자들을 숙수(熟手)라고 했다. 1895년(고종 32) 사옹원이 전선사(典膳司)로 바뀌면서 사옹원 제도는 폐지되어 대부분의 숙수는 궁에서 나오게 되었으며 전선사는 1910년(융희 4)까지만 존속했다. (한국학중앙연구원, 조선왕조실록 전문사전http://waks.aks.ac.kr/rsh/dir/rview.aspx?rshID=AKS-2013-CKD-1240001&dataID=00014216@AKS-2013-CKD-1240001_DIC;《월간식당》1987년 4월호 '조선조 궁중요리사 손수남 옹', pp. 65-67)

있지만, 내외국인 요리에 적당하다고 했으므로 외국요리도 겸비한 것으로 보인다.

그런데 1907년 10월 30일자《대한매일신보》에는 '명월관 폐지'라는 제목의 기사가 실렸다.

황토현에 잇는 명월관은 선명한 집과 아름다운 료리가 한국인의 음식 중에는 데일 상등이더니 근래에 요리를 외상 준 게 만흐되 갑슬 슈합할 수가 업난고로 부득이하야 폐업을 하는 지격이 되얏으니 한국인 영업이 진보치 못하난 거슬 대단히 애석케 넉이노라

즉, 초기에 명월관은 음식이 "한국인의 음식 중에는 데일 상등"이라는 평을 받았지만, "요리를 외상 준 게 만흐되 갑슬 슈합할 수가 업난고로 부득이하야 폐업"해야 할 정도로 경영난에 봉착했다. 급기야 1907년 10월 30일자《황성신문》에는 명월관의 기물을 판다는 기사까지 실렸다. 그러나 다시 1907년 11월 13일자《대한매일신보》에 '명월관 계속하여 개업'한다는 기사가 나타난다.

명월관은 한국 데일 상등 료리집인데 자본이 부족하여 영업을 폐하였다더니 각 사회에서 권고함을 인하야 작일부터 다시 시작하엿다 하니 본사에서는 만히 치하하노라[16]

이렇듯, 명월관은 당시에 "한국 제일의 상등 요리집"으로 꼽

혔는데 폐업을 한다고 하자 다시 시작하라는 "각 사회에서의 권고"가 있었다. 그리고 영업을 재개하게 되자 《대한매일신보》에서 재개업을 "만히 치하"한다고 밝힐 정도로 당시 명물 요리점이었다.

(2) 요리점의 증가와 왜곡되는 요리점 음식

명월관이 승승장구하면서 요리점은 점차 많아졌다. 그러나 당시 신문에 "근래에 남자들이 료리집에 가서 기생 다리고 노는 것이 한 큰 유행이 되었다."[17]라는 기사가 실릴 만큼 새로운 풍조가 유행했다. 요리점에 가는 목적이 음식을 먹기보다 기생을 데리고 유흥하는 것이 위주가 되었음을 알 수 있다. 요리점의 음식이 상업적 이익을 위해 변모하고 왜곡된 것이다.

이런 세태에 대해서 선무실膳務室* 주임 조동원趙東源은 다음과 같이 지적했다.

경성에서도 항용 요리집에 가는 사람의 십 중의 구까지는 거의 올치못한 류흥을 하야 기생이나 불러다놋코 뛰고 놀기로 일을 삼는 소위 부랑한 사람이 만흠으로 요리점에서도 자연 요리법에는 버스러지

---

* 선무실은 입식의 조리 설비를 갖춘 어요리소(御料理所)로, 1909~10년 궁궐에 신축된 근대적 설비 중 하나다. (이규철, 근대적인 측량기술의 도입과 건축도면의 제작 http://www.archives.go.kr/next/common/archivedata/render.do?filePath=2F757046696c652F70616c67616e2F3134313338353737383537302e706466)

든지 말든지 숙수를 단속하야가면서라도 엇더케하던지 얼음얼음하야 돈을 벌기에 정신을 팔게 되는 것이다. 그러함으로 우리 조선에는 아즉 참조선요리다운 요리를 먹게 하야주는 요리덤이 아즉 업고 만일 이대로만 지내어가다가는 좀 요리 솜씨가 잇는 숙수들까지라도 솜씨가 퇴보되야 나중에는 진선진미한 세계에 자랑함즉한 조선료리법은 맛참내 소멸이 되고 말것이니 오날 우리 조선에 잇어서는 조선요리법을 개량하는 것은 차치하고 참조선요리법을 다시 회복하야 영구히 유지하기를 몬저 바라오.[18]

즉 요리점들이 돈벌이를 위해 요리법에 벗어나는 음식을 하는 세태를 지적하면서, 이대로 가다가는 숙수들의 요리 솜씨가 퇴보하여 조선요리법이 소멸될 것이라고 우려한 것이다.

명월관의 내부 모습은 1940년판 일본 잡지《모던일본》에 실린 〈그림 II-4〉로 짐작해볼 수 있다. 무라야마 도모요시라는 일본인이 "경성 명월관에서 조선 옷 입고 포즈를 취한 나(왼쪽)와 지금은 고인이 된 니키"라고 밝힌 이 사진은, 촬영 연도를 밝히지 않아 1940년 이전이라는 것만 알 수 있다. 병풍을 치고 보료를 깐 방에서 일본인들이 '조선 옷'을 입고 장죽을 물고 여흥을 즐기는 모습을 통해 요리점이 다만 식사를 위한 장소가 아니었다는 것을 짐작할 수 있다.

1939년 발간된《조선의 관광朝鮮之觀光》에는 조선으로 관광을 오는 일본인들을 대상으로 경성의 조선요정을 소개하는 안내문이 실렸다. 대표업소 '아랑주雅郎宙'외에도 식도원, 남대문통일, 조

그림 II-4 명월관의 한복 입은 일본인들 (출처:《일본잡지 모던일본과 조선 1940》, p. 35)

선관, 선린정, 태서관, 공평정, 송죽원, 낙원정, 동명관 음벽원, 성북정, 청량원, 청량리정, 춘경원, 무교정, 명월관, 돈의정 등 18개 업소의 이름이 실려 있다.[19] 즉, 이즈음에는 '명월관'을 비롯한 요리점들이 음식 위주가 아닌 유흥을 위한 '요정'으로 전락해버렸다는 것을 짐작할 수 있다.

한편 1929년 조선총독부 경무국의 조사 결과를 보면 당시 얼마나 많은 요리점이 성황이었는지를 알 수 있다.

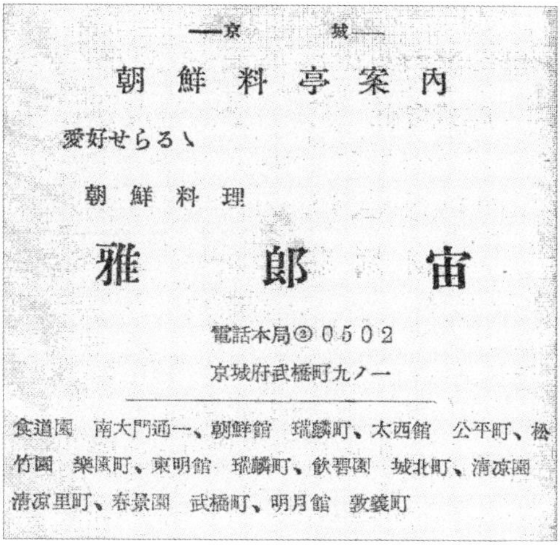

그림 II-5 조선요정 안내 (출처:《朝鮮之觀光》)(1939), p. 166)

총독부 경무국 조사 조선 내의 료리점 수효는 조선인 일천일백팔십
구 점, 일본인 팔백 점, 중국인 이백이십 점 합계 이천이백구 점으로
작년 총수보다 삼백오십 점의 증가인데 이 내역은 청료리점이 십이 점
과 조선인 삼백오십사 점의 증가와 일본인 사십육 점의 감소이다. 중
국인 료리점의 증가는 당연한 자연증가라고도 할 만한 추세이나 조
선인의 료리집 증가는 조선인이 점점 퇴폐한 향락적 기분에 빠져가는
경향의 일단이라고 볼 수 잇다고 하더라.[20]

뿐만 아니라 1935년 기사에서는 함흥의 비약적인 발전으로
"함흥서에서 최근에 조사한 유객 인원수와 그 소비금액"이 작년
과 비교하면 약 2배에 해당하며 "순전히 요리업자들의 수입으로

만 된 것"[21]이라고 하여, 함흥에서도 요릿집이 성황이었음을 짐작
할 수 있다.

2) 불고기

(1) 불고기의 다양한 명칭

일제강점기에 불고기가 명물로 꼽혔던 유명한 지역이 있었으
니 바로 평양이다. 우수한 평양우가 있었고 육식 소비가 높았던
만큼 불고기가 발달할 수 있었던 환경 요인은 충분했다. '평양 명
물 불고기'에 대한 기사도 많이 나왔다.

1935년 5월 5일자《동아일보》의 '모란대 명물 불고기 금지'라
는 기사에 이런 문장이 있다. "평양 모란대 송림 속을 노리터 삼
는 주객에게는 매우 섭섭한 일이나 모란대 송림의 명물인 불고기
는 옥외에서 굽지 못하기로 되엇다. (중략) 불고기 굽는 연기로 말
미암아 청청한 소나무가 시름시름 마를 뿐 아니라⋯"

이 기사와 관련해서 참고할 수 있는 글은《동아일보》1935년
5월 1일자에 실린 동전東田 오기영吳基永의 칼럼 '팔로춘색八路春色:
옛 생각은 잊어야 할까'다.

대동강변 40리 긴 숲의 풀빛을 뿌리까지 짓밟은 청일, 러일 두 싸움
통에 총상을 입은 채 서 있는 기림의 늙은 소나무 밑에는 '봄놀이'도

한창이다. 소고기를 굽는 것이다. 야유회의 맑은 운치도 있음직하거니와, 모진 뿌리가 죽지 않아 살아남은 노송들이 그 진저리 나는 고기 굽는 냄새에 푸른빛조차 잃은 것 같다.[22]

1909년 황해도 출생인 오기영*은 1928년 동아일보에 입사하여 1935년 5월까지 평양지국에 근무**했으므로 위의 1935년 5월 5일 '모란대 명물 불고기 금지'라는 기사 역시 오기영이 쓴 것이 아닌가라는 추측이 가능하다.

같은 날인 1935년 5월 5일자 《매일신보》에도 비슷한 내용이 '공원음식점에 실외 소육을 엄금… 고기 굽는 연기에 송림이 고사'라는 제목으로 실렸다.

그 원인을 조사 중이든바 그것은 동 지대에 있는 음식점 을송정乙松亭, 봉황각鳳凰閣, 기림정箕林亭 등 삼처에서 동송림 하에 객석을 설하고 소육을 하는 육취의 연기가 송수고사에 일원인인 것이 판명되어 당국에서는 이것의 처치 문제에 대하여 머리를 알케 되었다. 기왕 허가하였든 전기음식점 등을 일조 영업 폐지를 명할 수도 업는 것이오 그대로 계속한다면 거긔에 영향을 밧어 송수가 전멸하게 될 것이라

---

* 오기영은 1928년 동아일보 평양지국에 입사했고, 신의주 특파기자를 거쳐 1930년 2월부터 1935년 5월에 서울본사로 발령받기 전까지 평양지국에 근무했다. (출처: 오기영, 2019, 《동전 오기영 전집(1): 사슬이 풀린 뒤》, 전집편찬위원회 엮음, 도서출판 모시는사람들, pp. 239-241)
** 《동아일보》1935년 5월 31일자 칼럼 '류경 8년'에서 "평양을 떠나온 지 벌써 한 이레"라고 밝혔다.

하야 부당국과 대동서원에서 협의한 결과 우선 소육에 대하여는 실내에서 하는 것만 부허를 하고 실외 즉 송림 하에서는 절대로 금지를 하도록 하게 되어 대동서에서는 전기음식점 영업자 등을 소환하야 금지의 령을 발하기로 되엿다 한다.

이 기사에서는 "을송정, 봉황각, 기림정"이라는 음식점 이름까지 언급되어 있다.

두 기사를 통해 당시 평양의 유명한 유원지인 모란대 등에서 연기 때문에 소나무가 고사할 정도로 불고기를 많이 구워 먹었다는 것을 확인할 수 있다. 이를 통해 일제강점기의 평양 명물이었던 불고기는 굽는 불고기[23], 즉 석쇠에 구워 연기가 나는 불고기임을 알 수 있다. 현대의 우리에게 익숙한 육수가 자작한 불고기의 형태가 아닌 것이다.

이처럼 야외에서 불고기 굽는 것을 제한했음에도, 3년 후 《동아일보》 1938년 4월 23일자에 '평양 명물 소육 송림 속에선 금지'라는 기사가 또 실렸다. 여전히 고기를 구워 먹는 유행이 지속되고 있음을 알 수 있다.

한편, 기사 중 "명물 만흔 평양에 한 가지인 군고기燒肉집이 잇다."는 내용이 있어 군고기와 소육이 같은 의미임을 알 수 있다. 뿐만 아니라 《매일신보》 1941년 7월 30일자에는 '평양명물 불고기 가격의 인상을 진정陳情'이라는 제목의 기사가 실려 "평양 명물인 야끼니꾸燒肉 가격을 올려달라는 진정이 잇서 세인의 주목을 끌고 잇다."고 했다. 이 기사에서는 불고기, 야끼니꾸, 燒肉이라

표 II-6 평양 불고기에 관한 기사

날짜와 매체	기사 제목	내용	비고
1935. 5. 5 동아일보	모란대 명물 불고기 금지	모란대 명물인 불고기 가 송림 보호로 금지	
1935. 5. 5 매일신보	공원 음식점에 실외 소 육을 엄금… 고기 굽는 연기에 송림이 고사	음식점에서 소육을 하는 육취의 연기가 송수 고사에 원인	을송정, 봉황각, 기림 정 음식점 이름 나옴
1938. 4. 23 동아일보	평양 명물 소육 송림 속에선 금지	명물 많은 평양에 한 가지인 군고기(燒肉)	군고기=燒肉
1941. 7. 30 매일신보	평양 명물 불고기 가 격의 인상을 진정	평양 명물인 야끼니꾸 (燒肉)	불고기=야끼니꾸 =燒肉

는 단어가 한꺼번에 사용되었으며 모두 같은 음식을 의미한다.

이상 '평양 명물 불고기'를 보도한 4개 기사를 정리하면 〈표 II-6〉과 같다. 이를 통해, 당시 기사들에서는 '평양(모란대) 명물=불고기=소육=군고기=야키니쿠'라는 것을 확인할 수 있다. 그러므로 이 시기에 '불고기'라는 단어는 조선시대 때부터 사용되어 오던 '소육燒肉'이라는 한자어, 그 뜻을 우리말로 그대로 풀이한 '군고기', 또한 일제강점기라는 시대적 특성상 소육燒肉의 일본어 발음인 '야키니쿠' 등이 마구 혼용되어 쓰였으며, 그 의미는 동일한 것으로 추정할 수 있다. 다른 자료에서도 좀 더 관련 용어를 찾아보고자 한다.

가. 군고기, 구운 고기, 고기구이

1929년 9월 27일자《별건곤》제23호에 실린 '서울 내음새, 서울 맛, 서울 정조'라는 글의 한 대목은 다음과 같다.

> 서울은 조터라. 웨 이러케 풍성풍성하냐?
> 여러분! 종로로 남대문통으로! 본정으로!
> 서울! 텁텁하것만 텁텁하지 안은 서울냄새!
> 향수! 삐-루! 양식! 냉면! 머릿기름! 까소링! 그리고 **군고기**!

이 글은 급속도로 풍성해지는 서울의 풍조를 묘사한 것으로, 전체적인 맥락을 볼 때 여기에서의 '군고기'가 생고기를 구운 것인지 너비아니류의 불고기인지는 알 수 없다.

《별건곤》 제34호(1930. 11. 1)에 실린 '개성의 이 얼골 저 얼골'이라는 글은 다음과 같다.

> 개성의 선술집은 안주 풍부하고 맛있고 친절하고 조용하기 제일이다. 첫째 경성 모양으로 술 한 잔에 안주 한 점! 이러케 일일이 주반珠盤질을 아니하는 것이 순후해 보혀서 좃코 이 골목 저 골목 조용조용한 곳에 잇서 뒤숭숭하지 안흐니 좃타. (중략) 여긔까지 쓰고 나니 **김이 무럭무럭 나는 군고기**와 한잔 생각이 간절히 난다.

이 글을 통해 경성뿐만 아니라 개성에서도 선술집에서 '군고기'를 안주로 팔았다는 것을 알 수 있다.

《조선일보》 1939년 9월 9일자 '고국풍운 속으로 달려가는 나

치스 당원: 금강산과 군고기가 조선 왔던 선물'이라는 기사는 흥남의 일본 금속회사 기사로 배치되었다가 고국으로 돌아가는 나치스 당원인 독일인 놀벨트 스칼라를 취재한 것이다. 그는 조선에서 있었던 즐거운 기억에 대해 "금강산도 구경하엿고요. (중략) 그 외 조선 특유의 비-프테키 잇지 안허요 아 참 구은고기 말이애요, 그 맛은 도저히 이즐수업서요."라고 진술했다. '구은고기'를 '조선 특유의 비-프테키'라고 했는데, 그것이 단순히 고기를 구운 음식이었는지 너비아니류의 음식이었는지 알 수 없으나 독일인이 조선에 대한 기억 중에 금강산과 더불어 꼽을 만큼 인상적인 음식이었다고 생각된다.

또한 한국 음식문화 분야 개척자 중 한 분인 장지현 가톨릭대 명예교수(인터뷰 당시 83세)의 고향은 황해도 해주인데, 해방 전 어렸을 때 고기 먹은 기억에 대해 다음과 같이 이야기했다.

> 어렸을 때 고기 먹었던 것은 《동국세시기》에 나오는 난로회 그대로 예요. 일 년에 한두 차례, 가족이 모여서 화로를 둘러싸고 석쇠 올려 놓고 구워 먹는 거지… 쇠고기를… 돼지고기는 아니고. 양념한 쇠고기… **고기구이**라구 했지.
>
> _ 장지현 교수 인터뷰, 2009. 12. 11

이상으로 미루어볼 때 이 시기에는 군고기, 구운고기, 고기구이 등의 명칭이 혼용되었고, 이것은 너비아니류의 불고기와 연관된다고 생각된다.

나. 소육燒肉

조선시대부터 사용되던 한자어 소육燒肉은 일제강점기에도 이어졌다.

일본 문헌《고적과 풍속古蹟と風俗》(1927)에서 조선 국밥집을 설명하면서 '소육燒肉'이 등장한다. 조선의 음식점을 '술집酒屋, 밥집飯屋, 요리점'으로 나누어 설명하고 있는데, 그중 밥집飯屋에 대한 글을 김상보 교수가 해석한 것은 다음과 같다.

국밥집은 그다지 큰 집이 아니고 대로에 높직이 제등을 매달지도 않는다. 돗자리를 깔고 토방을 세워서 짐꾼과 시골사람이 식사하는 곳이다. 밥에 고기국물을 넣었다. 여기에는 콩나물과 그 밖의 것도 들어 있다. 김치가 곁들여진다. 또 **불고기燒肉**도 있다. 술집에는 문을 단 큰 집도 있지만 밥집에는 문이 있는 집이 거의 없다. 밥은 커다란 밥그릇으로 한 그릇에 10전 정도이다.[24]

여기에서 '불고기'라고 해석된 부분의 원문을 확인하면 '소육燒肉'이라고 되어 있다. 이것이 너비아니류의 요리였는지, 단순히 고기를 구운 것인지는 정확히 알 수 없지만, 당시 국밥집에서 국밥, 김치와 더불어 소육燒肉이 나왔다는 것을 알 수 있다.

1932년에 조선총독부가 발간한《평양부平壤府》의 '생활상태 조사'에는 평양의 주식물, 부식물, 구황식물, 요리의 종류, 식기, 식선양식食膳樣式 등이 기록*되어 있는데,[25] 이 중 소우육燒牛肉이 포함되어 있다. 소우육은 글자 그대로 보면 '쇠고기를 구운 것'인데, 앞서 살펴본 것처럼 소육과 불고기가 동일어로 쓰였고, 평양의 불고기가 유명했던 것으로 미루어 소우육이 불고기였다고 추측된다.

《삼천리》 제13권 6호(1941. 6. 1)에는 '현지보고: 한구漢口와 조선인 근황近況'이라는 제목으로 '조선음식의 가격표'가 소개되었다.

> 냉면 1器 60전, 백반 1器 30전, 육탕 1器 40전, **燒肉 1인분 70전**, 갈비 1인분 70전, 갈비탕 1인분 70전, 비빔밥 1器 60전, 만두국 1器 60전, 회갓 1인분 60전, 떡국 1器 50전, 장국밥 1器 50전, 쟁반 1상 1원 이상. 음식 가격은 대개 이러하다.

여기에서의 소육燒肉은 '조선음식'의 하나였으며, 갈비 1인분, 갈비탕 1인분과 동일하게 70전에 판매되었다. 위에 소개된 음식 중 가장 비싼 음식이었던 것이다.

다. 야키니쿠

이효석은 잡지 《여성》 1939년 6월호에 기고한 '유경柳京** 식보

---

* 그중 육류와 관련한 부식물은 수육류, 조육류로 나뉘어 있다. 수육류로는 우(牛)와 돈(豚), 조육류로는 계(鷄), 압(鴨), 치(雉)를 이용한다고 기록되어 있다. 한편 육류를 이용한 요리의 종류로 육류즙, 회류가 있는데, '육류즙'으로는 갈빗국(脇骨汁), 육개장(肉汁)이, 회류에는 우육회가 기록되어 있다. 그 외에 섭산적, 떡산적, 닭찜, 갈비찜이 있고 각종 상차림에서 환갑상에 가리찜을 소개했다. 소우육(燒牛肉)은 춘추유산(春秋遊山)의 음식으로 닭찜과 함께 꼽혔다.

** 柳京은 평양의 다른 이름이다(방민호, 2003,《모던 수필》, 향연, 편집자 주).

食譜'라는 글에서 "평양에 온 지 사 년이 되나 자별스럽게 기억에 남는 음식을 아직 발견하지 못했다."면서 평양음식을 "진진하고 아기자기한 맛이 적고 대체로 거칠고 단하고 뻣뻣스럽습니다."라고 낮게 평가했다. 유명한 평양냉면에 대해서도 오히려 온면을 즐긴다고 한 반면, 평양의 만두, 김치, 어죽에 대해서는 칭찬했다. 그중 '야키니쿠やきにく'에 대해서 쓴 내용이 있다.

> (평양의) 중요한 음식의 하나가 **야키니쿠**인데 고기를 즐기는 평양 사람의 기질을 그대로 반영시킨 음식인 듯합니다. 요리법으로 가장 단순하고 따라서 맛도 담백합니다. 스키야키같이 연하지도 않거니와 갈비같이 고소하지도 않습니다. 소담한 까닭에 몇 근이고 간에 양을 사양하지 않는답니다. 평양 사람은 대개 골격이 굵고 체질이 강장하고 부한 편이 많은데 행여나 야키니쿠의 덕이 아닌가 혼자 생각에 추측하고 있습니다. 다만 야키니쿠라는 이름이 초라하고 속되어 늘 마음에 걸립니다. 적당한 명사로 고쳐서 보편화시키는 것이 이 고장 사람의 의무가 아닐가 합니다. 말이란 순수할수록 좋은 것이지 뒤섞고 범벅하고 옮겨온 것은 상스럽고 혼란한 느낌을 줄 뿐입니다.[26]

이효석은 야키니쿠의 맛에 대해 '연한 스키야키', '고소한 갈비'와 구별해 "담백"하고 "소담"하다고 표현했는데, "요리법으로 가장 단순"하다고 한 것으로 미루어 고기를 얇게 저며 양념해서 구웠다기보다는 생고기를 그냥 구운 것이라고도 생각할 수 있다.

한편 '평양식 불고기'는 양념하지 않은 날고기를 익힌 다음 양넘간장에 찍어 먹는 것이라고 조풍연*은 주장했다.

불고기는 평양 지방에서 쓰는 말이고 원 서울말은 너비아니다. 쇠고기를 저며서 양념해 구운 것이 너비아니이다. (중략) 불고기는 굽는 것이 너비아니와 다르다. 석쇠에 물에 적신 백지를 씌우고 고기를 얹어 굽는다. 또 양념은 하지 않고 날고기를 익힌 다음에 익으면 양념간장을 찍어 먹는다. 이것이 평양식 불고기다.[27]

즉 조풍연에 따르면, 불고기는 평양 지방에서 쓰는 말이며 평양식 불고기는 양념을 하지 않은 날고기를 익힌 후 양념간장을 찍어 먹는 것이다. 그렇다면, 이효석이 윗글에서 이야기한 야키니쿠도 생고기를 구운 것이 아닌가 하는 추측을 뒷받침한다.

그런데 일본 잡지《모던일본モダン日本》** 1939년 '조선판'에서도 평양 불고기를 발견할 수 있다. '새로운 조선에 관한 좌담회'[28]에서 일본 소설가인 하마모토 히로시의 사회로 한국 문인 마해송과 조선통 일본인들이 모여서 자신들이 경험한 조선문화에 대해

* 1914~91. 서울 출생의 언론인, 수필가, 아동문학가.
** 일본 출판사인 분게슌주샤가 1930년 10월 창간한 월간잡지. 이 잡지는 창간 10주년 기념으로 1939년 11월과 1940년 8월 두 차례에 걸쳐 임시증간을 발행했는데, 이는 '조선판'이라 명명한 조선 특별호였으며 조선판은 조선 지식인 마해송에 의해 기획되고 출판되었다.《모던일본 조선판》은 '일본인이 조선에 대해 아는 것이라고는 기생과 금강산뿐'이라는 천편일률적인 일본인의 조선 인식을 비판하며 보다 폭넓은 조선 이해를 도모하기 위해 일본인 독자를 대상으로 기획되었다. (한일비교문화연구센터, 2007, 〈일본잡지 모던일본과 조선 1939〉, 어문학사, pp. 513-514)

이야기했는데, 그중 육류구이에 대해 언급한 부분을 소개하면 다음과 같다.*

　도고: 개성은 아주 고급이지요. 약주를 마시게 하거든요.

　가토: 고기를 잘라 그대로 설탕에 찍어서 굽더라구요. 생고기에 설탕을 뿌려서 맛을 내서 굽는 거예요.

　(중략)

　도고: **평양의 불고기는 맛있어요**平壌の 焼き肉は 美味いヨ.

　하마모토: 모란대가 있는 산속에 맛있는 집이 두 군데 있는데 캄캄한 밤에 아름다운 기생들과 먹으러들 가지요.

　이 자료에서는 개성과 평양의 고기 굽는 법이 비교된다. 즉 평양의 고기구이가 개성의 것과는 다르다는 의미다. 개성에서는 생고기에 설탕을 뿌려서 구웠는데, 평양은 조리법이 이와는 구별됨을 알 수 있다. "평양의 불고기"가 구체적으로 어떤 조리법으로 만들어졌는지는 알 수 없지만, 평양 지역의 명물로 꼽혔던 만큼 단순한 생고기구이 이상의 음식이지 않았을까 싶다. 그렇다면 앞서 이효석이 이야기한 야키니쿠가 생고기를 구운 것으로 추측되는 것과는 또 다르다.

　평양 불고기의 정확한 실체는 알 수 없지만 앞에서 언급한 대

* 주제에 관한 잡지사 측의 희망은 "기생이나 옛 문화에 관한 얘기만이 아니라 새로운 문화, 즉 약진하는 조선의 모습에 관한 말씀을 부탁드립니다."라고 되어 있다.

로 평양에서는 1930년대 중반에 모란대를 중심으로 불고기가 음식점과 노점 등에서 상업화되어 있었고 1939년 당시 일본인들 사이에서도 평양의 불고기가 맛있기로 유명했다는 것을 알 수 있다.*

(2) 불고기의 전국화

앞서 조풍연은 "불고기는 평양 지방에서 쓰는 말"이라고 했지만, '불고기'라는 단어는 지역에 국한되지 않고 발견된다. 《동아일보》 1932년 3월 20일자에는 식품의 열량에 대한 기사가 실렸는데 "불고기 한 점, 도야지고기 일 인분, 닭고기 일 인분"[29]의 열량을 소개했다. 여기에서 '불고기'가 도야지고기, 닭고기와 더불어 있는 것으로 보아 쇠고기를 의미한다고 보이는데, 양념이나 조리의 여부는 알 수 없다. 그러나 불고기라는 용어가 쇠고기 대신 일상적으로 사용되었음을 짐작할 수 있다.

한편, 경상도 어느 주막에서 막걸리 안주로 먹은 불고기 이야기가 《조선일보》 1934년 1월 28일자 민촌생民村生이 쓴 '겨울이야기 노변야화爐邊夜話'라는 글에서 등장한다.

'경상도慶尙道의 불고기'만은 지금只今도 진미珍味로 안다. 불고기는

---

* 이후 《국민보》 11월 26일자 기사에도 "평양 명물 불고기"라고 기록되어 있어 평양 불고기의 명성이 1950년대 후반까지도 지속되었음을 알 수 있다.

겨울이래야 본本맛이 난다. 눈보라가 치든 어느 날 길을 것다가 상주尙州든가 영주榮州든가 어느 촌주막村酒幕에 드러서 불고기를 소담스레 굽고 막걸니로 어한하든 생각이 난다.

눈보라가 치는 겨울날의 불고기는 '설야멱'을 연상케 하는데, 이 글을 쓴 '민촌생'은 소설가 이기영李箕永(1895~1984)의 필명이다. 그런데 그는 《삼천리》 제8권 제6호(1936. 6. 1)에 발표한 소설 〈십년 후〉에서 다시 경상도 불고기를 언급한다. "오랫만에 조용히 만낫으니 막걸니라도 한잔 난우고 적조한 서회나 합시다. **저- 경상도에서 불고기 해노코, 술자시든 생각나시지요.**"와 같은 대목이 있다. 즉 여행기에 썼던 불고기에 대한 경험을 후에 다시 소설로 풀어낸 것으로 생각된다. 이 두 글에서 불고기가 어떤 것이었는지 구체적으로 나타나 있지 않지만, 경상도에 '불고기'라 불리는 고기구이가 있었으며 안주로 먹었던 것을 알 수 있다.

이렇게 문학작품, 신문과 잡지의 기사에서뿐만 아니라 이 당시 불고기라는 단어가 널리 퍼져 있었음을 알 수 있는데, 대중가요의 가사에 '불고기'가 등장한 것이다.

1930년대 본격적인 가요시대가 열렸다. 〈황성의 적〉처럼 대중의 심금을 울리는 애조 띤 노래들이 큰 인기를 누렸다. 일제강점기라는 시대적 분위기와 맞아 떨어졌기 때문이다. 그렇지만 익살스런 만요나 향락적 재주송도 활황을 구가했다. 오늘날에도 많은 사람들이 기억하는 〈유쾌한 시골영감〉(강홍식, 1936년), 〈오빠는 풍각쟁이〉(박향림, 1938년)

등이 이 시기에 처음 발매된 곡들이다.[30]

여기에서 소개된 〈오빠는 풍각쟁이〉*는 콜롬비아사가 제작하고 박영효 작사, 김송규 작곡, 가수 박향림의 노래로 1938년에 발표한 음반에 수록된 곡이다. 이 노래의 가사 일부는 다음과 같다.

오빠는 풍각쟁이야 머 오빠는 심술쟁이야 머

난 몰라 난 몰라 내 반찬 다 뺏어 먹는 거 난 몰라

불고기 떡볶이는 혼자만 먹고

오이지 콩나물만 나한테 주구

오빠는 욕심쟁이 오빠는 심술쟁이

오빠는 깍쟁이야

이렇듯 당시 인기가 많았던 대중가요에 '불고기'가 나타나는 것은 불고기가 1930년대 후반에 이미 대중에게 잘 알려진 음식이었기 때문이라고 생각된다. 그리고 "내 반찬 다 뺏어 먹는 거 난 몰라/ 불고기 떡볶이는 혼자만 먹고/ 오이지 콩나물만 나한테 주구"라는 가사 내용으로 보아 여기에서의 불고기는 집에서 해 먹는 반찬으로, 너비아니류의 고기구이가 아니었나 추측된다.

이렇게, 의미는 다르지만 '불고기'라는 단어가 1930년대 중반

---

* 풍각쟁이(風角--) 시장이나 집을 돌아다니면서 노래를 부르거나 악기를 연주하며 돈을 얻으러 다니는 사람. (국립국어원, 표준국어대사전)

그림 II-6 가수 박향림과 '오빠는 풍각쟁이' 레코드
(출처: http://hanmihye.egloos.com, http://blog.naver.com/ahnbhn)

에는 서울, 평양 같은 대도시뿐만 아니라 경상도에 이르기까지
두루 사용되었으며, 특히 대중가요를 통해 전국적으로 널리 퍼져
있었다는 것을 알 수 있다.

3) 갈비구이

갈비구이 대중적 상업화의 시작에 대해《한국의 풍토와 인물》
에서 김화진은 다음과 같이 밝힌 바 있다.

1939년게 낙원동에 평양냉면집이 하나 생기더니 냉면과 아울러 가리구이를 팔면서 그것을 '갈비'라고 일컫기 시작했다. (중략) 이렇게 가리를 잘라 파는 것은 지방에서 서울로 올라온 풍속이다. 전남 송정리에는 술집이 즐비하게 있었는데 가리구이를 시키면 우선 풍로가 들어오고 자베기로 하나 가득 가리 잰 것이 들어온다. 조그맣지만 한 대에 5전이었으니까 무척 쌌다. 주객들 옆에서 작부가 가리를 연방 구워서 상에 올려놓는다. (중략) 그 평양냉면 덕택으로 시민은 짝으로 사지 않고도 가리구이를 먹을 수 있기 때문에 이 집으로 많이 모이게 됐다.[31]

　　그런데 이보다 15년 정도를 거슬러 올라가서 1920년대 중반쯤 이미 '선술집'에서 갈비구이를 팔았다는 것을 《별건곤》제4호(1927. 2. 1)에 실린 권구현의 소설 〈폐물廢物〉을 통해 짐작할 수 있다. 소설의 첫 구절에는 "때는 천구백이십사년이 마지막 가는, 눈 날리고 바람 부는 섣달금음날 밤이엿다."라고 시대적 배경을 밝히고 있고, 주인공은 C신문사의 삼 년차 배달부다. 아픈 누이, 노모와 함께 단칸셋방에서 사는 그는 모처럼 연말에 월급과 수당으로 오 원을 받았지만, 그 돈을 쥐고서도 쓸 용기가 없어 사흘째 가지고만 다닌다. 그런 자신의 처지에 울분을 느끼고 마침내 '종각 뒷길'의 '선술집'*에 가서 막걸리를 마시면서 안주로 갈비구이를 먹는데, 그 장면은 다음과 같다.

* 작품에서 '선술집'이라는 명칭으로 표현되었다.

나는 막걸이를 거듭 네댓 사발 마시고 나서 **벌건 화로에서 지글지글 익는 갈비를 들고 우둑우둑 쥐여 뜻엇다.** 무엇보다도 살점을 물고 잡아 흘트면 쭉쭉 찟기는 것이 더욱 상쾌하얏다. 그러고 입에 넛코 질겅질겅 씹는 것도 바로 그 무엇을 설치*나 하는 것처럼 고소한 생각이 나며 짐짓 이가 빠득빠득 갈니도록 씹고 십헛다. (중략) 오 원 지폐를 내어주고 사 원 이십오 전을 밧앗스니까 잔수로는 아마 열다섯 잔이나 마신 모양이다.**

이 글로 보아, 1924년경 '종각 뒷길의 선술집'에서 막걸리 안주로 구운 갈비를 팔았음을 짐작할 수 있다. 주인공이 마신 술 15잔과 안주에 해당하는 가격은 75전이었다. 앞서 인용한 김화진의 글에 갈비 한 대가 5전이라고 했고, 조풍연은 《서울잡학사전》에서 목로술집에 대해 언급하면서 "1937년께까지 술 한 잔에 5전이면 안주는 한 점이 거저 달렸다. 너비아니(군고기), 저냐, 빈대떡, 산적, 제육, 묵, 두부부침 등 산해진미가 모두 있다."[32]고 했다. 그러므로 소설에서도 안주의 값이 술에 포함되었다고 본다면, 술

---

* 본문에는 한자가 기록되어 있지 않지만 '齧齒'로 짐작된다.
** 선술집을 나서던 주인공은 도망치는 "열서너 살쯤된 더벙머리" 아이를 잡아서 채근하다가 의심을 풀고 다시 선술집으로 가서 국밥을 사준다. 그런데 아이를 따라가서 아이 아버지가 자신과 같은 직장에 다니던 목수였음을 알고 남은 돈을 모두 주고 돌아서는 내용인데, 소설의 말미에 다시 한 번 갈비가 다음과 같이 언급된다. "이때에 나는 앗가 술집에서 뜻던 갈비 생각이 믓득 낫다. 이놈의 세상을 갈비 뜻듯이 짓씹어뜻지 못할진대 차라리 최후까지 점점이 뜻기고 뼈까지라도 짓씹혀서 업서지고 마는 것이 설치라도 되리라 생각하얏다."

한 잔에 5전이다. 문헌 사이에 10여 년의 차이가 있지만 당시 가격을 대략 5전 정도로 볼 수 있다.

그렇다면 당시의 5전의 가치는 어느 정도일까? 이에 대해서는 서울의 '전동典洞식당'에 대해 묘사한 1929년의 다음과 같은 글로 추정할 수 있다.

> 냉면이나 비빔밥이나 상밥*이나 대구탕반이나 모다 20전씩이니 두 사람분 40전 **갈비 두 접시 60전** 술 한 0배 50전 간단하고 갑싸고 조촐하고 좀 식그럽고…[33]

이 글에서 갈비를 접시에 낸 것으로 보아 찜보다는 구이라고 생각되는데 '갈비 한 접시'가 30전이면, 모두 20전씩인 '냉면', '비빔밥', '상밥', '대구탕반' 등 식사류의 1.5배 정도의 가격이었음을 알 수 있다. 그런데 이런 음식들에 대해 "간단하고 갑싸고 조촐하다"라는 표현을 쓴 것을 보면 갈비구이를 아주 진귀한 음식으로 여기지는 않았고, "좀 식그럽고(시끄럽고)"라고 한 것으로 미루어 전동식당이 고급스러운 식당이라기보다는 대중적인 식당이 아니었나 짐작된다.

이외에도 "갈비구이를 최초로 판 음식점"을 소개하는 기사를 《별건곤》 제23호(1929. 9. 27)에 실린 '경성명물집'에서 찾아볼 수 있다.

---

* 床飯. 반찬과 밥을 차려놓는 것.

원산에 軟鷄(연계)집이 잇는지는 벌서 오랫고 평양에도 근래에 갈비집이 생겻다 한다. 서울에는 3년 전까지도 연계탕이나 갈비구어 파는 집이 업섯더니 **전동典洞 대구탕*집에서 백숙연계와 갈비를 구어 팔기 시작한 뒤로 여러 식당이 생긔여** 집집마다 사진판에 박은 것처럼 의례이 대구탕大邱湯, 백숙연계白熟軟鷄, 군갈비를 팔게 되엿다.[34]

1929년의 이 글에 의하면, 1926년 즈음에 "서울 전동 대구탕집"에서 백숙연계와 갈비를 구워 팔기 시작한 것이 서울의 갈비구이 상업적 판매의 시초다. 원산의 연계집에도 갈비구이가 있었는지는 알 수 없지만, 당시 평양에는 이미 갈빗집이 생겼고, 서울에는 여러 식당에서 대구탕, 백숙연계 등과 함께 군갈비를 팔았다고 했다. 이런 기록들로 보아 1920년대 중반쯤에는 갈비구이가 선술집이나 대중식당에서 상업화되었다는 것을 알 수 있다.

당시 갈비를 팔았던 음식점 분위기를 짐작할 수 있는《별건곤》제15호(1928. 8. 1)의 글도 있다.

경성 종로 갓가운 ○동의 ○○탕반집을 차저 가시오. ○○탕반 한 그 릇 20전… **갈비 잘 맛있게 구워주고** (깜앗케 태워주는 때가 갓금 잇지만) 병아리 잘 고와주는 까닭에 식당 하나 변변한 것 설비 업는 경성 시민 들은 20전 가지고도 이 집으로 50전 가지고도 이 집으로 1원 가지고

* 여기에서 大口湯은 같은 문장의 뒤에 나오는 '大邱湯'의 오자라고 짐작된다.

도 이 집으로 긔여 드러서 안방 건는방 마루 아랫방이 아츰부터 밤중 까지 안즐 자리가 업시 갓득 차는 것은…[35]

20전짜리 탕반보다 고가인 갈비구이나 곤 병아리를 먹을 수 있는 음식점들이 아침부터 밤중까지 앉을 자리가 없이 성황을 이루었다는 것으로 미루어보아 1920년대 후반에는 외식하는 사람들이 점차 늘어갔다고 볼 수 있다. 이는 외식할 수 있는 음식점 또한 많았다는 의미인데, 이에 대해《별건곤》제19호(1929. 2. 1)의 '식당 대풍년'이라는 글은 다음과 같이 기록하고 있다.

典洞 식당에서 남유달이 갈비찜, 닭찜 가튼 것을 하야 여러 손님을 끌고 돈푼도 곳잘 번다는 소문이 나닛가 아모 생각과 계획도 업시 남의 하는 대로만 하랴는 여러 사람들은 너도나도 하고 골목마다 식당을 내서 일시 종로 이북만 하야도 식당이 수십여 호가 되는 대성황을 이르럿다. 그런데 그 음식에 드러서는 남보다 한 가지라도 무슨 특색이니 잘하는 것이 업고 그저 사진에 박아서 돌인 것처럼 대구탕, 만두, **암소갈비**, 연계탕 등을 하는데 (중략) 대개는 불결하고 음식도 아주 맛이 업게 하야 손님이 잘 안이 가는 까닭에 불과 몃칠에 또 휴업을 하고 만다.

본문에 '암소갈비'라고만 되어 있어 그 음식이 찜인지 구이인지는 알 수 없으나 갈비를 비롯해 여러 음식을 파는 식당이 1920년대 말, 1930년대 초에 급증했음을 알 수 있다.

한편으로는 선술집이나 음식점뿐 아니라 집에서 갈비구이를 먹은 기록도 찾을 수 있다. 일제강점기에 프랑스 유학을 다녀와 언론인으로 활동했던 이정섭이 《별건곤》 제12·13호(1928년 5월 1일)에 '외국에 가서 생각나든 조선 것: 조선의 달과 꽃, 음식으로 는 김치, 갈비'라는 제목으로 쓴 글은 다음과 같다.

내가 불란서에서 류학하든 중에 제일 그리웟든 것은 조선의 달과 진 달네꼿이였다. (중략) 그뿐이냐. **동지섯달 치운 날에 백설이 펄펄 흔날릴 때에 온돌에다 불을 뜻뜻이 때고 3, 4 우인이 서로 안저 갈비 구어 먹는 것 이라던지** 냉면 추렴을 하는 것도 퍽 그리웠다. 그리고 양식을 먹은 뒤 에는 언제든지 김치 생각이 간절하였다. 김치야말로 외국의 어느 음식 보다도 진품이오 명물일 것이다. 나의 그립든 것은 이 몇 가지라 하겟다.

온돌에 불을 뜨뜻하게 때고 갈비를 구워 먹었다는 것으로 보 아 집이라고 생각된다. 약 10년 후에 발행된 《삼천리》 제11권 1호 (1939. 1. 1)에도 집에서 손님을 대접한 음식목록 중에서 갈비구이 가 나타난다. 당시 신문사 여기자로 활동했던 최의순의 일기다.

음력 구월 구일 시아버님의 글 친구분들에게 대접한 상차림 목록 진지상: 약주반주로 닭국물의 만두 두어 개 띄운 것 그 외 신설로, 장김치, 깍둑이, 게장, 어리굴젓, 조갯살 초무침, 각색무침 한 접시, 낙 지회, 육회, 콩팟과 간회, 가진 부침 한 접시, 숙채 생채 한 접시씩, 경 단 약식 외에 나중에 차례로 들여간 것이 숭어 고초장 찌개, 닭복기,

도미찜, 새우와 굴 덴뿌라, 계란 구은 것, **갈비 군 것** 그리고 나중에 진지에 곰국을 껴서.

이렇게 선술집, 음식점, 집에서 즐기던 갈비구이는 1940년 즈음에는 대표적인 조선요리 중 하나로 꼽히게 된다. 일본 잡지 《모던일본 조선판》 제2회에 실린 '조선 여학생 좌담회'*의 내용 중 다음과 같은 내용이 있다.

기자: 조선요리 중 가장 대표적인 것으로 자랑할 만한 요리는 무엇입니까?

조영숙: 글쎄요. 저는 신선로라고 생각합니다. 맛이 좋아서 모두들 좋아하지요.

최종옥: 맞아요. 신선로가 대표적이죠. 재료도 30가지나 사용합니다.

(중략)

한영희: **조선요리에서 갈비는 각별한 맛이 있어요. 하모니카 불듯이 베어 먹어요.**

조영숙: **베어 먹을 때의 맛은 정말 최고지요.**

최종옥: 다시마 튀각과 김구이도 맛있어요.[36]

* 출석자는 중앙보육학교, 이화여자전문 3명, 경성여자의학전문학교, 경성보육 2인, 숙명여자전문학교 8인의 여학생(19~25세)과 《모던일본》 기자다.

갈비 먹는 것을 "하모니카 불듯이 베어 먹어요."라고 표현했는데,《신동아》1966년 1월호에 실린 유기원 국립중앙의료원 원장의 '내 고장 식도락: 대륙성 띤 평양음식'에서도 비슷한 표현이 나타난다.

평양에서 내가 살던 시절에는 친구들끼리 만나 '하모니카 불러 가세' 하면 불갈비 뜯으러 가는 일인데 그 불갈비가 어느 지방의 갈비보다 부드럽다는 것을 뒤에야 알았다. 아마도 이곳은 다른 지방에서는 소에게 풀을 많이 먹이고 거치른 사료를 많이 주는 대신 평안도 지방에서는 콩을 많이 먹이는 때문이 아닌가 생각한다. (중략) 평양 불갈비는 또한 설탕을 안 쓰고 굵직굵직한 석쇠에 굽는 것이 다르며 그 갈빗대가 크다는 것이다.[37]

"하모니카 불러 가세"라는 독특한 표현은 특별히 평양 갈비를 먹으러 갈 때 쓰는 말이었다. 평양 갈비의 갈빗대는 그 크기가 하모니카가 연상될 정도로 컸던 것 같다. 앞서 언급한 김화진의 글에서 전남 송정리 어느 술집의 갈비가 "조그맣"다고 한 것과는 대조를 이룬다. 또한 "하모니카 불듯이 베어 먹어요."라는 표현을 통해 육질이 부드러웠음을 짐작할 수 있다.

일제강점기 평안남도의 종우를 전국 각지에 수송했다는 기사 등으로 보아 평안남도의 소가 우수했고 정부 차원에서 "평양우 격감 대책"을 세우는 등 보존 노력을 기울였다는 것을 알 수 있다. 육류 소비량은 경성 중심의 경기도 지역과 평양 중심의 평안도 지역이 많았다.

조선왕조가 몰락하면서 궁의 숙수들이 나가서 궁중 음식을 기반으로 연회요리를 상업화한 곳이 요리점이었다. 당시 "한국 제일의 상등 요리집"으로 꼽혔던 '명월관'을 시작으로 요리점이 점차 많아졌다. 이렇게 전반적으로 음식점이 형성되는 분위기에서 육류구이를 접할 수 있는 대중음식점도 점점 많아졌다.

'불고기'라는 단어는 1930년대 이미 평양, 서울 같은 대도시뿐만 아니라 전국에 두루 통용되었다. 또한 일제강점기에는 '너비아니', '군고기·구운고기', '소육燒肉', '야키니쿠'가 불고기와 혼용되어 사용되었다.

III

육류구이 문화 발전기:
1945~75년

'육류구이 문화의 발전기'는 1945년부터 1975년까지의 시기, 즉 '탕'을 위주로 하던 우리나라의 육류 소비가 '구이'로 서서히 전환되기 시작한 시기라고 볼 수 있다.

해방과 6.25전쟁이라는 혼란기에 육류 수급은 극히 제한적일 수밖에 없었고, 사회 안정을 위해 정부에서 물가를 통제하는 상황이었다. 밀도축을 금지하는 정부의 시책에도 불구하고 고기 값은 계속 폭등하여 암매매까지 이루어졌고, 가격을 두고 정육업계와 정부가 줄다리기를 하는 동안 쇠고기 파동이 발생하기도 했다.

그러나 점차 사회가 안정을 되찾으면서 육류 공급도 안정되었다. 정육점이 전문 시설을 갖추어 영업점을 늘려가고, 대규모의 육류 도매시장이 형성되기 시작했다. 이런 상황에서 전 시대 요리점이나 선술집에서 안주로 취급되던 육류구이가 독립해, 육류구이를 주로 내는 전문점들이 형성되었다.

한편 1967년의 '쇠고기 등급제 실시'로 가정에서도 필요에 따라 쇠고기를 부위별로 이용하는 것에 대한 인식이 높아졌다. 1970년대에 들어서는 우리나라의 경제성장이 지속되면서 국민소득 증대에 따라 식생활 수준이 향상되고, 육류의 소비가 점차 증가하여 육류구이 문화도 발달되기 시작했다.

5장

육류구이 문화 발전기의
육류 소비량과 소비경향

1) 해방 이후의 육류 소비

1945년 해방 직후 우리나라 식량 수급 상황은 매우 열악했다. 서울에서도 굶는 사람이 속출하는 참혹한 상황이었고 시민들이 쌀을 달라고 외쳐댈 정도[1]였다. 1946년 3월 《조선일보》의 '굶어 죽어도 예서: 쌀을 주시오, 어린 것 업고 쌀자루 들고 아우성'이라는 기사에서는 "수천 명의 남녀노소가 젓떼기까지 업고 손마다 쌀자루를 들고 시청 시장실로 밀려 드러가 쌀을 달라고 아우성을 첫다."[2]고 해 당시의 식량 부족이 얼마나 심각했는지 알 수 있다.

이렇게 식생활의 가장 기본인 쌀마저 턱없이 모자라는 상황에서 육류 수급은 매우 제한적일 수밖에 없었고, 사회 안정을 위해 정부에서 물가를 통제하는 상황이었다. 1946년 8월 2일 현재 물가시세 중 육류는 "소고기 1근 70원, 돼지고기 1근 70원"으로 쇠고기, 돼지고기의 가격이 동일했다.[3]

이런 상황에서도 육류 소비량은 늘어났다. 당시 남한 지역 소의 숫자는 "젖 짤 소를 합하여 55만 7천 마리"였으며 1946년 10월 한 달 중에 4,324마리가 도살[4]되는 수준이었는데, 그 가운데서 도축량은 증가세를 보인 것이다. 《조선일보》 1947년 4월 25일자 '매월 천여 두를 도살: 이 많은 고기 누가 먹었나'라는 기사를 통해 당시의 분위기를 알 수 있다.

요지음 일반 시민의 생활고는 격심하여가는 반면 모리배와 특수계급에서는 호화로운 식생활을 하야 서울 시내 육류 소비량은 점차 느러간다고 한다. 즉 시내에서 1개월 동안 도살하는 육우 수는 평균 1천여 두나 된다는데 해방 전에 비하여 실로 4백여 두나 증가되었다 하며 이것도 시당국에서 도살을 제한하야 통제한 까닭에 이러한 수자를 보이고 있으나 자연방임한다면 수천 두에 달할 것이라 한다. 그리고 시외에서 말 도살과 마육이 드러옴으로 당국에서는 철저히 감시하고 있다 한다.

기사에서 드러났듯이, 육류 소비는 "일반 시민"이 아니라 "모리배와 특수계급"의 "호화로운 식생활"을 위한 것이었다. 이에, "농

표 III-1 중앙청 농무부 축산과 축우 도살 용인 수

지역	축우 도살 용인 수
서울	15,750
경기	14,205
충북	3,991
충남	6,863
전북	4,762
전남	6,661
경북	10,084
경남	8,034
강원	3,147
합계	74,306(73,497)*

출처:《조선일보》1947. 9. 10

무부에서 법령 145호를 발포하여 열 살 미만의 소는 도살을 금지하였는데 착유우는 예외로 하고 단 임신우妊娠牛는 연령을 불문하고 절대로 도살을 못하게"[5] 했다. 그리고 "중앙청 농무부 축산과에서 금년도 축우도살 용인 수"[6]를 정했는데, 관련 기사 내용을 정리하면 〈표 III-1〉과 같다.

이런 정부의 시책에도 불구하고 고기 값은 계속 폭등했다.《조선일보》1947년 12월 30일자 기사에 따르면, 공정가격을 결정했

* 기사 원문에는 총합계가 74,306으로 기재되어 있으나 실제 총합계는 73,497이므로 계산 오류로 짐작된다.

음에도 "업자들의 태업으로 일시 고깃간에 고기가 없어져서 말썽을 일으키고 1근에 1백9십 원에 낙착되었으나 고기 한 근을 사려면 줄을 서서 오랫동안 기다리는 형편"이었다. 그런데 1947년 12월 28일 갑자기 고깃간에 고기가 많이 걸려 시민을 놀라게 했는데 "또 한 번 놀라게 한 것은 갑이 소고기, 돼지고기 한 근에 모두 2백5십 원으로 껑충 뛰어오른 것이다. (중략) 1백90원 할 때는 안 나온 고기가 2백5십 원으로 쏟아져 나오니 일반 시민은 한 번 사 먹고 죽으려도 못 사 먹겠다고 비명"[7]을 지르는 상황이었다.

이런 상황은 해가 바뀌어도 계속되었다. "서울 시내에 이발료, 고기 값, 숙박료 등은 제정된 최고가격이 엄연히 존재해 있으나 업자들은 마음나는 대로 가격을 올리어 시민들을 울리고"[8] "고기 값이 껑충" 뛰어 "종래 소고기는 340원, 돼지고기는 330원 하든 것이 13일부터는 소고기 400원, 도야지고기 370원으로 각각 인상하기로 되었는데 현재 대중에게는 좀체로 고기가 입수되지 않는 이유는 도살 수도 적지마는 업자들이 비밀협정가격으로서 각 음식업자에게 팔아온 관계"[9]라고 보도되어 당시 고기 공급체계가 혼란스러웠음을 짐작할 수 있다. 또한 공정가격으로 물가가 조정되는 상황에서 한동안 쇠고기와 돼지고기 값이 같았으나 이즈음에 쇠고기, 돼지고기 값이 달라진 것도 알 수 있다. 이는 한국인의 쇠고기 선호가 소비-공급에 영향을 미친 결과로 보인다.

이처럼 쇠고기 공급량이 수요를 따라가지 못해 가격이 폭등하자 1948년 초에는 서울시에서는 소 도살 제한을 완화하여 "1천7백50두의 소를 잡으라고 허가"[10]했다. 그러나 소 도살 제한 조치는 농우 기근이라는 문제를 낳았다. 1949년 9월에는 "우리나라의 소는 질적으로나 번식으로나 동양의 종주국으로까지 자타가 공인하고 있는데 요즈음 와서는 오히려 농우 기근에 봉착"하고 있음을 지적하는 보도가 나왔고, 이에 따라 당국에서는 농우 기근 방지책으로 전국에 걸쳐 식육판매업자 수를 현재에서 약 3할로 줄이는 대폭 정비[11] 작업을 통해 소의 증식을 도모하겠다는 계획을 밝혔다.

그러나 쇠고기 수요는 줄어들지 않았고, 정부의 농우 보호 정책도 실효를 거두지 못했다. 《조선일보》 1948년 3월 6일자 기사에서는 "농우의 무계획 도살로 인하야 남조선에서는 농사에 지장이 생길 정도"라면서 "서울 양돈조합에서는 소고기 대신 도야지고기를 대용하자는 견지에서 금번 남조선 일대에서 도야지 14만여 두를 구입하야 서울시의 일대에서 양돈하기로 되였는데 식생활에 기대되는바 크다."라고 보도했다. 농우 보호를 위해 나라에서 정책적으로 쇠고기의 대체재인 돼지고기의 소비를 늘리려는 정책을 시도했음을 알 수 있다.

2) 6.25전쟁 시기 육류 소비

6.25전쟁을 거치면서 한우 보유 두수는 급격히 줄어 1953년에는 39만 2,000마리까지 떨어졌다. 그 후 질서가 회복되면서 1963년에는 136만 마리까지 늘어났으나 쇠고기 수요도 크게 늘

어 다시 보유 두수가 감소하게 되었다.[12]

6.25전쟁 중 혼란 속에서 당시 정부(계엄민사부)는 물가 억제와 경제 안정을 위해 "각종 요금 및 음식대금을 결정"하고 통제했다.[13] 《부산일보》(1950. 11. 21)가 보도한 경남 지역의 음식 값은 다음과 같다.

음식요금(최고가격)

△정식 450원 이하 △국밥, 비빔밥, 텐동, 돈부리, 냉면, 초밥 300원 이하 △우동, 국수 200원 이하 △양식, 정식 1500원 이하 △기타 1식 1000원 이하 △생선회 1皿(그릇) 대 1000원 이하 소 700원 이하 △**불고기 1皿 대 1000원 이하, 소 700원**, △덴부라 육류 1皿 대 800원, 소 500원 △소채 대 500원 이하, 소 400원 △기타 1 대 500원 이하, 소 400원 이하

우동이나 국수가 200원, 국밥 등이 300원인데 비해 불고기가 700~1,000원인 것을 볼 때 상당히 비싼 음식이었음을 알 수 있다.

그리고 1951년 9월 12일자 《대구매일신문》 보도를 통해 당시의 분위기를 짐작 할 수 있다.

밀도살의 방지의 소리가 날이 갈수록 높아가고 있음에도 불구하고 소고기와 갈비가 나오며 벽에는 畵에 주류 판매금지란 버젓한 표식은 공염불화하여 붉은 얼굴들과 요염한 접대부들의 가무소리와 더불어

난무하는 꼴은 뜻있는 사람들로 하여금 개탄을 불금케 하고 잇다. 이러한 곳은 보통 음식점도 많지만은 무허가 음식점이 더 많다는 것은 아연치 않을 수 없다.

이렇게 밀도살이 사회적으로 문제가 되면서 《조선일보》 1952년 4월 14일자 기사에 따르면, 정부에서는 "축우 매매에 시민증을 제시하게 하고 쇠고기를 사용하는 요정, 음식점에는 영업권을 취소하는 등" 다각적인 시책을 폈다. 그러나 "시중 각 음식점, 요정에는 외여 갈비 불고기 등 주지육림 그대로의 호화판을 이루고 있으며 영업집에 붙어 있는 '당국 지시에 의하여 절대로 우육은 사용하지 않는다'는 게시문은 오히려 당국시책을 비웃는 듯한 감을 주고 있다. (중략) 시 경찰국에서 금년 1월 1일부터 4월 10일까지 사이에 적발한 밀도살 건수를 보면 실로 37건 53두로 되어 있으며 이 숫자로 보아 서울에서는 2일에 1두씩 밀도살이 감행되고 있는 것이다."[14]라고 하며 단속이 잘 이루어지지 않음을 지적했다.

전쟁 후에도 육류 가격의 고공행진은 계속되었다. 《평택일기로 본 농촌생활사》*에 기록된 경기도 평택시 대곡마을에 사는 농부 신권식의 1960년 4월 8일 일기에는 "작은집 소가 음식을 잘못 먹어서 죽자 동네에서 팔아치우기로 하고 한 근에 450환 가격으

---

* 신권식 씨가 1954년부터 2007년 출간 당시까지 써온 일기를 편찬한 책으로, 1959년에서 1960년 사이의 축산물 매매 현황을 참조했다.

로 분육하여 나눔, 소의 시가는 20만 환인데 고기 값으로 8만 환을 건졌다."는 내용이 있다. 또한 "1959~1960년 안중장의 돼지고기 값은 1근에 160~250원이었고 동네에서 돼지를 잡으면 시장에서 사 오는 가격보다 절반 정도의 가격에 살 수 있었다."[15]고 하여 당시의 쇠고기, 돼지고기의 시세를 짐작할 수 있다.

이 당시 우리나라 정육업계에서 '팔판동 대장님'으로 통했던 고故 이영근 사장은 7개의 영업장을 운영하면서 한강 이북 육류 군납을 하면서 우래옥, 하동관, 한일관 등 서울의 주요 음식점에도 납품했다. 1974년에 팔판정육점을 인수받아 대를 이어오고 있는 아들 이경수 사장은 당시 사정을 다음과 같이 이야기했다.

(팔판정육점이 본격적으로) 영업한 지는 60년은 안 되고 50여 년 됐죠. 피난 다녀와서요. 피난 다녀와서 동대문 시장 안에 과일가게 하면서 과일가게 하나, 정육점 하나. 여기(팔판동)가 조상 대대로 토박이니까요. 영업장소는 일곱 군데 있었어요. 여기, 길 건너 하나, 동대문시장, 용두동 수산센타, 효자동, 세운에 둘. 그렇게 해가지고 한강 위로 한강 이북 군납을 다 했었고…. 굉장히 작업량이 많았었죠. 하루 도축량이 돼지가 삼백오십 마리, 소가 여든네 마리가 최고 기록이고. 그때가 5.16혁명 나고 나서…. 아버님(이영근 사장)이 팔판동 대장님. 다 알아요. 경상도고 전라도고 강원도, 하다못해 울릉도 가서도 다 아시죠. 납품도 많이 했고. 소 작업도 엄청 많이 했고. 한동안은 서울에서 세금도 제일 많이 냈고…

_ 이경수 사장 인터뷰, 2009. 12. 3

"하루 작업량 최고 기록이 돼지 삼백오십 마리, 소가 여든네 마리"였다고 하니 그 양이 매우 많았던 것을 알 수 있다.

팔판정육점이 고기를 댔다고 한 한일관, 우래옥 등의 대형 육류 음식점이 많아지면서 고기 수요는 급속히 늘어났다. 그러나 당시 쇠고기 가격은 지방 장관이 관장하는 '협정가격제도協定價格制度'에 의해 통제를 받았으므로 업계와는 갈등을 빚을 수밖에 없었다.

1965년 3월 31일자 《동아일보》에 의하면, 쇠고기 600g당 정부 측은 140원을, 업자 측은 170원을 주장해서 "육류업자와 정부 간의 원가계산은 양측의 견해차가 너무 커서 협상이 불가능하게 됐다고 밝히고 제3기관에 원가계산을 의뢰할 것"[16]이라고 했지만 쇠고기 가격은 계속 올라 1967년 1월에는 협정가 180원이 되었다. 그러나 그나마도 지켜지지 않고 "쇠고기 값은 거의가 협정가격 1백80원(6백g)을 어기고 2백 원씩 받아 일부 음식점에서는 불고기 백반 1인분 1백20원을 1백60원으로 올려 받고"[17] 있었다.

《동아일보》 1967년 5월 12일자 기사는 협정가대로 장사를 할 수 없다고 정육점들이 자진 휴업하고 있는 상태에서 서울시는 강경하게 "장사할 의사가 없는 것으로 간주, 다른 이유 없이 계속 휴업하는 업소에 대해서는 영업허가를 취소할 방침"을 세웠다고 전했다. 또한 "음식업자들이 스스로 쇠고기를 공급할 수 있도록 한일관, 삼오정, 우래옥, 진고개, 한국회관 등 대량 수요 요식업체에 정육점 신규 허가를 내주었다."고 했다. 더 나아가 "서울시는 직접 소를 사서 도살, 수요자에게 협정가대로 팔 방침을 세우"기도 했고, 음식업자들은 "소를 공동 구입, 도살을 의뢰키로" 했으나 여의치 않아 쇠고기 기근은 점점 심해지고 문을 닫는 업소도 늘어났다.

이런 가운데서 현실성 없는 협정가격제도는 점차 폐지 수순을 밟게 되었다. 1967년 12월 15일자 《매일경제》 기사는 "정부는 명년明年부터 정부고시가격政府告示價格 및 지방 장관이 관장하는 협정가격제도를 점차 폐지할 방침"이라면서, 특히 "이미 협정가격을 넘은 쇠고기 값 등은 가격의 현실화를 기하게 될 것"이라고 보도했다.

이처럼 가격을 둘러싼 반발이 커지자 해결 방안의 하나로 당국은 쇠고기 등급제를 실시해 정찰제 판매를 하기로 했다. 서울시는 쇠고기를 특상, 상, 중, 하의 네 등급으로 구분하여 각 등급별로 별도의 가격을 정찰제로 매기는 등급제를 실시하기로 했다. 그런데 쇠고기 질을 잘 구분하지 못하는 일반 소비자가 악덕업자에게 속을 수 있고 "불고기나 로스구이 같은 것은 특상품으로 해야 하는데 이렇게 될 경우 현재 1백50원 하는 불고기는 4백 원을 받아야 한다."[18]며 전반적으로 가격이 오를 가능성이 제기되어 등급제 실시가 쉽지 않았다.*

---

* 《동아일보》 1967년 1월 4일자 기사 '협정가 급등'에 나타난 당시 설렁탕, 곰탕, 갈비탕 등 대중식사 가격이 70~80원이었던 것을 참고하면 통화가치 대비 불고기 값을 짐작할 수 있다.

많은 논란 끝에 1968년 7월 5일부터 전국적으로 일제히 쇠고기 등급제가 실시되었는데, "쇠고기를 냉동시설이 된 진열장에 등급별로 진열한 후 가격을 표시하여 팔게 돼 있으나" 이런 시설을 갖춘 곳은 거의 없었고 "소비자들은 어떤 것이 특등육이고 보통육인지 구별할 수 없"었다. "명동 등 도심 정육점에서는 특등육 4백 원, 상등육 3백50원, 보통육 2백60원, 내장 1백50원~2백원"에 판매되어 "가격만 껑충 뛴 셈"[19]이 되었다는 것이다.

쇠고기 등급제의 실시로 부위별 등급에 따른 가격 차이가 컸기 때문에 당시 신문 기사에는 등급 판별법과 음식에 따른 쇠고기 부위 선택에 대한 정보가 많이 나타난다.

> 정육점에서 안심을 달라고 하는 무지를 범하지 말 것. 쇠고기의 가장 특등육인 안심은 가정에서 만드는 음식엔 별로 소용되는 곳이 없을 뿐 아니라 (중략) 이 고기는 비프스테이크 만드는 데만 소용되므로 정육점에서도 양식집 등으로 안에 들여놓는 것이다. (중략) 등심은 꼭 불고기 만들 때만 사고 다른 음식 만들려면 살 필요가 없다. 찌개나 국을 끓이려면 보통육이나 그보다 더 싼 막고기를 사면 좋다.[20]

1968년의 이 기사에 의하면 당시 가정에서 안심을 조리하는 경우는 거의 없었으며, 스테이크는 양식집에 가서 먹는 음식으로 인식했음을 알 수 있다. 또한 불고기는 주로 등심을 이용했다는 것을 알 수 있다. 그런데 불과 2년 후인 1970년 10월 9일자 《경향신문》 기사에서는 한강 맨션가를 중심으로 고급화된 풍속도가 그려진다.

모든 것이 기계화된 최신 설비의 고깃간도 볼 만하다. 이곳을 찾는 맨션족의 주문도 무척 까다롭다. '양식요리를 하려는데 안심을 보내 달라'는 식. 진열장에는 스테이크, 불고기, 로스구이 등 갖가지 필요에 따라 고급품이 즐비하다.[21]

즉, '맨션족'들이 집에서 양식요리를 하기 위해 안심 배달을 요구하는 등 1970년대 들어 육류 조리에 대한 선호도나 태도가 많이 바뀌었다는 것을 알 수 있다.

한편, 정육점을 가리키는 용어도 다양했다.《조선일보》1962년 10월 9일자에는 '식육점'과 '식육 판매업소',《동아일보》1967년 5월 12일자에는 '정육점', 그리고《동아일보》1972년 1월 18일자에는 '푸줏간'이라고 해, 다양한 용어가 쓰였음을 알 수 있다.

대표적 육류구이와
전문점의 발달

1) 불고기

(1) 불고기 전문점의 발생과 발달

해방 직후인 1946년 평양식 불고기 전문점이 서울에 있었다는 것을 신문의 음식점 광고를 통해 알 수 있다. 〈그림 III-1〉에서 볼 수 있듯이, 《동아일보》 1946년 4월 6일자에 실린 광고에서는 한일백화점식당에서 냉면과 더불어 불고기를 판매하며 모두 "순평양식"임을 강조했다. 또한 〈그림 III-2〉의 《동아일보》 1946년 8월 11일자 광고를 통해서는 '남산'이라는 음식점에서 "순평양

6장 대표적 육류구이와 전문점의 발달 147

그림 III-1 '한일백화점식당' 광고(출처: 《동아일보》 1946. 4. 6)

식 燒肉(불고기)"을 판매했음을 볼 수 있다.

그 이외에도 이미 1939년에 서울 종로3가에서 화선옥花仙屋이라는 국밥집으로 문을 열어 1945년 상호를 변경한 한일관*의 뒤를 이어 해방 직후에 우래옥(1946년 창업), 옥돌집(1948년 창업)이 줄을 이어 창업하는 등 불고기 전문점이 생겨나기 시작했다. 그러나 불고기 전문점들은 창업 초기 6.25전쟁의 발발로 고비와 변화를 맞게 되었다.

한일관의 부산 피난 시절과 관련해서 김은숙 사장은 아래와 같이 이야기했다.

일제시대가 끝나고 비로소 서민들이 살코기로 요리가 가능해졌는데, (한일관이) 성업 중이었는데, 6.25 나고 지방으로 내려가게 된 거죠. (피난 중에) 진짜 재료를 구할 수 없었는데, 엄마(2대 길순정 사장) 말씀이, 어디서든지 고기가 들어오면 할머니(1대 신우경 사장)께서 질이 안 좋은 것도 조리법을 연구해서 고객들 입맛에 맞추더라… 엄마

* 1945년 해방과 함께 한일관으로 상호를 바꾸고, 종로 1가로 이전. 활발해진 쇠고기 유통에 힘입어 쇠고기 살코기를 이용한 불고기("궁 불고기") 판매(출처: 한일관 홈페이지)

는 그게 손맛, 할머니가
역시 손맛이 있어서…
하셨는데, 그것은 손맛
이라기보다도 창조적
으로 자꾸 해보고, 없
는 속에서도 열심히 하
셔서 성공하신 거죠. 제
가 기억하는 할머니는
창조적인 분이셨어요.

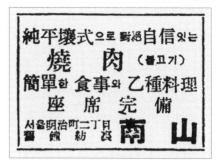

그림 III-2 '남산' 광고(《동아일보》 1946. 8. 11)

음식으로 실생활을 풍요롭게 만드셨던 분. 서민들에게도 상품화시킬
수 있었던 분… 부산 피난 시절에 재료가 없었지만 질 나쁜 고기로도
맛있게 대중들이 먹을 수 있도록 부산에서도 성업을 했거든요. (피난
시절 동안) 한일관 이름이 서울에서뿐 아니라 전국 각지에 나갈 수 있
는 기틀이 됐으니까 위기를 기회로 삼으셨던 분… 요리 연구가, 이런
중요한 이름을 받아보지는 않고 돌아가셨지만, 이름 없이 시작했지만
더 창조적이었다고 생각해요.

_ 김은숙 사장 인터뷰, 2009. 1. 19

6.25전쟁 후인 1950년대에 불고기는 술집에서 파는 안주("골
목의 불고기 약주집으로 들어가 한 잔 약주를 마시려 하는데"[22])이면
서, 평양냉면집의 메뉴("서울시 중구 초동에 있는 평양냉면 음식점에
서는 기생풍의 여자 두 명이 나타나 불고기 삼 인분을 먹고"[23])이기도
했다. 심지어 〈푸른 날개〉라는 소설에서는 유치장 면회실에서도

먹는 음식("면회실에서 임 형사의 감시하에 비빔밥과 불고기를 먹으면서"[24])으로 나타났다.

또한 불고기는 가정에서 먹는 음식이기도 했다. 〈환희〉라는 소설 속에서 어느 교수집 가정교사인 주인공이 "안방에서 불고기 내음이 풍기는 때가 있으나 내음뿐, 불고기는 한 점도 구경 못 하는"[25]이라고 불평하는 대목이 있다.

이 밖에도 당시 소설에는 불고기가 자주 등장한다. 《조선일보》에 연재된 〈앵두나무집〉이라는 소설에 다음과 같은 문장이 나온다. "그 전날 밤에 어머니는 재수와 재옥이를 위해서 불고기(쇠고기 구운 것)를 한 접시 싸 가지고 돌아오셨습니다. 다음 날 아침 소풍 가는 재수와 재옥이 점심 반찬으로 그 불고기를 종이에 잘 싸서 도시락과 함께 묶어주셨습니다.[26]" 여기에서 "불고기를 종이에 잘 싸서"라는 표현으로 보아 불고기에 국물이 없었던 것으로 보인다. 같은 신문에 연재된 또 다른 소설 〈제이의 청춘〉에는 "불고기 백반인데 고기는 세 사람분이야.' (중략) 석쇠를 놓은 화로와 고기 그리고는 밥그릇과 김치 같은 것이 들어왔다."[27]라는 내용이 나오는데, "불고기 백반"을 주문했을 때 석쇠를 놓은 화로와 고기가 나오는 장면이 묘사되었다. 이것으로 보아 당시 불고기는 석쇠불고기였음이 짐작된다.

또한 《여원》 1956년 10월호에 실린 조풍연의 다음과 같은 글에서 당시 불고기 외식에 대한 일면을 엿볼 수 있다.

돈은 귀하다면서 음식점엔 어쩐 사람이 그리 꼬이는지 모르겠다고 말하는 친구가 있다. 이 사람이 말하는 음식점은 냉면이나 장국밥을 팔기도 하지마는 불고기니 쟁반이니 하는 안주감을 마련하고 컵이나 되로 술도 파는 집을 가리킨 듯하다. (중략) 연한 불고기 한두 사람 몫을 마음 놓고 먹을 때엔 집안 식구들이 걸리지 않을 수가 없다. 혼인을 갓 하고 식구가 단출했을 때엔 내외가 음식을 나와서 사 먹어도 재미나고 그 돈을 아껴서 장흥정을 해다가 집에서 차려 먹어도 재미난다. 그러다가 점점 식구가 늘어가면 두 가지가 다 괴로워진다. 나와서 단둘이 먹기란 어쩐지 남은 식구에게 죄짓는 것 같고 그런 것을 집에서 차려 먹자니 예산이 형편없다. 이렇게 생각하면 이래저래 불고기 한 끼 마음 놓고 먹지 못하겠으므로 친구와 어울린 것을 빙자하고 주인만 슬쩍 밖에서 포식을 하는 게 아닌가 한다. (중략) 나는 마침내 나 단독으로 특별한 음식을 먹을 기회를 저녁때 출출하면 어울리는 친구들과 함께 향락하는 신세가 되었다. 대단한 것은 아니지만 불고기니 청어니 하는 집에서는 도저히 한꺼번에 먹을 수 없는 비싼 음식을 먹는다.[28]

"냉면이나 장국밥을 팔기도 하지마는 불고기니 쟁반이니 하는 안주감을 마련하고 컵이나 되로 술두 파는" 음식점이라는 내용으로 보아 불고기는 주로 안주용이었던 것 같다. 또한 "콩나물과 두부와 시금치와 그리고 얼간 아지[소금에 절인 전갱이] 정도"[29]가 평범한 저녁 반찬이었던 1956년 즈음에는 '불고기'가 온 집안 식구들이 같이 외식하기에는 부담스러운 비싼 음식이어서 가장인 자신만 "친구를 빙자하여 슬쩍 포식"하던 음식이었다. 함

그림 III-3 밥상과 장홍정: 서민생활보고
(출처:《여원》1956년 10월호, p. 53)

께 실린 〈그림 III-3〉을 보면 식탁 위의 음식은 불고기로 생각되며 위쪽에 연기 제거를 목적으로 하는 환기통이 크게 보이기 때문에 구울 때 연기가 나는 석쇠 불고기였다고 생각된다.

1950년대 중후반부터 1970년대까지 불고기의 대중화에 기여한 곳은 대중식당이었다. 그중 대표주자 격인 한일관은 "일반인은 알지도 못했던 궁중음식 '너비아니'를 단시간에 쉽게 조리할 수 있는 방법을 개발하여 대중적인 식당 메뉴로 정착"시켰다는 평가를 받았다.[30] 그에 대해 한일관 김은숙 사장은 아래와 같이 말했다.

한일관의 역사는 39년에 시작되었으니까 "너비아니 자체를 궁궐 밖

그림 III-4 '명동 한일관' 신축 개업 광고 (출처:《경향신문》1966. 12. 16)

으로 빼내서, 소수 귀족 계층들의 너비아니를 서민화시켰다."라고 보기에는 한일관의 역사가 그렇게까지 올라가지는 않구요. 너비아니를 궁중 밖으로 들고 나온 부분이라고 생각하는 것이 아니라, 불고기라는 것 자체가 문헌에 나타나고 레시피로 나타나려면 대중적으로 성공한 음식점이 있었어야 하는데 '그것이 한일관이다'라고 보는 거죠. 57년에 종로 한일관에서 불고기를 주된 메뉴로 얼마나 많은 고객을 끌었으면 10년 만에 불고기를 기틀로 해서 67년에 5층짜리 명동 한일관 건물을 지을 수 있었겠어요. 당시 불고기는 60년대하고 70년대 초반까지 한일관을 따라갈 수 있는 식당이 없었습니다. 그때는 비교될

그림 III-5 한일관의 불고기판(좌)과 불고기(우)

수 있는 식당이 없었어요. … 불고기가 대중적으로 크게 호응도를 받았던 이유는 한일관이라고 저는 감히 말할 수 있을 것 같아요.

_ 김은숙 사장 인터뷰, 2009. 1. 19

한일관은 1957년에 당시 식당으로서는 매우 획기적으로 3층 건물(종로구 청진동 119-1)을 세웠는데, 김은숙 사장의 말에 의하면 할머니인 신우경 창업주는 건물을 세우기 전부터 "이 큰 건물이 다 차고 넘칠 것이라고 확신"했다고 한다. 그 전 영업장에 손님이 너무 많아 복도에 돗자리를 깔고 거기에서라도 식사를 하겠다고 할 정도로 성업했기 때문인데, 신우경 사장은 새로운 건물에서 회갑연, 결혼식, 돌잔치 등의 가족 연회를 유치하리라 생각했다. 신 사장의 그 확신은 적중해서 한일관은 연일 성업이었다. 영업이 번창하여 신신백화점과 광교(경방자리), 그리고 명동 입구에 분점을 냈다.

당시 한일관이 얼마나 성업이었는지는 《매일경제》 1969년

3월 3일자에 실린 '고액납세자 명단'에서 확인할 수 있다. 고액납세자 '한식 분야'에 세 사람이 꼽혔는데 "한일관 신유경* 10,243,250(천원), 삼오정 김정운 9,921,960(천원), (상호 없음) 김정구 9,040,900(천원)"으로, 한일관의 매출 규모를 짐작할 수 있다.

우래옥은 장원일 창업주가 평양에서 명월관을 경영하다 남한으로 내려와서 1946년에 창업한 음식점이다. 우래옥의 대표적인 메뉴는 "46년 창업 당시부터 불고기와 냉면 두 가지"(김지억 전무 인터뷰)였다. 당시 우래옥에는 평양에서 내려온 두 조리장이 있었는데 '주상'이라고 불리던 조리장이 불고기를, 유성도 씨가 냉면을 각각 전문적으로 맡았고, 따라서 우래옥의 "불고기와 냉면은 전부 평양식"(김지억 전무 인터뷰)이다. 1963년부터 근무해온 김지억 전무는 우래옥 불고기의 특징에 대해 다음과 같이 말했다.

김 전무: 제가 성함은 잘 모릅니다. 주상, 주상 그랬거든? 주씨인 모양이요. 그리고 유성도라는 사람이 있었는데, 거기서 원래 냉면 전문하던 사람입니다. 주상이라는 사람은 칼로 불고기 재우고 다 하는 사람… 순순한 칼로 썰어서 불고기 하는 사람. (중략) 저희는 (불고기에) 국물 없이… 국물 없어. 그냥 순순한… 지금도 고기 맛을 살리기 위해서 양념 재어놓지 않습니다. 다른 집은 다 재어놓는데. 그게 특이해

---

* '신우경'의 오자라고 짐작된다.

그림 III-6 우래옥의 불고기판(좌)과 불고기(우)

요. 손님이 오시게 되면 좀 질기대는 말한다고. 양념이 안 뱄다… 우리가 고거이 특이한 거야. 순순한 좋은 고기 사다가 순 고기 맛을 내기 위해서 순순한 양념이라는 거, 안 하고 그대로 놓았다가… 뭐 이제 마늘, 설탕, 참기름, 간장밖에 안 들어갑니다. 딴 거 하나 안 들어갑니다. 그거를 그래서 자물자물해서 국물 없이 뽀득뽀득 한 거 그냥 내보내는 거거든?

연구자: 그것이 평양식 정통 불고기인가요?

김 전무: 그렇죠. 주상이라는 사람이 그렇게 해왔으니까. 지금까지 변질되지 않고 계속 유지되는 건데. (어떤 고객은) 소문만 듣고서 우래옥이 좋다, 뭘 하다가, 딱 먹어보고는 질기다는 사람, 양념 안 뱄다는 사람, 이런 사람이 (있는데) 뭐, 이런 사람이 와도 소용없는 거야. 아, 그렇습니까? 하는 수밖에 없는 거야. (창업주 때부터 조리법이) 그대로야. 메모해놓은 거는 없고. 불고기 몇 근에 얼마 친다, 주방 사람들이 다 알지. 밑에서부터 숙달되어서 그냥 하는 거지. 그대로 하는 거. 이제는 변절을 하지 못한다고. 왜냐? 조금이라도 달리 딴 걸 맛있게 할

라 그러면 몇 십 년 단골손님이 이 집 주방장이 바뀌었구나. 대번 그 런다고. 그대로 해야 해.

_ 김지억 전무 인터뷰, 2009. 9. 4

우래옥은 이북 실향민들뿐 아니라 1971년 당시 주한영국대사 관 서기관 가족의 단골 음식점이기도 했다. 당시 언론에 실린 주 한외교관 부인들의 좌담 일부다.

살만 여사(주한독일문화원장 부인): 한국음식 좋아합니다. 특히 불 고기 아주 좋아합니다. (일동 동감이라는 듯 커다란 모션으로 고개 끄덕 끄덕)

고아 여사(주한영국대사관 2등 서기관 부인): 저도 열렬한 불고기 팬이 에요. 한국 땅에 발을 딛고서 줄곧 남편과 나는 불고기 좋아했습니다. 지금도 아이들과 함께 '우래옥 레스토랑엘 자주 가요. 거기서도 으레 단골손님으로 융숭히 접대해요.

(중략)

몽 여사(주한월남대사관 2등 서기관 부인): 나는 한국의 갈비가 좋아 요. 만드는 법을 배웠으면 좋겠는데.[31]

또 다른 불고기 전문점인 서울 성북구 길음동의 옥돌집은 1948년에 창업해 반세기 넘게 불고기를 으뜸 메뉴로 내놓고 있는 노포다.[32] 신옥돌 창업주에 이어, 2대 신원준 사장이 운영하다가 현재 3대 김영덕, 왕영희 사장이 전통을 이어가고 있다. 왕영희

그림 III-7 옥돌집의 불고기판(좌)과 불고기(우)

사장이 이야기한 옥돌집 불고기의 특징은 다음과 같다.

연구자: 1948년이면 고기가 귀했던 시절인데, 처음 오픈했을 때부터 '불고기'가 있었나요? 아니면 국밥이라든가 다른 것을 하셨는지?

왕 사장: 아니요. 그때도 처음부터 '불고기'를 그렇게 하셨다고 들었어요. 양념으로 그냥 주물주물 양념해서 이렇게 그냥 판매를 했다고 들었어요. 국밥 그런 게 아니구요.

연구자: 옥돌집 불고기는 국물이 있는 건가요?

왕 사장: 조금 약간. 약간 전골 쪽으로 국물이 자작하니 있다고… 육수를 드리니까.

연구자: 당시의 주 고객층은 어땠나요?

왕 사장: 상류층들이었던 거 같아요. 제가 지금 이렇게 보면 "나 그때 50년 전 왔던 사람이요." 그러는 거 보고 그분을 보면 서울시청에서 근무하셨거나 아니면, 하여튼 수준이 좀 상위권 수준에 있던 분들이 오셔서 그래도 회식을 하고 식사를 하시고. '그때 옥돌집 불고기

그림 III-8 1958년에 개봉한 영화 〈돈〉의 음식점 내부

먹었습니다.' 그렇게 하는 거 보면….

_ 왕영희 사장 인터뷰, 2009. 11. 28

이런 음식점들을 통해 불고기가 점차 대중화되었는데, 그 단면을 1958년에 개봉된 영화 〈돈〉에서 엿볼 수 있다. 김소동 연출의 〈돈〉은 손기현 원작 희곡을 영화로 각색한 작품으로, 6.25전쟁 이후 제작된 영화 가운데 1950년대 후반 농촌사회의 현실을 가장 예리하게, 또 가장 암울하게 그려낸 작품으로 당시 "한국영화가 지향해야 할 뚜렷한 길"이라는 찬사를 받으며 주목을 끌었다.

그림 III-9 《경향신문》 1961년 1월 1일자 제1면(좌)과 확대한
왼쪽 하단의 그림 '오냐! 새배돈 대신 저기 불고기 있다'(우)

이 영화에서 주인공은 돈을 마련해 서울로 갔는데, 음식점에
서 요기를 하다가 사기꾼의 꾐에 빠져 돈을 모두 빼앗기게 된다.
그 배경이 된 음식점 내부 모습에서 벽에 써 붙여놓은 음식 중
'불고기 백반'이라는 글씨를 뚜렷하게 볼 수 있는데 1958년 당시
음식점에서 일상적으로 판매했던 메뉴라는 것을 알 수 있다.

1961년은 소의 해였는데, 《경향신문》 1월 1일자 제1면에는 "이
한 해를 너와 더불어 너처럼 성실하게"라는 신년 메시지와 함께
커다랗게 소의 사진이 실렸다. 그리고 그 사진의 하단 왼쪽에는
세배하는 사람에게 소가 불고기를 가리키며 "오냐! 새배돈 대신
저기 불고기 있다"라고 말하는 그림(그림 III-9)을 볼 수 있다. 이
그림으로 미루어 보아 당시에 불고기가 세뱃돈 대신 연상될 만큼
인기 있는 음식이었으며, 또한 명절음식으로서 중요한 위치를 차
지했으리라는 추측을 할 수 있다.

또한 1961년 12월 25일자 《경향신문》 기사에서는 크리스마스 이브 분위기를 이렇게 전했다. "예년과 다른 점이 있다면 불고깃집, 음식점, 케익점 등에서는 젊은 남녀나 가족끼리 단란한 하룻밤의 조촐한 향연이 이채로웠다. 불고깃집 같은 곳은 평일 매상의 3배는 팔렸다고 기쁜 표정을 지었다." 이렇듯 불고깃집이 크리스마스 때 외식하는 장소가 되는 등[33] 최고의 외식 메뉴로 자리매김했음을 볼 수 있다.

(2) 석쇠 불고기와 육수 불고기의 공존

이즈음에 불고기는 커다란 변화를 맞게 된다. 즉 너비아니를 계승하는 '석쇠 불고기'가 여전히 존재하는 상황에서 '육수 불고기'가 등장했고, 두 가지 모두 '불고기'라고 불리게 된 것이다.

'육수 불고기'의 등장 시점이 언제부터인지에 대해서는 정확히 알려진 바 없고 자료도 불충분하다. 그러나 불고기의 대중화에 많은 역할을 한 한일관 김은숙, 김이숙 사장의 의견을 종합하면, 석쇠 불고기와 육수 불고기가 공존했다가 석쇠 불고기가 점차 사라지게 되었다.

한일관의 경우 초기에는 석쇠 불고기 위주였고 6.25 피난 갔다 온 이후 육수 불고기가 점차 정착이 되다가 60년대에는 두 개가 공존했다. 석쇠 불고기는 6인상 기준이었던 한정식에 여러 접시 중 하나로 나갔고, 단독 메뉴로 손님들이 "불고기 주세요."할 때는 불판에 육수 불고기가 나갔다. 그런데 가끔 석쇠 불고기를 좋아하시는 분이 "구워다 주세요."라고 따로 요구하면 구워다 드렸다. 한일관에는 함석으로 불고기 불판을 만드는 '함석 아저씨'가 따로 상주할 정도였는데, 이름이 '박영태'로 기억한다. 80년대 중반까지는 두 가지가 공존했다고 보는데, 한정식상에 석쇠 불고기가 97년까지는 있었고 97년에 리노베이션하면서 사라졌다.

한일관에서 석쇠 불고기가 사그러든 시점은 가정 파티 문화와 맞물려 있다. 과거 삼백 명씩 모여 기생을 불러 회갑연이나 결혼 피로연을 하는 등 가족 모임이 성행했을 때, 6인씩 한 상을 받는 한정식 차림에는 석쇠 불고기가 올라갔다. 그런데 80년대 들어서 가족문화가 점차 변화하면서 한상을 받는 문화보다는 단출하게 모여서 하나의 주메뉴로 불판에서 육수 불고기를 먹는 문화로 바뀌었다.

_ 김은숙, 김이숙 사장 인터뷰, 2010. 1. 19

육수 불고기 등장 시점과 관련해서 참고할 수 있는 다른 자료는 1960년 4.19 이후에 만들어져 1961년 5월에 개봉한 영화 〈삼등과장〉(이봉래 연출)이다. 김승호, 도금봉, 황정순 등 당대 유명배우들이 출연한 이 영화는 종반부에 갈등이 해소되면서 가족들이 둘러앉아 식사를 하면서 화합하는 것으로 끝이 난다. 그 화합의 상 위에 놓인 음식이 바로 불판에 국물이 있는 육수 불고기로, 극중 가족들이 숟가락으로 국물을 떠먹는 장면이 나온다. 따라서 1960년에는 영화에서 가족의 화해를 상징하기에 적합한 음식으로 선택될 만큼 육수 불고기가 인기가 있었다는 것을 알 수

그림 III-10 1961년 영화 〈삼등과장〉의 육수 불고기 불판

있다.

충무로에 위치한 진고개珍古介는 1963년에 개업했다. 정상철 창업주는 "5.16혁명 이후 정계가 점차 안정되고 경기가 회복되자 몸담았던 '국제회관'을 그만두고 직접 한식의 전통을 계승하는 음식점을 경영하기로 결심"하고 개업했다고 밝혔다(정상철 창업주의 회고록《진고개지珍古介誌》).

정상철 창업주의 아들인 2대 정관희 사장은 "1963년에 진고개 충무로 본점 창업 이후에 65년 스카라 지점 개점, 66년 삼각동 지점 개점, 67년 인사동 지점 개점, 68년 동대문 지점 개점 등 짧은 기간 내에 점포가 늘어나면서 사업이 확장되었다."고 했는

그림 III-11 진고개의 불고기판(좌)과 불고기(우)

데, 당시 외식업의 빠른 성장을 가늠해볼 수 있다. 그런데 1963년 창업 때부터 진고개의 불고기는 육수 불고기였다. 정관희 사장은 "당시에는 숯불을 이용했는데, 숯불 화로 위에 배가 불룩한 황동색 불판을 놓고 국물 있는 불고기를 냈다. 그 후 현재 주물 불판으로 바뀌게 되었다."(정관희 사장 인터뷰, 2010. 4. 8)고 회고했다.

현재 사용하고 있는 진고개의 주물 불판은 정상철 창업주가 개발해 1970년대에 특허를 받은 것인데, 불고기판과 불고기는 〈그림 III-11〉과 같다. 불고기판의 특징은 볼록한 돔의 두 군데에 오목하게 들어간 부분이 있어서 국물을 떠먹기 적합한 구조로 되어 있음을 볼 수 있다.

1968년에 진고개에 입사한 최종성 조리장의 말에 의하면, 초기와 지금의 불고기를 비교할 때 "양념에서 진간장과 설탕을 줄여 짠맛과 단맛이 줄어든 점, 화기가 숯불에서 가스불로 바뀐 점, 부재료가 파에서 버섯 위주로 바뀐 점 이외에는 그대로 전통을 유지하고 있다."

이렇듯 한일관에서 석쇠, 육수 불고기가 공존했던 시기에 대한 증언, 1960년에 만들어진 영화 〈삼등과장〉에 등장하는 육수 불고기, 그리고 진고개가 1963년 창업 당시부터 육수 불고기를 했던 점 등 자료를 종합해볼 때, 육수 불고기의 등장 시기는 6.25전쟁 이후에서 1960년 이전 사이의 시기라고 생각된다.

(3) 육수 불고기 등장에 영향을 준 요인

너비아니를 계승한 석쇠 불고기가 어떤 이유로 국물이 있는 육수 불고기로 변형되었는지에 대해서는 정확히 밝혀진 바가 없다. 앞으로도 많은 관련 연구가 진행되어야겠지만, 여기에서는 우리나라의 전통음식 '전골'과의 연관성을 생각해보고자 한다.

우리나라의 구이는 꼬챙이에 꿰어 직화로 굽는 적炙과 꼬챙이를 쓰지 않고 철판이나 돌 위에 올려 간접불로 굽는 번燔으로 나누어진다. 조미하여 꼬챙이에 꿰어 굽던 적炙은 철의 생산량이 증가해 보급됨에 따라 석쇠를 사용하게 되었다. 한편 돌 위에서 간접불로 굽던 번燔은 철이 보급됨에 따라 철판 위에서 굽게 되었고, 이에 따라 철판을 번철燔鐵이라 했다. 또한 번철에 굽기 위해서는 우선 기름을 두르는 것이 좋기 때문에 전철煎鐵이라고도 했다.[34]

문헌상 '전철'이라는 단어가 처음 등장한 것은 1795년의 〈원행을묘정리의궤〉다. 당시의 철판은 전철, 전립투라고 불렸으며 전립꼴의 사면에서는 고기를 굽고 가운데 우묵한 곳에는 고기를 구

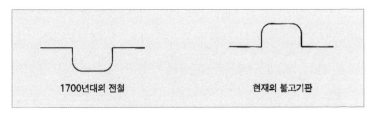

그림 III-12 전철과 불고기판 (출처: 김상보, 2006,《조선시대의 음식문화》, 가람기획, p. 212)

울 때 생기는 고기즙이 모이게 되고 여기에 갖은 채소를 넣어 잠시 끓여 먹는 음식이었다. 이 전철을 19세기 말경 '전골'로 부르게 된 것인데, 전골이라는 단어가 처음 등장하는 자료는 19세기 말경에 나온《시의전서》다. '전철'이 궁중용어라면 '전골'은 반가에서 쓰던 용어였다. 한편 화로에 얹도록 고안된 전철을 중심으로 사람들이 빙 둘러앉아 양념한 고기를 얹어 구워 먹는 것을 '난로회'라 했다. 전철의 역사는 적어도 1700년대로 거슬러 올라가는데, 화로를 사용하지 않는 오늘날에는 벙거지꼴을 과거와 반대로 사용하여 채소가 들어갔던 곳에 고기를 얹고 고기가 올라갔던 곳에 고깃국물이 고여 때로는 고기를 구울 때 채소를 넣어서 먹고 있다.[35]

즉 〈그림 III-12〉와 같이 1700년대의 전철을 반대로 사용하면 오늘날의 불고기판과 같은 모양이 되기 때문에 불고기판의 기원을 전철에서 찾아볼 수 있다.

김상보는 "결론적으로 말하면, 오늘날 우리가 불고기라 부르는 것의 원형이 전철이다. 이것을 반가에서는 그 모양에 착안해 전골이라고 했으나 1800년대 말 격변기에 변형되어 찌개 전골인 냄비 전골로 되어버렸던 것이다."[36]라고 하여 육수 불고기의 원형을 전철, 즉 전골이라고 했다.

조선 정조 때의 문신 유득공柳得恭(1749~1807)의 《경도잡지京都雜志》에서 "과鍋라는 것은 냄비인데 전립과 비슷한 형체로서, 그 가운데에 채소를 데치며 그 가에서는 고기를 굽는다."라고 하여 현재의 불고기판에서 굽는 불고기를 연상케 하는데, 이것은 철판을 사용하는 번燔이다. 한편 《동국세시기》의 '난로회'에서는 숯불을 피워서 석쇠를 넣고 쇠고기를 구워 먹었다 했는데, 석쇠를 사용하는 적炙을 사용한 것으로 볼 수 있다.[37]

이렇게 조리도구의 차이로 보면 석쇠에 직화로 구운 불고기는 적炙, 불고기 불판에 구운 불고기는 번燔으로, 모두 우리나라 구이의 전통을 잇고 있다고 볼 수 있다. 그리고 육수 불고기는 번燔 형태의 불고기에서 국물이 생겨난 것으로 생각할 수 있는데, 거기에 영향을 준 음식 중 하나로 '쇠고기 전골'을 들 수 있다.

'전골'은 잘게 썬 고기에 양념을 하고 어패류, 버섯, 채소를 섞어 국물을 조금씩 부으며 끓이는 음식이다.[38] 전골은 주재료에 따라 여러 가지로 이름을 붙이는데, 이 중 '쇠고기 전골'은 쇠고기와 버섯 등을 주재료로 하여 만드는 것이다.

강인희의 《한국에 맛》(1987)에 소개된 '쇠고기 전골'은 쇠고기를 굵게 채 썰어 간장, 파, 마늘, 설탕, 후춧가루, 참기름, 깨소금으로 양념하고 각종 버섯, 미나리 초대, 당근, 양파, 달걀지단을 전골틀에 돌려 담고 잣을 얹은 다음 양짓머리국물을 넣고 간을 하

그림 III-13 1968년 개봉한 영화 〈휴일〉 속 "불고기전골"이라고 쓰인 입간판

여 끓이는 것이다. 육수 불고기와 비교할 때 쇠고기 써는 방식이
다를 뿐 양념은 거의 같고, 부재료도 지역이나 영업점마다 차이
는 있으나 미나리 초대와 달걀지단을 제외한 버섯, 양파, 당근 등
은 육수 불고기에 보편적으로 사용되는 것이다.

또한 '쇠고기 전골'에서 영향을 받았을 가능성이 있는 '불고기
전골'이라는 명칭이 당시 많이 사용된 것도 이러한 추측을 뒷받
침하게 해준다. 그 한 가지 예를 1968년에 개봉한 영화 〈휴일〉(이
만희 연출)에서 볼 수 있다. 주인공이 밤에 길거리를 헤매고 다니
는 장면에서 "불고기전골"이라는 입간판이 보이는데, 영화에 음
식이 직접 나오는 장면은 없지만 '불고기 전골'이라는 명칭으로
보아 국물이 있는 육수 불고기였음을 알 수 있다.

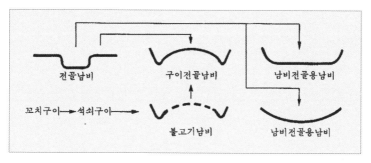

그림 III-14 전골냄비의 변천 (출처: 이성우, 1985,《한국요리문화사》, 교문사, p. 139)

한편 이성우에 의하면,《경도잡지》,《옹희잡지饔–雜志》의 전골은 "고기만을 전립꼴의 四面 전에 굽고 복판의 우묵한 곳에는 장국을 붓는" 일종의 구이로, 구이전골이라고 할 수 있고 이것이 "개화기에 접어들면서 남비전골과 뒤섞"인 것이라고 보았는데, 구이전골은 "일본의 스끼야끼와 비슷"하다고 했다.[39] 이성우가 제시한 전골냄비의 변천은 〈그림 III-14〉와 같다.

구이전골과 비슷하다고 여겨지는 "스끼야끼"의 기원에 대해서는 한국과 일본 양국의 의견 차이가 있다.

김상보 교수는《조선시대의 음식문화》(2006)에서 조선 궁중의 승기아탕勝只雅湯이 민가에 전해져 승기악탕勝妓樂湯, 승가기탕勝歌妓湯 등 다양한 명칭을 얻었는데,《규합총서》에서 승기악탕이 왜관음식이라고 한 것은 왜관에서 기생이 참석한 연회에서 자주 먹었다는 의미이며 일본의 음식이라는 뜻은 아니라고 했다. 또한 조선의 궁중음식 승기아탕이 임진왜란 이후 왜관에서 일본 사신에게 행한 접대음식이 되면서 승기악탕勝妓樂湯으로 명칭이 변화한 것이라고 했다.[40] 한편 최남선은 '승가기탕勝佳妓湯'이 일본에 건너가서 일본의 '수끼야기'가 된 것이라고 짐작했다.[41]

일본 측 의견은 달랐다. 《돈가스의 탄생》의 저자 오카다 데쓰에 의하면, 메이지 시대에 쇠고기에 파, 곤약, 두부와 같은 재료를 넣고 된장, 간장, 설탕으로 양념해서 끓이는 일본 특유의 쇠고기 전골이 개발되었고 그 조리 방법에는 조림과 구이가 있었다. 전자가 '간토關東의 쇠고기 전골'이고 후자가 '간사이關西의 스키야키'라는 것이다.

스키야키의 어원은 일본 내에서도 설이 분분하다. 육고기를 쟁기(스키) 위에서 구운 데서 나왔다는 설, 삼나무(杉, 스기) 판자에 끼워서 구웠던 '스기야키'의 와전이라는 설, 얇게 저민 어육(스키미)에서 왔다는 설, 도쿠가와 이에야스가 매사냥에서 돌아오는 길에 농민에게 명해 쟁기 위에다 새를 구워 먹은 데서 유래했다는 설까지 있다. 오카다 데쓰는 1923년의 간토 대지진 이후 간사이 지방의 스키야키가 간토 지방에 전해지면서 쇠고기 전골이 변형되어 스키야키로 불리게 되었다[42]고 정리했다.

이성우에 의하면 스키야키는 2계통으로 분화되었다. 간토 지방의 냄비 전골은 우과牛鍋, 간사이 지방의 구이 전골은 소과燒鍋라 부르게 되었는데, 우과牛鍋가 크게 보급되었고 본래 명칭인 스키야키로 통용된 것이다. 간토의 냄비 전골은 우과牛鍋에서 발달했기 때문에 고기를 국물이나 간장을 써서 삶고, 간사이의 구이 전골은 전골틀의 전에 기름을 둘러서 고기를 굽고 간장, 설탕 등을 조금씩 넣어 냄비 복판에 삶는 것이다.

한국의 전골과 일본의 스키야키는 그 뿌리와 전래에 대해 아직도 많은 논란이 있다. 그러나 재료와 조리법이 유사하며 조선과 일본 통신사의 교류를 통해 서로 영향을 받으며 양국의 생활문화에 영향을 준 음식이라고 볼 수 있다.

한편 '스키야키'는 일제강점기라는 시대적 상황 속에서 우리나라에서도 보편화된 음식이었다. 《별건곤》 제24호(1929. 12. 1)의 기사 '신구 가정생활의 장점과 단점'에서는 신가정의 이면을 살펴보자면서 신가정의 밥상을 다음과 같이 묘사했다.

밥상에는 간도 맛지안은 김치깍뚜기에 간쓰메 통은 떠날 사이가 업고 極上料理(극상요리)라는 것이 메고 단이는 장사에게 사노은 늙은 쇠고기를 길쭉하게 쏠은데다가 다마네기를 겻드리고 왜간장을 찔끔 친 소위 「스끼야끼」라는 것입니다.

위의 기사를 쓴 기자는 비판을 했으나 당시 소위 신가정의 식탁에는 스키야키가 '극상요리'로 여겨지며 오르던 음식이라는 것을 알 수 있다. 또한 스키야키는 '쇠고기를 길쭉하게 썰어 양파를 곁들이고 왜간장을 친 음식'이었으며 쇠고기를 메고 다니며 파는 장사가 있었음을 알 수 있다.

《삼천리문학》 제1집(1938. 1. 1)에 실린 김동인 소설 〈가두〉에는 젊은 여인이 장차 남편이 될 남자의 저녁으로 "스끼야끼"를 만드는 모습이 묘사되었고, 《조선일보》 1947년 12월 26일자 기사 또한 연말의 분위기를 이렇게 묘사했다.

「일루미네숀」*이 불야성을 일운 도심지대에는 오뎅, 스시집이 만원을 이루는 것도 하나의 형상일까. 요정 문 밖에서 주인을 기다리는 수십 대의 자동차와 얌전한 인력거꾼도 세말 풍정을 이루는 한 주인공이기는 하다.

그림 III-15 '스끼야끼'라는 플래카드가 걸린 요정
(출처: 《조선일보》 1947. 12. 26)

기사 내용에는 "스끼야끼"라는 단어가 없지만 〈그림 III-15〉와 같이 요정 문 앞에 "스끼야끼"라고 적힌 플래카드가 내걸린 것으로 보아 당시에 연말 회식으로 요정에서 매우 유행하던 메뉴였음을 알 수 있다.

해방 이후에도 스키야키라는 음식 이름이 널리 쓰였다. 잡지 《여원》 1956년 2월호에 실린 '한국요리의 기초: 고기에 대한 지식'에서 쇠고기 부위에 대한 설명을 〈그림 III-16〉과 같이 한 것이다. 이 그림에서 "스끼야끼"가 두 번이나 언급된 것으로 보아 대중적으로 많이 이용되었던 음식이라고 생각된다.

일부에서는 스키야키의 영향이 육수 불고기와 연관이 있지 않을까 추측하기도 하지만, 양념하지 않은 고기를 익혀서 소스나

---

* illumination: 조명, 전등장식을 의미한다고 사료된다.

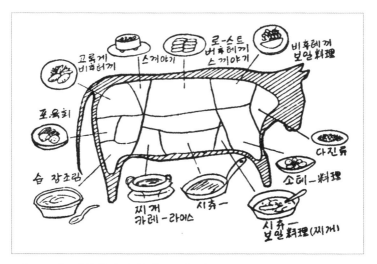

그림 III-16 쇠고기 부위 (출처:《여원》 1956년 2월호, p. 257)

날달걀에 찍어 먹는 스키야키와 양념한 고기에 부재료를 넣고 육수를 부어 끓이는 육수 불고기는 조리법 면에서 같은 음식으로 보기 어렵다. 그러므로 조리법에서 볼 때 육수 불고기 등장에 영향을 끼친 요인으로는 전골과의 연관성을 고려해야 할 것이다.

석쇠 불고기는 고기 외에는 다른 부재료가 들어가지 않아 고기 자체의 질이 매우 중시되었고 따라서 등심, 안심 등 최상급의 쇠고기 부위가 사용되었다. 하지만 6.25전쟁을 겪으면서 식자재가 부족한 상태가 되자, 질이 떨어지는 고기를 이용해도 무리가 없고 각종 채소 등 부재료를 이용해서 양을 늘리기에도 적합한 조리 방법의 필요를 느끼게 된 것으로 보인다. 이런 과정에서 우리 전통음식인 전골을 조리할 때 화로에 얹도록 고안된 전철이 현재 불고기판의 기원이 되었고, 너비아니를 계승한 석쇠 불고기에 국물이 생겨 육수 불고기가 등장했는데 그 과정에 영향을 준 음식 중 하나가 '쇠고기 전골'이라고 생각된다.

육수 불고기는 자작한 국물이 있어 밥과 함께 먹기에도 적당하고 가격도 석쇠 불고기보다는 낮아서 대중화에 성공하고 인기를 얻게 되었다.

(4) 불고기 조리를 위한 기구의 새로운 개발

불고기의 대중화 시기는 고기를 얇게 썰 수 있는 육절기 보급 및 불고기판의 개발과 맞물려 있다. 또한 조리를 위한 연소燃燒 기구도 이 시기에 많은 변화를 맞게 되었다.

가. 육절기 보급

우리나라 초기 육절기 보급과 관련해서 우래옥 김지억 전무는 이렇게 회고했다.

김 전무: 그때 일본서 나온 육절기가 있었다고, 손으로 이렇게 하는 거, 가지고 다니며 쓰는 조그마한 육절기가 있었어. 우리 고기 대주는 사장, 돌아간 그분이 그거(육절기) 사다 주니까 이 사람(주상)이 갖다 버렸다는 거야. 맘에 안 들고, 자기가 이걸로(손으로) 썰어야 손맛이 나는 건데 이런 거 사다 줬다고. 그 당시 화폐개혁 때라 5만 원인가 주고 사다 줬다고. 비싼 거라고. 그때 공무원 월급이 3만 6천 원이

야. 그런데 5만 얼마짜리를 갔다 버렸다는 거야. 음식 맛 떨어지고 나
밥값 떨굴란다고(해고당하게 한다고). 그런 영감(주상)이에요. 옹고집 영
감이… 그렇게 그대로 전수 받아서 하고 있는 거야, 지금. (당시에는 불
고기가) 조금 두꺼웠지. 그땐 칼로 써니까.

　연구자: 우래옥에서 주상이란 분이 얼마나 계셨는지요?

　김 전무: 제가 오니까 벌써 관뒀더라고, 유성도 씨는 그냥 있었고.

_ 김지억 전무 인터뷰, 2009. 9. 4

　당시 화폐개혁이 단행되어 1962년 6월 10일부터 통화가치가
10분의 1로 절하되면서 화폐 단위는 '환'에서 '원'으로 바뀌었다.
김지억 전무는 우래옥에서 1963년부터 근무했는데 그 전에 '주
상'이 그만두었으므로, 일본에서 육절기를 우래옥에 처음 들여
온 시기는 1962년 후반기였다고 볼 수 있다. 따라서 1960년대 초
반에는 일본의 육절기가 우리나라에 도입되기 시작했다고 생각
된다.

　월간지 《쿠켄》의 창립자이자 프렌치 레스토랑 '라브리' 대표
홍성철 사장의 다음과 같은 회고는 육절기가 1960년대 중반에
일반 정육점에도 생기기 시작했다는 사실을 뒷받침해준다.

　64년 전후인 거 같은데, 어느 날 어머니가 너무 좋아하시는 거예요.
고기를 썰어준다고, 정육점에서. 그때까지는 매번 이리해야 했는데
(직접 썰어야 했는데), 이제 그걸 할 필요가 없다고. 정육점에서 얇게 저
며 주니까. 육절기가 생겼어요. 스텐레스 비슷한 걸로 척척 써는 그런

기계가 있었어요. 그 기계로 칼이 한 번 쓱 지나가면 썰어지는. 그게 수동인지 전동인지 기억은 안 나는데, 제대로 된 기계였어요. 돈암시장 정육점에서.

_ 홍성철 사장 인터뷰, 2009. 12. 10

육절기 도입 초기에 우리나라는 "일본 제품을 카피해가지고 주먹구구식으로 비슷하게 만들다가"(정운조 대표이사 인터뷰, 2009. 8. 19) 1970년대 후반에서 1980년대 초반에 정식으로 수입해서 공급이 이루어졌다. 1980년대부터 육절기 관련 사업을 해온 '우진기계' 정운조 대표이사의 이야기는 다음과 같다.

우리나라에서는 옛날 초창기에 제가 하기 전에 몇몇 업체에서 시작을 했는데, 제가 들은 걸로서는 마장동의 '삼양식기사' 최 사장님이, 그분이 지금은 고인이 되셨지마는. 이름은 모르고 그냥 최 사장님이라 불렀어요. 그분이 일본어를 잘하기 때문에 일본에서 기계를 수입해 가지고 대한민국에 최초로 공급한 걸로 들어서 알고 있어요. (중략)

내가 88년부터 본격적으로 육가공 기계에 손을 댔는데, 처음에는 골절기를 손을 댔다가 보니까 우리나라 육류 써는 기계라든가 너무 낙후되어 있어서 가지고, 제가 일본 메이커를 찾았었어요. 일본에 메이커가 4개가 있었어요. '히다치', '오누에', '와다나베', 그다음에 '난쩨네'. 제가 일본에서 가장 지명도가 제일 높은 그 '와다나베'하고 기술제휴를 맺었어요. 로열티를 주고 기술제휴를 맺어 가지고 기계를 수입해다가 시작한 게 초창기입니다. (중략)

초창기에 기계가 얼마나 많이 팔렸냐면요. 기계 한 대가 예를 들어서 백만 원이다 그러면, 내가 그거 십만 원 얹어줄 테니까 내가 그냥 가지고 간다… 특히 한국 사람들이 성질이 급하니까… 그때는 기계를 공급을 못 했어요. 생산을 미처 못 하고 공급을 못 해서 줄을 서고… 심지어는 그때 당시에는 돈을 현금을 들고 다발로 가져와서 이거는 돈 아니냐면서 내팽개치고 싸우고 하며 그런 시절도 있었어요.

_ 정운조 대표이사 인터뷰, 2009. 8. 19

이렇듯, 당시에 육절기를 먼저 구입하기 위해 웃돈을 얹어줄 정도로 수요가 높았던 것을 알 수 있다. 따라서 그만큼 육류 소비량이 가파르게 증가했음을 짐작할 수 있다.

나. 불고기판의 개발

불고기판의 기원은 앞에서 살펴본 것처럼 '전철'에서 찾아볼 수 있으나, 그 이후에 어떤 과정을 거쳐 지금과 같은 형태의 불고기 불판으로 변형되었는지에 대해서는 정확히 알려진 바가 없다.*

---

* 이에 관해 일본 학자 Sasaki(2004)는 '일본 징기스칸 팬(Japanese Jingisukan pan)'과의 연관성을 다음과 같이 언급했다. "일본의 징기스칸 요리는 구운 양고기에서 기원하였는데, 베이징에 사는 일본인이 그것을 징기스칸이라고 불렀다. 징기스칸 요리는 1930년대 도쿄에서 유행했으며 징기스칸 팬은 둥그렇게 되어 있어서 고기가 타지 않도록 해주기 때문에 이 팬이 한반도로 전해진 후 불고기를 요리하기 위해 비슷한 팬이 만들어지고 유행되었다." (Sasaki, 2004[Asakura Toshio, 2009, "Yakiniku and Bulgogi: Japanese, Korean, and Global Foodways", The 11th Symposium ou Chinese Dietary Culture/2009 ICCS International Symposium, pp. 10:1-10:23에서 재인용]). 이 부분에 대해서는 한·일 양국의 비교연구가 필요하며 양국의 협조 아래 좀 더 심도 있는 연구가 진행되어야 할 것이다.

표 III-2 **불고기판의 초기 특허 상황**

출원일	발명의 명칭	출원인
1962. 2. 22	불고기 석쇠	박영찬
1964. 5. 2	불고기 석쇠의 형상모양의 결합	김용환
1966. 12. 31	불고기용 석쇠의 형상 및 모양의 결합	조낙선
1967. 2. 24	전열 불고기판	오정호
1968. 3. 5	불고기판	박종근
1969. 3. 22	불고기판	김용국
1971. 3. 22	불고기판	박상철
1972. 4. 10	불고기 조리기	한상덕
1975. 5. 27	불고기판	이성우
1977. 5. 24	불고기 구이기	김규홍

출처: 특허청

다만 현재 공식적인 기록으로 추적이 가능한 것은 우리나라 특허청의 불고기판과 관련한 특허 내용인데, 그것을 정리하면 〈표 III-2〉와 같다.

우리나라 최초로 '불고기 석쇠'에 관한 특허를 낸 사람은 '박영찬'으로, 출원일은 1962년 2월 22일이며 주소지는 서울특별시 성동구 하왕십리동 25번지로 기록되어 있다. 그런데 여기에서 '불고기 석쇠'란 흔히 말하는 철사로 엮은 석쇠가 아닌 현재의 불고기판의 형태로 〈그림 III-17〉과 같다. 박영찬은 불고기 석쇠의 '고안 목적'에 대해 "불고기를 어느 정도 이상 태우지 않고 불고기의 소도燒度를 임의로 조절할 수 있는 불고기 석쇠를 얻는 데 있다."라고 밝혔고 사용법을 다음과 같이 설명했다.

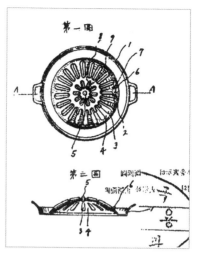

본 고안의 작용과 효과는 다음과 같다. 즉 고기를 석쇠판(1)에 올려놓고 구울때는 燒目(소목)(2)과 通氣目(3)을 相合하지만 고기가 탈 염려가 있으면 回轉 절片(6)을 저로 밀어 回轉板(4)을 회전시키면 석쇠판(1)의 燒目(소목)(2)은 火熱調

그림 III-17 1962년 특허출원 '불고기 석쇠' (출처: 특허청)

整回轉板(4)體에 의하여 막혀 火熱이 遮斷됨으로 불고기가 어느 정도 이상 타지 않게 되는 것이다.

이렇듯 불고기판의 일부가 회전식이어서 불구멍과 공기구멍을 맞춰서 열었다가 불이 너무 세면 회전판을 돌려 불구멍을 닫는 식으로 고기가 타지 않도록 굽는 정도를 조절할 수 있도록 고안되었다는 것을 알 수 있다. 즉, 첫 번째 특허를 낸 불고기판은 단순한 돔형이 아니라 불판의 일부가 회전식이라 불조절을 할 수 있었던 형태였다. 따라서 이 불판이 최초의 불판이라고 보기는 어렵다. 기존에 미처 특허를 내지 않은 단순한 불판이 이미 있었고 그것을 개선한 것으로 보인다. 그 밖의 자세한 사항은 기록되

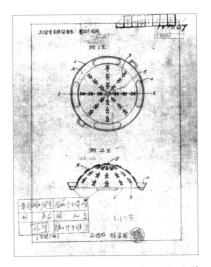

그림 III-18 1964년 특허출원 '불고기 석쇠'의 형상모양의 결합(출처: 특허청)

어 있지 않지만 돔형으로 올라와 있는 불판 주위가 움푹 파여 있어 육수 불고기 조리에 적합한 구조임을 볼 수 있다.

이후에도 발명의 명칭이 두 번째, 세 번째까지 '불고기 석쇠'로 되어 있지만, 마찬가지로 모두 불고기판인 것을 〈그림 III-18〉와 〈그림 III-19〉에서 볼 수 있는데, 1967년부터 비로소 명칭이

'불고기판'으로 바뀌었다.

두 번째 불고기판 특허출원일은 1964년 5월 2일이고 출원자는 대구 달성군 구지면 내리에 거주하는 김용환이다. 〈그림 III-18〉만으로는 오히려 이 불고기판은 돔형의 불판일 뿐, 첫 번째 특허 같은 회전판이나 특별한 다른 기능은 보이지 않는다.*

그리고 세 번째 불고기 석쇠 특허는 서울 종로구 종로×가 조낙선이 1966년 12월 31일에 낸 것으로 〈그림 III-19〉와 같다.

'창작의 요점'은 '불고기 석쇠의 형상 및 모양의 결합'이라고 되

---

* 특허청에 관련 자료를 요청해서 받았지만, 〈그림 III-18〉만 있을 뿐 설명 내역은 보관되어 있지 않아 자세한 내용은 알 수 없었다.

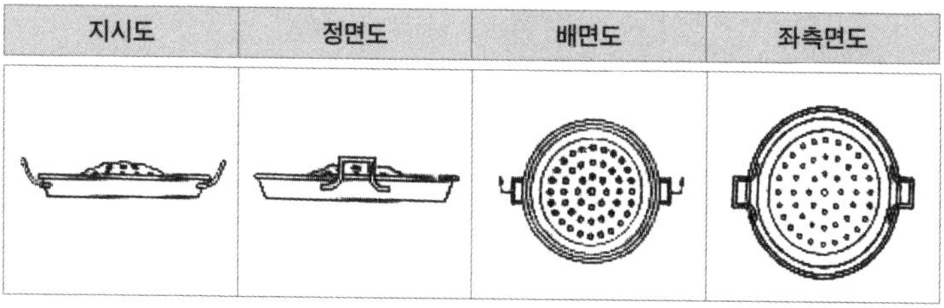

지시도	정면도	배면도	좌측면도

그림 III-19 1966년 특허출원 '불고기용 석쇠의 형상 및 모양의 결합' (출처: 특허청)

어 있고, '창작의 내용'은 다음과 같다.

본 고안은 공지형으로 된 대접형 불고기용 석쇠의 상주연을 완만하게 만곡하여 그 선단을 외향으로 권곡하고 이의 저면은 편평교구를 이루도록 중앙부를 도움dome 형상으로 융출 표현하되 그 정상부는 외측 주연보다 다소 높게 하여 심부의 원형 돌윤을 중심으로 도움의 측면에 이르도록 상협 하광으로 된 원형 돌윤군이 일정한 간격으로 3중의 원형 모양을 이루도록 표현하고 불고기용 석쇠의 양 측면에 U형의 파수를 삽착하여 불고기용 석쇠의 의장을 표현하려 한다.

한편《조선일보》1963년 4월 9일자 기사 '불고기판 천 개 동남아로 수출'을 통해 1963년에 우리나라 불고기판이 태국에 수출되었음을 알 수 있다.

우리나라의 불고기가 동남아 지역에서도 유행되어 이번 불고기판이 수출케 되었다. 18일 알려진바 신영물산新榮物産에서는 태국의 거

그림 III-20 문화석쇠
(출처:《매일경제》1969. 2. 1)

래업자로부터 불고기판 1천 개의 수출신용장을 지난 16일 처음으로 받았는데 수출가격은 개당 七十 仙[仙: 센트/미국 화폐 단위]이라고 한다.

"우리나라의 불고기가 동남아 지역에도 유행"한다는 것으로 보아 이미 이 시기 우리나라에서는 불고기판을 이용하는 육수 불고기가 대유행했으므로 동남아 지역에까지 진출했다고 봐야 할 것이다. 개당 70센트의 가격으로 1,000개의 불고기판이 태국에 수출되었다는 것은 우리 식문화가 수출되었다는 의미라고 생각되며, 앞에서 살펴본 1962년에 특허를 받은 불고기 석쇠 이전에도 불고기판이 있어서 많이 사용되었으리라 짐작된다.

이후에도 앞의 〈표 III-2〉 '불고기판의 초기 특허 상황'에서 볼 수 있듯이 '불고기판'에 대한 특허는 계속되었고 '석쇠' 역시 개량되었다.

1969년에 등장한 이른바 '문화석쇠'는 "철망석쇠 밑에 철판을 받쳐놓아 생선, 육류, 떡 등을 구어도 냄새가 배지 않을 뿐 아니라 국물이 밑으로 배지 않아 난로 등 연소기의 수명을 연장해주

그림 III-21 영진 불고기판 (출처:《매일경제》 1970. 1. 17)

어 좋다. 이 철판은 마강판에 범랑[법랑]이라는 사기 멕기를 해놓았기 때문에 녹이 슬지 않고 닳는 일이 없어 위생적이며 또 오래 쓸 수 있다."[43]라고 소개되었다.

또한 '영진 불고기판'은 "종래의 석쇠나 불고기판의 단점을 제거, 돌로 만든 옛날 불고기판을 모방해서 철재를 이용, 전기 스위치만 꽂으면 편리하게 이용할 수 있는"[44] 기구였다.

한편《매일경제》 1970년 12월 17일 '주부수첩'에서는 '불고기 굽기'를 이렇게 설명했다.

석쇠에 기름을 약간 바르고 구울 때에 센 불에서 단시간에 구워야 맛도 좋고 영양 손실도 적다. 또 석쇠에 구울 때는 석쇠째 들고 뒤집으면서 구워야 한다. 석쇠에 굽지 않고 구멍 뚫어신 굽는 틀에다 구울 때는 가운데 구멍을 남겨놓고 구워야 불이 꺼지지 않는다.

이 기사를 통해 불고기를 구울 때 '석쇠'와 '구멍 뚫어진 굽는 틀'이 함께 쓰였다는 것을 알 수 있는데, 이때의 '틀'이란 불고기판을 의미하는 것이라고 생각된다.

다. 연소燃燒 기구의 변천

육류구이 등 조리를 하기 위한 연소 기구도 시대에 따라 발전과 변화를 거듭했다.

1958년 방신영의 《중등요리실습》을 보면 요리실에 쓰이는 각종 '연모'를 소개하면서 "전기난로, 기름화로, 숯풍로 사용법을 배우자. 연탄난로에 대해서도 알아보자."[45]라고 하여 당시에 전기난로, 기름화로, 숯풍로, 연탄난로 등 다양한 연소 기구가 사용되었음을 알 수 있다.*

1960년 1월 26일자 《동아일보》에서는 '풍로의 성능과 사용법'에 대해서 "쇠풍로는 바깥까지 뜨거워지니까 열손실이 발생하고, 점토제품은 쉽게 망가져서 공기가 들어간다."고 쇠풍로와 점토풍로의 장단점을 비교했다. 이어 "풍로받침의 위치는 풍로문과 같은

---

* 화로, 풍로, 곤로 등 연소 기구에 대한 명칭은 자세한 설명이나 기준 없이 조리서나 신문기사 등에서 혼용되어 나타나는데, 국립국어원 표준국어대사전의 사전적 정의를 참고하면 다음과 같다.
  • 화로(火爐): 숯불을 담아놓는 그릇. 주로 불씨를 보존하거나 난방을 위하여 쓴다.
  • 풍로(風爐): 「1」 화로의 하나. 흙이나 쇠붙이로 만드는데, 아래에 바람구멍을 내어 불이 잘 붙게 하였다. 늑곤로·양로(涼爐).
    「2」 석유나 전기 따위를 이용하는 취사용 도구. 늑곤로「2」.
  • 곤로(〈일〉konro[焜爐]): 「1」=풍로「1」. 「2」=풍로「2」.

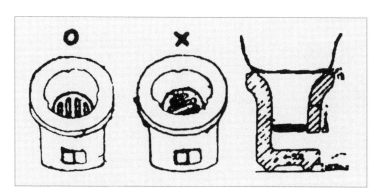

그림 III-22 풍로의 바른 사용법 (출처:《동아일보》1960. 1. 26)

방향으로 선이 오도록 하라."며 〈그림 III-22〉와 같은 풍로 그림과 함께 바른 사용법을 설명했다. 그리고 1960년 12월 14일자《경향신문》에서는 숯불을 오래가게 하려면 풍로의 바람구멍을 닫고 "풍로와 남비 사이를 석면과 같은 내화성의 물체로 막으면 숯불 사위는 것이 5분지 1쯤으로 주는데 그러고도 10분 이상은 꺼지지 않으므로 계속해서 그대로 끓인다든가 찔 수 있습니다."라고 했다. 이렇듯, 1960년대 초반까지 화로나 풍로에 숯을 담아 연소 기구로 이용하는 것이 보편적이었음을 알 수 있다.

한편, 1964년 9월 19일자《경향신문》에는 '프로판가스'의 도입에 대한 다음과 같은 기사가 실렸다.

5년 전 일본에서 수입하여 가정 취사용으로 등장한 프로판가스는 울산 석유공장에서 가스가 생산되고 가격이 떨어지자 이를 사용하는 가정이 부쩍 늘어나고 있다. (중략) 용기 내의 고압가스를 곤로에서 잘 연소할 수 있도록 아주 낮은 압력으로 변화시키는 장치인 압력조정기의 연결은 반드시 가스회사의 기술자에게 맡기고 (중략) 곤로에 불을 붙일 때는 먼저 남비나 솥을 곤로 위에 놓고 불을 켠 다음 코그를 돌려 가스를 나오게 하는 순서가 가장 안전하고 가스가 절약되기도 한다.

위 《경향신문》의 기사에 따르면 1959년경에 일본에서 프로판가스가 처음 수입되었는데, 도입 초기에는 사용 미숙 등으로 가스 폭발 사고가 잦아 문제시되었던 것으로 보인다. 1965년 11월 8일자 《경향신문》에서도 "겨울철에는 연탄가스의 피해가 가장 많지만 수일 전에 프로판가스의 폭발사고를 보고 시민들은 새로운 불안을 느끼게 되었다. 대중식사를 하는 집에서 프로판가스를 쓰는 집이 늘어가고 있을 뿐 아니라 요즘에는 일반 가정에서도 착착 보급되어가는 형편인데 이것이 가끔 폭발한다면 중대한 문제라 아니할 수 없다."라고 보도했다.

그러나 이런 우려보다는 가스가 주는 편리성이 컸다. 가스 보급은 '연료의 현대화'라는 명목으로 서울시장의 공약 사항까지 되었다. 1966년 6월 18일자 《경향신문》은 김현옥 서울시장의 "늦어도 68년까지는 시내의 연료를 70~80% 연탄에서 가스로 바꾸게 하겠다."는 발언에 대해 전문가들이 현재 소득수준으로는 현실성이 떨어진다는 지적을 했다고 보도했다. 1966년 당시 "각국의 연료 이용 추세를 보면 우리나라가 고체연료에 89.3%를 의존하고 있는 것에 비해 미국은 23.8%, 카나다 17.7%, 불란서가 57.3%를

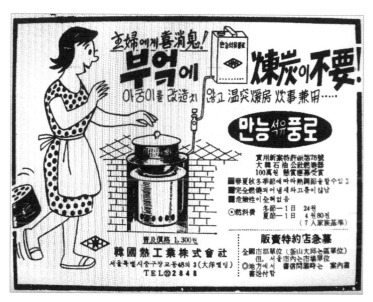

그림 III-23 만능석유풍로 광고 (출처:《동아일보》1967. 4. 3)

사용"[46]할 정도로 여전히 대부분의 가정에서는 풍로에 숯불을 이용하는 것이 보편적이었기 때문에, "풍로에 숯을 적당히 넣고 숯위에 휘발유를 조금 뿌린 후 불을 켜대면 확하고 불이 붙는데 부채로 부치면 1분 이내에 완전히 피워진다."[47]라고 숯불 피우는 방법을 신문 기사로 설명할 정도였다.

1960년대 후반에는 고체연료 외에 석유와 전기를 이용하는 석유풍로, 석유곤로, 전기곤로 등이 인기 상품으로 등장했다.

숯불을 피우는 대신 석유를 사용하는 '석유풍로'는 1967년 4월 3일자《동아일보》의 광고에서 볼 수 있다. 〈그림 III-23〉의 '만능석유풍로'라는 광고는 연탄 대신 석유를 사용하며 "아궁이

를 개조하지 않고 난방과 취사를 겸할 수 있다."는 점을 부각시
켰다.

난방 기능 없이 취사에만 사용할 수 있는 풍로(곤로)는 여름철
에 인기를 끌었다. "취사용 석유곤로는 국산도 2~3종류가 있으
나 대부분이 일제인데 메이커별 종류만도 7~8개가 넘는다."[48]는
보도가 이를 보여준다. 당시 주요 일제메이커는 "도요또미, 코로
나, 가미시마, 후지까" 등이었다.

이 시기에 다양한 연소 기구가 등장했음을 1967년의 다음과
같은 기사를 통해 알 수 있다.

구공탄 파동에 질색이 된 주부들에게 새 연료로 등장한 석유, 등유
와 그 기구들은 상당한 관심을 끌고 있다. 이 점에 착안, 근래 쏟아져
나온 석유곤로, 석유 스토브, 석유난방 겸 취사용 곤로 등 그 종류만
자그마치 7백여 종으로 추산. (중략) 곤로를 받침대만 떼고 19공탄 아
궁이에 넣어 온돌을 덥게 하는 겸용도 여러 종이 나와 있다.[49]

전기를 사용하는 곤로가 "국내에서 생산된 것은 1965~66년
으로 대중의 인지도가 호전되어 수요자는 차츰 증가되고 있으나
그 성능이나 수명에 있어선 아직도 외제에 미치지 못하고 있어
일부 상류층에서는 아직도 외제만을 찾"았다. 석유곤로와 비교
하면 "전기곤로는 … 값이 싸고 편리하나 산후의 지출경비는 이
보다 비싸게 듦으로 아직까진 대중용이 못 되"[50]었다고 한다.

이렇듯, 1960년대 후반에는 '연소기 고급화'가 큰 사회적 흐

름이었고, 불고기를 굽는 데도 숯불 대신 프로판가스가 사용되었다.

몇 해 전까지만 해도 풍로에 숯을 피워서 불고기를 굽던 식당들이 요즘은 대개 프로판개스를 사용한다. 이 프로판개스는 불고기를 굽는 데만 쓰이는 것은 아니다. 가정에서 밥을 짓는 데도 쓸 수 있고 난로에 때도록 하면 (프로판개스 난로) 난방용으로도 쓸 수 있다. 전기나 석유도 마찬가지다. 전기곤로, 전기난로 혹은 석유난로, 석유곤로는 무연탄이나 숯불을 대신할 수 있다.[51]

연료 현대화에 따라 1970년 겨울부터는 부쩍 연탄이 가스로 대체되었다. "가스 연료 기구로는 가스레인지, 가스스토브, 가스테이블, 가스 밥솥 등이 있는데 이 중에서 가장 인기를 끌고 있는 것은 가스레인지"[52]였다. 1972년에는 11월에 남부 도시가스 공장이 준공함으로써 드디어 도시가스의 시대가 열렸다.

생산능력 오만 입방m인 남부 도시개스 공장이 준공됨으로써 앞으로 서울 시내 전체 가구 중 도시개스를 취사용 연료로 사용하는 개스 수요 가정이 부쩍 늘어나게 되었다. 현재 도시개스 수요 가정은 전체 가구의 1% 정도에 지나지 않지만 시의 10개년 장기 계획에 따라 80년까지는 전체의 25%선으로 늘어날 전망[53]

도시가스의 이점으로는 "연료의 저장이 필요 없어 연탄 저장에 빼앗기는 공간을 활용, 언제든지 자유자재로 사용, 열의 낭비가 전혀 없다, 프로판가스보다 안전하다."[54]는 점이 부각되었다.

연소 기구의 이와 같은 변천과 함께 불고기 굽는 방법도 변화했다. 1974년에 발행된 조리서《한국요리》에서는 불고기를 굽는 방법에 대해 "숯불에 굽는 것이 가장 맛있다고들 하나 현대적인 생활양식에서는 어려우니, 집에서 쓰는 연탄불이나 가스불 위에 석쇠를 놓고 굽든지 오븐에 온도를 높여서 뜨겁게 되면 오븐구이를 한다. 후라이팬에 볶아서 먹어도 되나 맛이 약간 떨어진다."[55]고 설명했다. 또한 1980년에 나온 조리서《한국의 가정요리》에서도 "불고기를 맛있게 구우려면 숯불에 구워야 하지만 숯불과 풍로를 준비하려면 여러 가지로 번거롭다. 그러므로 되도록 두터운 철판이나 프라이팬을 쓰는 수밖에 없는데 상·하 열판이 있는 전기철판이라면 무난할 것이다."[56]라고 조언했다.

불고기는 숯불구이가 최상의 방법이라고 여겼음에도 불구하고, 연소 기구와 생활양식의 변천에 따라 연탄불, 가스불 등에 석쇠를 놓고 굽거나 프라이팬, 전기철판, 그리고 오븐에 이르기까지 다양한 변화를 겪어왔음을 알 수 있다. 이런 상황에 대해 1978년의 신문 기사에서는 다음과 같이 묘사했다.

시내에도 불고깃집이야 흔하지만 풍로는 가스레인지에 밀려나 거의 자취를 감추고 하물며 숯불은 이즈음에는 초롱불만큼이나 까마득한 옛것으로 멀어져가고 있다. 불고기는 그러나 바로 이 풍로에 석쇠를 얹어놓고 숯불에 구워야 제맛이다. 그 불고기가 이젠 '문화식' 불판이나 '철판구이'다 하는 국적을 알 수 없는 갖가지 편법신안의 변종이 범람함으로 해서 원형을 잃어가고 있다.[57]

전통 방식으로 "풍로에 석쇠를 얹어놓고 숯불에 구워야 제맛" 인 불고기를 가스레인지에서 '문화식' 불판이나 '철판구이'에 굽 는 것에 대해 "원형을 잃어"간다고 지적한 것으로, 당시에는 불고 기의 원형을 직화로 '굽는' 요리로 보았음을 알 수 있다.

(5) 불고기의 해외 전파

지정학적으로 밀접한 일본과 중국을 제외하면, 한국의 식문화 가 많이 진출한 국가는 미국이며, 우리나라 최초 이민자들이 갤 릭호S.S. Gaelic를 타고 1903년 1월 13일 하와이 호놀룰루항에 도 착한 것을 기원으로 볼 수 있다.

김형민 2대 서울시장의 회고록에서 하와이에 진출한 불고기 를 볼 수 있다. 김형민 시장은 1926년에 일본에서 배를 타고 미 국 유학길에 올라 하와이 호놀룰루에 도착했다.* 그리고 이민국 에서 우연히 하와이에 정착해 있었던 자신의 중모仲母 소식을 접 했는데, 중부가 일찍 작고한 후 사진결혼을 하고 하와이로 이민 을 왔던 중모는 집안과 소식이 끊긴 상태였다. 김 시장은 중모의 집이 있던 동네가 호놀룰루의 유명한 식물원 '포스터 가든Foster

---

* 김형민 서울시장은 1907년생으로, 일제강점기인 1930년대 미국 유학길에 올랐다.

Garden' 근처 비니야드 스트리트Vineyard Street라고 회고하며 다음과 같은 글을 남겼다.

중모님이 사시는 집은 주인이 중국 사람으로 한 달 집세는 30달러였다. 부엌에는 스토브가 있고 반찬거리는 큰길에 있는 한인 교포의 식료품점에서 샀는데 거기에는 콩나물, 두부, 된장, 고추장, 간장, 젓갈 등을 비롯해서 한국에서 수입한 고사리와 도라지, 미역, 김 등 없는 것이 없었다. 일요일에는 중모님께서 친히 음식을 만들어 아들들에게 먹이셨다. **가끔 불고기도 하셨고 고깃국도 끓여주었다.**[58]

그의 회고록에 의하면 이미 1926년에 하와이에는 "없는 것이 없는 한국 식료품점"이 있었다. 하지만 중모가 만든 불고기가 단순히 고기를 구운 것인지 너비아니류의 불고기를 의미하는 것인지는 알 수 없다.*

미국 하와이에서 발행되었던 《국민보》 1946년 12월 4일자에는 한국음식점 광고가 다음과 같이 실렸다.

본인이 우리 한국음식점을 누아누 ――八O에 개업하고 각종 음식을 구비하여 동포께 공개하오니 동포 제위께서 왕림 실험하시옵소서.

---

* 1987년에 출간된 회고록에 나오는 기록이므로 그 당시 먹었던 음식을 훗날에 회고하여 '불고기'라고 했을 가능성도 배제할 수 없다. 즉 당시에는 '불고기'라고 부르지 않고 다른 명칭을 사용했을 가능성도 있으나, 후에 '불고기'로 회고할 만한 음식이었음에는 틀림이 없다.

만두, 국수, 불고기, 나물 등이 구비하오며 무슨 음식이나 주문하여 가져갈 수 있고 또 자동차 세울 곳도 파킹센터에 무료로 있습니다. 점주 전남이

1946년 하와이 한국음식점에 불고기가 있었다는 것은, 음식점 경영자나 조리 담당자가 이민 가기 전에 이미 한국에서 불고기를 접했음을 의미하는 것이라고 생각된다. 그리고 이때의 불고기는 석쇠 불고기일 가능성이 높다. 이 한국음식점은 1958년 7월 30일에도 동일 광고를 전화번호만 추가해 실은 것으로 보아 12년이 넘게 영업을 계속한 것으로 보인다.

그리고 《국민보》 1947년 5월 21일자에 실린 '일반 강년회원께'는 하와이 호놀룰루 지역 교포모임인 '강년회' 모임 야유회를 안내하는 기사다. 그중 "점심의 잡수실 불고기와 모든 해미산채가 구비하오며"라는 구절이 있는데, 불고기가 나들이에서 중심이 되는 메뉴였다고 생각된다. 그다음 해인 1948년 10월 20일에도 《국민보》에 '뜻 깊은 강년회'라는 공고문이 실렸다.

금월 24일 넷째 주일 상오 11시에 강년회를 호놀룰루 국민회 지방회장 임봉래 씨 댁에서 회집하오니 일반 강년회원은 다 참석하옵소서. 이날 잡수실 예비가 풍부하온 중 **불고기 만들 갈비**도 얼마나 예비를 하였는지 알 수 없습니다. 이날은 누구나 할 수 잇는 대로 며칠 전부터 잡숫지 마시고 공복으로 오시오.

이 글에서 '불고기 만들 갈비'란 갈비를 불에 굽는다는 것으로, 따라서 불고기는 '고기를 불에 굽는 요리'를 의미한다고 보인다. 이같이 불고기는 1940년대 중반 하와이 한국음식점에서 판매되는 메뉴였고, 한국인들이 야유회를 가서 먹는 음식이었다.

1958년 3월 21일자《조선일보》'만물상萬物相'에서는 "미국 아이오아주에서는 어느 미국인 부부가 불고기, 오이김치를 사교계에 피로披露해서 절찬絶讚을 받았다는 소식이 들린다."라고 전했다. 다른 설명이 없어 어떻게 이 미국인 부부가 불고기를 사교계 식탁에 올렸는지 알 수 없고, 또 '소식'의 원래 출처도 알 수 없다. 다만 기사를 통해 한국음식이 거의 알려져 있지 않았던 1950년대 후반에 불고기가 미국 현지인들에게 인기 있었다는 것을 알 수 있다.

1960년대 미국 이민자들의 불고기 이야기는 음악가 정명훈의 회고에서 볼 수 있다.《중앙일보》2010년 8월 21일자에 실린 정명훈의 회고다.

우리 가족은 1961년 미국 시애틀로 건너갔다. 한국에서 식당을 하셨던 어머니는 이곳에서도 한식 레스토랑을 열었다. (중략) 집과 식당은 불과 3km 떨어져 있었다. 김치찌개, 된장찌개, 불고기 등 기본적인 한식 메뉴를 이때 익혔다. (중략) 부모님의 한식당은 5년 후 문을 닫았다. 대신 1966년 햄버거 집을 열었다. 이제 와 말이지만, 이 장사를 만약 계속했다면 우리 가족은 대단한 부자가 됐을 것이다. 아버지의 특제 햄버거 소스 덕분이다. 보통 맥도날드 같은 햄버거는 고기 위에 소스를 얹는 식이었다. 우리는 아예 고기를 양념했다. 마늘을 넣어 한국적인 맛도 살리고, 불 냄새가 나도록 고기를 구워 바비큐처럼 만들었다. 지금도 생각날 만큼 기가 막힌 맛이다.[59]

한식당에서 불고기는 기본적인 메뉴였음은 물론이었고 햄버거를 만들 때 "마늘을 넣어 한국석인 맛도 살리고, 불 냄새가 나도록 고기를 구"웠다는 것으로 미루어보아 불고기 스타일의 고기 패티인 듯하다. 그렇다면 롯데리아가 1992년에 출시하기 26년 전인 1966년 이미 '불고기 버거'가 미국 시애틀에 있었다는 이야기가 된다.

불고기는 특히 일본에 대단한 영향을 끼쳤다. 한·일 음식문화 연구자들은 야키니쿠燒肉의 원조가 한국의 불고기이며, 1945년 이후 일본에 살던 재일교포들이 만들어 먹었던 '호르몬야키'에서 비롯되었다고 의견을 모으고 있다.

일본 시가滋賀현립대학 정대성 교수는 "일본 사람들은 메이지 시대에 들어서야 공식적으로 소고기를 먹게 됐으며 야키니쿠燒肉도 전후, 즉 1945년 이후에 한국음식점이 늘어나면서부터 일반인들에게 보급된 것이다."[60]라고 했다. 또한 "오늘날 야키니쿠 요리나 내장의 호칭 중에 우리말이 일본어의 외래어로서 정착한 말이 많은 것은 우리의 식문화가 일본의 육식문화에 받아들여졌음을 의미한다."[61]며 그 몇 가지 예를 들었다. 일본어로 소의 위를 뜻하는 '하치노스ハチノス'는 '벌집'이라는 뜻으로 우리말의 '벌집위'에서 왔으며, '센마이センマイ'는 한자로 천매千枚'인데 우리말의 '처녑千葉'을 일본어로 번역한 것[62]이라고 제시한 것이다.

일본학자 아사쿠라 도시오朝倉敏夫 역시 "야키니쿠는 재일 조선인들이 일본인들은 안 먹던 내장을 구워 먹는 데서 시작했다."[63]고 했다. 또한 《야키니쿠의 문화사燒肉の文化史》의 저자 사사키 미치오佐々木道雄는 "소육燒肉이라는 단어는 원래 일본에서는 별로 사용되지 않았는데 막부 말엽*부터 사용되었다. 이것은 스테이크류의 '고기를 구운 요리'를 총칭하는 단어로 조리서에 나타난다."[64]고 했다. 그는 소육燒肉에는 두 가지 의미가 있다고 했다. 첫 번째는 사전적으로 흔히 쓰이는, '고기를 구운 요리'의 일반적인 명칭이고, 두 번째는 한국요리계의 소육을 의미하는데 최근에는 후자를 의미하는 경우가 많다는 것이다.[65]

정대성은 1946년(쇼와 21)에는 도쿄의 대창원大昌園, 1947년(쇼와 22)에는 오사카의 식도원食道園이라는 한국요리점이 개업하여, 1955년(쇼와 30)에는 "동쪽의 명월관, 서쪽의 식도원"[66]이라고 불릴 정도로 번창했다고 했다.

박미아는 재일한국인과 야키니쿠산업에 대한 논문에서 식도원과 명월관 "두 식당은 오사카와 도쿄 두 곳에서 해방 이후 야키니쿠 식당의 효시로 불리는 곳"이라고 했다. 그리고 두 곳을 비교하면서 "경상남도 하동 출신인 서금안이 운영했던 '명월관'은 경상도식 내장탕으로 추정되는 '똥창국'으로부터 시작되었지만,

---

* 이때의 막부는 에도 막부(1603~1867)를 뜻하는 것으로 보인다.

평양 출신 임광식이 창업한 '식도원'은 평양냉면과 불고기에 익숙"
했을 것이라고 했다.[67]

이와 관련한 아사쿠라 도시오의 연구에 의하면, 야키니쿠 음
식점들이 "終戰前後頃[태평양전쟁 종전 전후]" 생겨났다면서 창립
연도에 대해서는 음식점 측의 주장을 인용했다. "오사카의 식도
원은 1992년 현재 창업한 지 47년이라고 하며, 창업 40년이 된
오사카 학일, 1951년 창업한 도쿄의 청향원, 그리고 신주쿠에 있
는 장춘관은 1980년에 창업 38년이라고 광고하고 있다. (중략)
1950년을 전후해서 도쿄와 오사카에 전문점이 다수 출현"[68]했다
고 밝혔다.

앞에서 언급한 대로, 오사카 야키니쿠 식당의 효시로 불리는
곳은 '식도원'이다. 식도원 홈페이지에는 "야키니쿠는 한국의 불
고기가 발전한 것"으로 "식도원은 일본 야키니쿠의 발상점発祥店
이자 식도원의 역사는 곧 야키니쿠의 역사"라고 적혀 있다. 식도
원의 창업주는 현재 서울 청담동 프렌치 레스토랑 '레스쁘아 뒤
이부L'Espoir du Hibou'를 경영하는 임기학 셰프의 조부다. 임 셰
프는 인터뷰에서 할아버지의 고향이 평양이라는 것을 확인해주
었고, 식도원 관련 보도기사 등을 비롯한 여러 자료를 제공해주
었다. 그중 하나가 2003년 11월 26일자 《뉴스위크NEWSWEEK(일
본판)》인데, 여기에서는 "야키니쿠의 뿌리는 전쟁의 흔적이 남았
던 1946년, 1명의 재일한국인이 오사카의 센지쓰마에千日前에 연
작은 가게였다."며 자료마다 조금씩 차이를 보이는 식도원의 개업
연도를 1946년이라고 보도했다.

임광식 창업주에 대한 기사를 싣고 있는 《오늘의 한국今日の韓國》 1981년 9월호와 《일본식량신문日本食糧新聞》 2003년 5월 5일자 관련 기사를 종합해보면 다음과 같다. 임광식 창업주(1911~82)는 평양에서 냉면집의 차남으로 태어났다. 15세에 일본으로 건너갔고, 그 후 1938년 중국으로 가서 '식도원'이라는 냉면집을 열었다. 그 '식도원'이라는 이름은 "평양에 있었던 유명한 냉면점에서 따온 것"이라고 했다. 실제로 평양에 식도원이라는 음식점이 있었다는 것이 《동아일보》 1923년 11월 21일자 '평양 식도원 피로연'이라는 제목의 기사를 통해서 발견된다.

평양平壤 유정필 씨 등劉正弼氏等이 경영하는 식도원은 거십오일去十五日부터 개업開業하였는대 차此를 피로披露키 위하야 거십팔일육시去十八日六時 부내府內유력자有力者 사십여 인四十餘人을 초대하엿더라

즉 평양에 '식도원'이라는 음식점이 1923년 11월 15일 개업했는데, 경영에는 유정필 외 몇 명이 참여했고, 개업을 기념하는 피로연에 평양의 유력인사 40명을 초대할 정도로 상당한 규모의 음식점이었다. 따라서 이 평양 식도원의 이름을 임 창업주가 따왔을 가능성에 무게가 실린다. 한편, 임 창업주가 차남으로 태어난 집안 역시 "평양에 있었던 유명한 냉면집"인데, 이곳 이름이 식도원인지 아닌지 여부는 밝혀져 있지 않다.

중국에서 다시 일본으로 돌아온 임 창업주는 오사카에 '평양 냉면 식도원平壤冷麵·食道園'을 차렸고, 개업 당시부터 '원조 소육 냉

그림 III-24 개업 당시 오사카 식도원과 젊은 시절의 임광식 창업주
(출처: (좌) 식도원 홈페이지 https://www.syokudoen.co.jp/concept/ (우)《今日の 韓國》
1981년 9월호, p. 25)

면元祖·燒肉 冷麵'이라는 간판을 걸었다.

그리고 위에서 소개한 두 기사에서 "임 창업주가 중국에서 냉면점을 경영했다."고 했는데,《뉴스위크(일본판)》에서는 "중국에서 정육점을 경영했었다."고 한 점에 대해서 임기학 셰프는 "할아버지께서 정육 기술을 가지고 계셨다고 들었다."(임기학 셰프 인터뷰, 2020. 2. 1)고 했다. 이를 종합해볼 때, 임 창업주는 중국에서 냉면집과 더불어 정육점도 운영했다고 보이며 그 후 다시 일본으로 가서 "고향의 명물이었던 냉면에 대해 갖는 애착과 정육업 경험을 기반으로 냉면과 야키니쿠를 간판으로 내걸고 식도원을 개점"[69]했다.

거기에 더하여 《뉴스위크(일본판)》에서는 식도원이 고기 굽는 방식을 새롭게 도입했다며 다음과 같이 보도했다.

본래 조선반도에서는 야키니쿠는 조리되어 식탁까지 옮겨지는 것이었다. 그러나, 그렇게 해서는 주방에서 옮겨지는 사이 고기 맛이 떨어져버린다. 그래서, 테이블에 풍로를 놓고, 손님이 스스로 구워 먹는 스타일을 생각해낸 게 재일한국인 1세의 임광식(후에 일본 국적을 취득해 에자키 테루오江崎光雄다. (중략) 길 옆에 풍로를 놓고 고기를 먹게 하는 포장마차 같은 가게는 그때에도 있었다. 식도원이 참신했던 것은 벽도 파티션도 있는 식당에서 똑같은 서비스를 제공했던 것이다.

즉 테이블에 풍로를 놓고 고기를 굽는 것은 한국에는 없던 방식이었는데, 임 창업주가 일본 포장마차 등에서 하던 방식을 실내 음식점에 도입한 것이라고 보았다.

그런데 《서울신문》 1948년 10월 7일자에 실린 '평양관'이라는 음식점의 광고(그림 III-25)를 보면, 당시 우리나라 음식점에서도 테이블에서 고기를 구웠던 것을 알 수 있다.

광고를 보면 실내에서 테이블 위에 풍로를 놓고 고기를 구워 먹는 모습이 그려져 있다. 연기를 제거하기 위해 테이블 위에는 환풍구를 설치한 것도 볼 수 있다. 일본 식도원 개업을 최대한 빠르게 1946년이라고 봐도 그곳의 테이블 바비큐 방식이 우리나라에 도입되어 1948년에 음식점 광고로 나왔다고 보기에는 무리가 있다. 한국과 일본에서 별개로 테이블 바비큐가 고안되었거나, 혹은 오히려 한국의 고기 굽는 방식이 일본으로 도입되었다고 보는 것이 맞지 않을까 생각된다.

평양에서 냉면집의 차남으로 태어난 임 창업주가 평양의 유명했던 냉면집 식도원의 상호를 따서 일본에서 음식점을 개업하면서, 〈그림 III-24〉에서 볼 수 있

그림 III-25 '평양관' 광고
(출처:《서울신문》 1948. 10. 7)

는 것처럼 간판에 대표 음식으로 '소육'과 '냉면'을 내걸었다. 과연 그 식도원의 '소육'이 어떤 것이었는지에 대해 현재로서는 알 수가 없지만 두 가지의 추측이 가능하다.

첫 번째는 평양식 불고기가 아니었을까 하는 것이다. 앞서 살펴본 것처럼 평양 불고기는 명물로 꼽혔으며, 이미 1930년대 중반에는 상업화되어 있었다. 따라서 "평양에 있었던 유명한 냉면집"에서도 냉면과 더불어 불고기를 팔았으리라 생각되며, 그것을 그대로 임 창업주가 일본에 옮겨 왔으리라는 추측이 가능한 것이다. 그런데 과연 패전 직후 일본에서 쇠고기를 구할 수 있었을까 하는 의문이 든다.

두 번째는 소나 돼지의 내장을 이용한 '호르몬야키'였을 가능성이다. 초기 야키니쿠집을 연 한국인의 생활은 재일동포 1세들을 대상으로 한 구술사를 통해서도 엿볼 수 있다. 주로 한국인들

이 생계를 위해 야키니쿠집을 열었는데, 그중 한 명인 1918년생 경북 안동 출신 김영동은 1941년에 일본 시마네현 마쓰에松江시로 갔다. 그가 여러 가지 일을 전전한 후에 야키니쿠집을 개업한 이야기는 다음과 같다.

> 아내와 야키니쿠집을 열었다. "소 내장은 아니고 돼지 내장밖에 없었으니까 그때는 먹을 거라면 뭐든 먹었지." 내장을 씻는 일은 보통 어려운 게 아니었다. 특히 추운 겨울에는 손이 얼어붙는 것처럼 아팠다. 세탁기를 빌려와서 내장을 통 안에 넣고 씻었다. "새하얗게 되지, 정말 깨끗하게 씻었어."[70]

이 회고에서 김영동 씨가 음식점을 경영했던 정확한 연도는 밝혀져 있지 않으나 1945년 이후였던 것은 확실하며* 돼지 내장으로도 야키니쿠를 만들었음을 알 수 있다.

이상 두 가지 가설을 고려할 때, 개업 초기에는 식도원의 소육이 호르몬야키일 가능성도 전혀 배제할 수는 없지만, 쇠고기 수급만 가능했다면 평양식 불고기를 팔지 않았을까 생각된다.

앞에서도 언급했지만, 일본에서는 야키니쿠燒肉의 유래를 1945년 이후에 일본에 살던 재일교포들이 만들어 먹었던 '호르

---

* 김영동 씨의 회고에 따르면, 당시 산에 들어가 벌목 일을 했는데 1945년 8월 15일에 전쟁이 끝났다는 이야기를 듣고 산속에서 나왔다고 했다. 그 후 구두 닦기 등의 일을 거쳐 야키니쿠집을 열었고 40년간 운영하다가 사위에게 물려주었다고 한다.

몬야키'에서 찾고 있다. 그런데《조선일보》1937년 3월 10일자 '음식점 메뉴에 새로 나타난 홀몬요리의 제법'이라는 제목의 기사에는 "요사이 동경이나 대판서는 조그마한 음식집에 들어가면 메뉴에 의례히 홀몬요리라는 한 항목이 끼여 있는데 (중략) 서울도 홀몬요리가 유행될 것입니다."라는 내용이 있다. 이어 "홀몬요리"의 방법으로 동물의 내장으로 순대를 만들고 생선의 내장으로 젓갈을 해 먹는 것을 소개하며 "확실히 조선료리의 특색이요 자랑입니다. 새로운 홀몬요리를 기다릴 것이 없이 우리는 오래전부터 이러한 홀몬요리를 해 먹어왔습니다."라고 했다. 즉 조선에서는 오래전부터 먹어왔던 "홀몬요리"가 1937년에 일본의 음식점에서 메뉴화되었던 것을 알 수 있다. 그러나 이 "홀몬요리"가 호르몬야키를 의미하는지는 확실치 않다. 그리고 더불어 생각해볼 점은 호르몬야키 탄생 이전인 일제강점기에 이미 '불고기 자체'가 일본으로 건너갔을 가능성이다. 앞서 일제강점이라는 특수한 시대적 상황에서 일본인들이 한국에 와서 평양의 모란대나 경성의 명월관 등에서 불고기를 먹었던 기록을 살펴보았는데, 이런 과정을 통해 부분적으로나마 일본에 이미 '불고기 자체'가 전파되었으리라 볼 수 있다. 정대성은 "戰前(전전) 오사카에는 너비아니 스타일의 야키니쿠를 먹는 식당이 있었다."[71]고 했다. 즉 오사카 지역의 야키니쿠 상업화 시기가 "1945년 이후"보다 앞섰을 가능성을 언급한 것이다. 그리고 '너비아니 스타일'이라는 것은 호르몬야키가 아닌 쇠고기를 이용한 음식이었다고 생각된다.

또 한편으로는 기존의 주장처럼 일본 패전 후 육류 수급이 어려웠을 때, 재일교포들이 먹던 호르몬야키에서 발전된 형태의 야키니쿠도 있었으리라 생각되며, 이것은 좀 더 대중적으로 확산 되었으리라는 추측이 가능하다.

2010년 6월 4일 방송된 KBS 〈한식탐험대: 불이 빚은 진미, 불고기〉에 의하면, 초창기 재일교포들이 일본에서 음식점을 열었을 때만 해도 '불고기'라는 음식명을 썼으나, 차츰 '야키니쿠'로 바뀌어 불리게 되었다고 한다. 그 이유는 다음과 같다.

> 그 당시는 한국 사람들을 좋아하지 않고 가게 할 때 한국말을 쓰면 일본 사람들은 오지 않았어요. 그래서 불고기라는 표기를 쓰면 한국 가게 같다고 손님들이 들지 않아서 고기를 구워서 먹는다는 한자로 야키니쿠라고 부르게 됐어요.[72]

또한 방송에서는 1954년에 개업한 모 음식점이 오사카 현존 최고最古의 야키니쿠 음식점이라고 소개되었다. 그러나 앞서 살펴본 것처럼 오사카 현존 최고의 야키니쿠집은 1946년 개업한 것으로 추정되는 식도원으로 거슬러 올라간다.

그 후 야키니쿠는 점차 퍼져나갔고 1960년쯤에는 일본에서 불고기가 크게 유행하게 되었다는 것을 《조선일보》 '코주부 동경일기: 불고기뿜'이라는 다음의 기사에서 볼 수 있다.

> 옛날 일본인들은 먹지 않고 내버리는 창자를 오사까에 있는 교포들이 주워 먹던 것이 전쟁 후의 식량난에 일인들 사이에 퍼져 지금은

그림 III-26 "코주부 동경일기: 불고기뿜" (출처:《조선일보》1960. 3. 12)

"홀몬야끼"라는 이름으로 대유행이다. (중략) 불고기는 국제요리로 등장해서 판을 치고 있다.[73]

기사에 딸린 그림(그림 III-26)에서 보이는 불고기는 화로에 석쇠를 얹고 굽는 석쇠 불고기인 것을 알 수 있다. 연기가 나기 때문에 위에 커다란 환풍구도 달려 있다.

한편, 한국식 불고기가 일본에 선을 보인 것도 있었다.《매일경제》1970년 3월 16자일에는 '인기 끄는 한국관'이라는 제목의 기사에서 "오사까 만국박람회에서 불고기 맛보려고 장사진"이라며 일본에서의 불고기 인기를 전했다.

《동아일보》(1985. 2. 26)에서는 "야키니쿠(소육)는 불고기의 일본식 이름"이며 "야키니쿠가 일본인들의 식생활에 미친 영향은 가히 식문화의 혁명이라고까지 일컫기도 한다."며 다음과 같이 언급했다.

일본인들이 먹는 고기요리의 대부분은 스키야키도 샤부샤부도 그리고 스테이크도 물론 아니고 야키니쿠인 것이다. 따라서 근세에 들어 한국의 것 중 일본 내에 가장 확실하게 자리 잡은 것은 불고기라고 할 수 있다. (중략) 불고기가 본격적으로 일본인들에게 뿌리를 박기 시작한 것은 60년대 들고부터라고 한다. 일본이 경제적으로 고도성장을 이룩하면서 고기 먹는 데 눈을 돌리기 시작했고 때맞춰 한일관계 정상화가 이루어지면서 일본인들이 한국음식을 그전과 같은 편견을 갖지 않고 보기 시작했다는 것이다.[74]

한편, 전 이화여대 식품영양학과 김숙희 교수의 저서《어떻게 무얼 먹지》(1976)에 실린 '불고기는 외교관'이라는 글에서는 저자가 체험한 다양한 나라 학자들의 반응을 통해 당시 이미 불고기와 갈비구이가 세계 여러 나라에서 환영받는 음식이었음을 알 수 있다.

1966년* 봄, 서독 베를린에서 열린 영양세미나에 참석한 일이 있

* 원문에는 1666년이라고 되어 있지만 1966년의 오자로 짐작된다.

었다. 아프리카, 동남아, 유럽 등 28개국에서 모인 참석자들은 모두 자기 나라에서는 영양학 분야에서 대가라는 학자들이었다. (중략) 차례대로 음식을 마련하게 되어 우리나라의 밥과 불고기, 양배추 초무침(김치 비슷하게), 호박전을 차렸다. (중략) 시식을 하고 난 28개국 학자들은 누구나 불고기에 대해서 "원더풀!"을 연발하면서 먹는 모습을 보고 아주 흐뭇했다. 그다음부터 한국 대표의 발언에 대해서 역시 "원더풀"하며 부드럽게 받아들이는 것을 느꼈다.

얼마 전 미국에 가서 보니 10여 년 전보다 불고기와 김치가 굉장히 많이 보급되어 있었다. '코리언 바비큐'라고 하면 동서양인을 막론하고 모르는 이가 거의 없었다. '코리언 바비큐' 때문에 일본의 기꼬망 간장이 미국에서 매상고가 올라갈 지경이라고 했다. 교수들의 주말파티에서 갈비를 불고기처럼 양념해서 은종이에 싼 뒤, 오븐에 구어 내놓은 일이 있었다. 파티 참석자는 인도, 아프가니스탄, 노르웨이, 핀랜드 및 미국 출신인 교수들이었다. 그저 하기 좋은 찬사가 아니라 정말 즐겁고 맛있게 갈비를 먹으면서 "한국은 다른 것은 그만두고 코리언 바비큐만 만들어서 외교를 해도 무엇이든지 무사통과 되겠다"고 한마디씩 하는 것이었다. 두 차례에 걸친 생생한 경험을 통해서 사람들은 누구나 불고기를 좋아한다는 확신을 얻고 '불고기는 훌륭한 외교관'이라는 생각을 갖게 됐다.[75]

(6) 다양한 '불고기'의 의미와 조리법

이 시기에 나타나는 다양한 불고기의 의미와 조리법을 살펴보면 다음과 같다.

첫째, 불고기는 너비아니와 동일한 음식이며 석쇠 불고기를 의미했다. 앞서 살펴본 것처럼 1958년에 발간된 방신영의 《고등요리실습》에서 "표준어로는 너비아니라고 하든지 또는 고기구이라고 한다. 속칭 불고기라고 하지만 상스러운 부름이다."라고 했다. 여기에서 '불고기'는 너비아니의 속칭이며 비록 상스러운 이름이기는 했지만, 너비아니와 동일하게 위에 제시한 조리법을 따라 '쇠고기를 얇게 저며 갖은양념하여 구운 음식'이었다.

《신동아》 1978년 10월호에 실린 이주홍의 단편소설 〈불고기 파티〉에서는 다음과 같은 대목을 볼 수 있다.

　가정부가 부채질을 하고 있는 풍로 옆에 들어앉아서 준익이 형제는 옆도 돌아보지 않고 고기를 입에 집어넣는 데만 정신이 바빠 있었다. 창문을 확 터놓았는데도 연기는 방안을 자욱하니 메워놓고 있었다.

"창문을 확 터놓았는데도 연기는 방안을 자욱하니 메워놓고 있었다."라는 대목으로 보아 이 소설에서의 불고기는 석쇠 불고기였음을 알 수 있다.

둘째, 불고기란 '고기를 불에 굽는 요리'를 통칭하는 의미이기도 했다. 앞에서 언급한 1948년 10월 20일자 《국민보》의 '뜻깊은 강년회' 공고문에서 "불고기 만들 갈비"란 갈비를 불에 굽는다는 것을 말하며, 불고기가 '고기를 불에 굽는 요리'를 의미했다고 보인다.

비슷한 의미를 나타내는 다른 예는 1961년 12월 10일자《경향신문》에 실린 '미국식 불고기: 바바큐라는 이름으로 만드는 재미에 맛들여'라는 기사를 통해 볼 수 있다.

불고기의 역사는 인류가 불을 사용하게 되었을 때 시작되었을 것이다. 그러니까 오늘날 불고기를 만들 줄 모르는 민족은 아마 이 세상에 없을 것이나 그것을 만드는 도구, 방법, 그리고 조미료와 조미기술 등은 천태만상일 것이다. (중략) (미국인들에게는) 불고기가 주식이고 부식으로는 야채나 빵이나 옥수수 같은 것을 먹는다. (중략) 미국의 '바바큐'는 만드는 재미, 한국의 불고기는 먹는 재미 그렇게 생각이 든다.[76]

"불고기의 역사는 인류가 불을 사용하게 되었을 것"이나 "오늘날 불고기를 만들 줄 모르는 민족은 아마 이 세상에 없을 것", 또한 "(미국인들에게는) 불고기가 주식이고 부식으로는 야채나 빵이나 옥수수 같은 것을 먹는다."는 내용으로 보아 이 글에서는 '불고기'를 '불에 굽는 고기요리의 총칭'으로 사용했음을 알 수 있다.

그런데 다음 문장에서 "미국의 '바바큐'는 만드는 재미, 한국의 불고기는 먹는 재미"라고 대비시켰는데, 이때 '한국의 불고기'는 우리나라 음식인 불고기를 가리킨다고 생각된다. 즉 '불에 굽는 고기요리'와 '한국 고유 음식인 불고기' 두 가지 의미가 '불고기'라는 한 단어로 혼용되고 있다는 것을 알 수 있다.

그 밖에도 다른 나라의 고기구이를 언급하면서 '불고기'라고 한 예는 1961년의 한 신문 기사에서도 볼 수 있는데, 아르헨티나 노동자들이 쇠고기를 직화로 구워 먹는 것을 '즉석 불고기'라고 한 것이다.

최하층의 노동자들도 최소 하루에 소고기 1파운드는 먹어야 직성이 풀린다고 하는데 일하다 말고도 땅에다 석쇠를 갖다놓고는 불을 피워서 즉석 불고기를 해 먹는다.[77]

또 다른 1961년의 기사에서는 당시 뉴욕 제1의 모델이었던 '제인 워너'의 식생활에 대해 "저녁식사는 충분히 섭취한다. 즉 불고기요리, 사라다, 후루츠 등을 먹는다"[78]라고 소개했는데, 여기에서도 '불고기'가 불에 구운 고기요리를 총칭하는 의미로 쓰인 것을 볼 수 있다.

이렇게 '불고기'가 보통명사처럼 쓰이면서 돼지 불고기(《동아일보》 1961. 9. 13), 참새 불고기(《동아일보》 1960. 2. 2), 여우 불고기(《신동아》 1968. 3) 등 각종 육류에 불고기를 붙인 음식들이 등장했다.

참새구이를 불고기라고 표현한 예는 〈조춘早春〉이라는 소설에서 다음과 같이 볼 수 있다.

찬가게를 들리려고 시장 입구를 돌아서는데 불고기 냄새가 코를 찔

렀다. 고개를 쓱 돌려보니 흰 광목에다 붉은 뺑키로 참새집이라고 너저분하게 휘갈겨 쓴 조그만 판자집에서 나오는 냄새였다. 말분은 구미가 바짝 동하였다. (중략) 그녀는 생전처음으로 구수한 불고기 맛을 보았다. 참새고기가 이처럼 맛있는 줄은 몰랐다.[79]

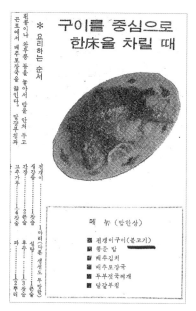

그림 III-27 전갱이구이(불고기)
(출처:《여원》1968년 11월호)

여우불고기는 영화감독 이봉래가 《신동아》 1968년 3월호에 쓴 '여우 불고기와 말고기회'라는 글에 등장했다. 여우 불고기는 우리나라에서는 도저히 맛볼 수 없고 일본 도쿄의 요리점에서 특별한 손님에게 내어놓는 특별한 음식이라며 "양념을 하지 않고 그대로 구워 먹는 야생요리의 일종인데 소고기보다 퍽 연하다."[80]라고 평했다.

셋째, 불고기는 육류뿐 아니라 어류, 채소류까지 포함해 '불에 구운 모든 종류의 음식'으로 확장되어 나타나기도 한다.

1962년 11월호 《여원》에서는 양념한 오징어를 석쇠에 굽는 요리를 "오징어 불고기"라 했다. "오징어를 썰어 껍질을 벗깁니다.

쇠고기로 불고기 하듯 양념하여 물오징어를 묻혀 석쇠에 굽습니다."[81]라고 조리법을 소개했다. 또한 1968년 11월호에는 '전갱이 구이(불고기)' 만드는 법이 실렸다. 토막 친 전갱이에 "생강즙, 파 다진 것, 마늘 다진 것, 설탕, 간장, 후추가루, 맛난이 등으로 갖은 양념장을 만들어 2시간쯤 재워놓는다. 석쇠를 불에 얹어놓아 단 다음 중불에 구워놓는다."[82]

이렇듯 불고기는 어류까지 범위를 넓혀 "불에 굽는 어류와 육류의 통칭"으로 쓰인 것으로 보인다.

불고기라는 용어가 채소류에까지도 광범위하게 사용된 예도 있다. 1971년에 《매일경제》에서 '대보름 음식'으로 소개한 '가지 불고기'의 조리법은 다음과 같다.

〈가지 불고기〉

재료: 가지, 돼지고기, 간장, 파, 마늘, 생, 깨소금, 설탕, 후추, 실고추, 참기름

가지와 돼지고기를 혼합해서 정종이나 설탕에 재었다가 불고기 양념간장에 버무려 구워낸다.[83]

이 기사에서 "불고기 양념간장"이라는 것은 간장을 기본으로 '파, 마늘, 생, 깨소금, 설탕, 후추, 실고추, 참기름' 등 여러 가지 양념을 첨가한 것을 의미한다. 뿐만 아니라 한국음식에서 "보통 말하는 갖은양념이란 간장, 설탕, 다진 파, 다진 마늘, 후춧가루, 참기름, 깨소금이 들어가는 불고기 양념"[84]이라고 할 만큼 불고기

양념은 대표적인 한국 양념으로 인식되었다.

그러나 한편으로는 구운 고기에 소금만 뿌리는 것도 불고기라고 불렀는데, 이것을 불고기의 또 다른 네 번째 의미라고 볼 수 있다. 작곡가 김대현金大賢이《신동아》1968년 2월호에 게재한 글 '나의 식도락'에서 고향인 함흥 음식인 '소금 불고기'를 다음과 같이 소개했다.

> 나는 산에서 구워 먹는 소금불고기 맛을 제일로 친다. 주먹만 한 차돌들을 불에 달구어가며 그 돌 위에 고기를 얹어놓고 소금을 뿌려가며 굽는다. (중략) 그 담박한 맛은 또한 기막힌 일미로 양념한 불고기보다 물리지 않고 더 많이 먹혀서 밥반찬이나 술안주로 두말할 나위가 없다.[85]

이상과 같이 불고기는 '너비아니의 속칭'일 뿐 아니라, '불에 구운 짐승의 고기'부터 어류, 채소류까지 확장되었고, 한편 갖은양념이 아닌 소금만을 뿌려 구운 고기 음식까지 포함했다.

불고기를 응용한 음식도 다수 등장했다. 요리 연구가 김형신이 '가을 맛을 살리는 60가지 요리'라는 제목으로 소개한 요리 중에 다음과 같은 것이 있다(《여원》1968년 10월호).

〈쇠고기 파 말이 구이〉
보통 해 먹는 불고기 속에 파를 넣고 말아서 구우면 파의 향긋한 냄새가 나는 것이 고기만 구웠을 때보다 맛이 별미이고 느르미와 곁들이면 보기에 좋다.

여기서 "보통 해 먹는 불고기 속에 파를 넣고 말아서" 굽는다고 한 것으로 보아 국물이 있는 육수 불고기가 아니라 석쇠 불고기라고 생각되는데, 그렇다면 당시의 '보통 해 먹는 불고기'는 석쇠 불고기였다고 보인다.

또한 불고기를 샌드위치 속으로 넣는 음식도 다음과 같이 소개되었다(《여원》 1961년 8월호)

불고기감보다 약간 두껍게 저며 잔칼질을 한 다음 둥근 파를 조금 굵게 다져 한데 넣고 불고기 양념처럼 무쳐 후라이팬에다 빠터를 조금 녹여 고기를 한 점씩 잘 펴서 둥근 파와 함께 양쪽을 다 익힙니다. 얇게 썰은 식빵에다 고기를 한 겹씩 펴고 둥근 파 익힌 것도 같이 얹어 쌘드위치를 만들어 적당한 모양으로 썰어서 우리집 명물인 열무국과 같이 먹습니다.

이 글은 평론가 조연현趙演鉉의 부인이 쓴 것인데, "이것은 우리집 양반의 창안으로 입맛이 없는 여름 아침식사를 빵으로 대용식을 하고 있습니다."라고 소개한 음식은 소위 '불고기 샌드위치'다. 이렇게 불고기를 응용해서 불고기 샌드위치를 아침식사로 먹었다는 것으로 보아, 1961년 당시 일부 계층에서는 불고기가 상당히 익숙한 음식이었다고 생각된다.

한편 가정에서의 불고기 섭취 빈도는 다음과 같은 글에서 짐작할 수 있다.

《여원》 1962년 11월호 '11월의 식탁'에서는 하루 세 끼씩 한 달, 즉 90끼의 메뉴가 제시되었는데 불고기는 90끼의 식사 중에 11월 6일 저녁에 '쇠고기 불고기', 11월 28일 저녁에 '불고기'로 두 번 들어 있다. 기고자 문수재는 메뉴를 짜면서 숭점을 둔 점은 "영양적으로 잘 조화되도록" 했으며, "경제적으로 중류 가정에 적합하게 고려"했다고 밝혔다. 1960년대 초반에 '중류 가정'에서는 한 달에 1~2회 불고기를 먹는 것이 권고된 것이다. 이를 통해 불고기는 인기 있는 외식 메뉴였을 뿐 아니라 집에서도 조리해 먹을 만큼 익숙한 음식이었다는 것을 알 수 있다.

1960년대 초반 당시 가정에서의 불고기 소비와 관련해서 월간 《쿠켄》 창립자 홍성철 사장은 다음과 같이 자신의 체험을 소개했다.

홍 사장: 우리 아버지께서 5남 1녀의 넷째인데… 작은아버지, 큰아버지 생신 때마다 항상 잔치를 했어요. 그러면 이제 우르르 가서 밥 먹고, 정말 바쁘죠. 거의 100명 넘으니까. 그때 먹었던 고기는 너비아니구이였어요. 지금 생각해보면… 두꺼운 식칼 있잖아요. 무쇠칼. 무쇠칼로 저며가지고 그걸 가져다가 먹기 편하게 발라다가 흠집 내서 석쇠에다가 풍로에 놓고 구웠는데… 그게 1960년대 초. 나 초등학교 때… 우리 할아버지는 한의사였는데, 뭐 한의사라는 게 옛날에는 고귀한 직업은 아니었지만 일제 땐 돈을 잘 버는 그런 거였어요. 제사니

뭐니 그런 것도 우리는 엄청 챙겼어요. (중략)

연구자: 너비아니는 얼마나 자주 드셨나요?

홍 사장: 기껏해야 한 달에 한두 번? 그때 어리니까 제사는 안 갔
고… 주로 생신 때. 너비아니는 먹을 수가 있었는데, 물론 먹고 싶다고
아무 때나 먹을 수 있는 건 아니었지만, 그렇게 귀한 건 아니었어요.
그 우리집 입장에서 보면… 근데 갈비는 굉장히 귀한 거였어요. 갈비
에 대해서 들인 정성은 이루 말할 수 없었던 것 같아요. 기억에… 그
건 찜은 아니었던 거 같아요. 갈비구이였던 거 같아. 갈비는 어른 상에
만 놨어요. 애들 상에는 불고기는 계속 나오는데… 마당에서 계속 풍
로에다 구웠으니까. 근데 갈비는 안 주더라고요.

_ 홍성철 사장 인터뷰, 2009. 12. 10

여기에서의 '너비아니'는 석쇠 불고기를 의미하는 것으로 "한
달에 한두 번 정도" 주로 어른의 생신 때 먹을 수 있었는데 "먹고
싶다고 아무 때나 먹을 수 있는 건 아니었지만, 그렇게 귀한 건
아니었"다고 한다. 이를 통해 중상류층 가정에서의 불고기 소비
빈도를 짐작할 수 있다.

2) 갈비구이

갈비구이의 대명사는 수원 갈비다. 수원 갈비는 언론에서 "전
국 어디에나 흔한 불갈비지만 수원의 불갈비 맛을 따를 수는

없다"[86], "갈비는 우리나라 어느 곳에서나 먹을 수 있는 고유 음식이지만 수원 불갈비라야 제맛이 난다. (중략) 이것을 어디 값비싼 양식집의 비프 스테이크와 비기겠는가"[87]라고 평가받을 정도로 그 명성이 자자했다.

이 수원 갈비의 원조는 '화춘옥'으로, 고 이귀성 씨가 창업했다. 이귀성 창업주의 손자인 이광문 사장은 화춘옥의 시작에 대해 다음과 같이 이야기했다.

초창기 때 언제서부터 했냐면, 1945년도. 그 전에는 뭐를 하셨냐면 화춘제과점이라고, 할아버님께서 그 위의 큰할아버님하고 동업을 하셨어요. 해방된 이후에 밀가루라든가 설탕이라든가 귀하다 보니까, 제과점 운영하기 힘드시니까, 음식점을 해볼까 이래가지고 하게 된 게 시초가 됐죠. 저희 할아버님이 음식 솜씨가 굉장히 좋으셔서 제과점을 할 때도 굉장히 맛있었대요. 그래서 주변 분들이 음식점을 해도 참 맛있겠다… 1945년도 해방 직후에 바로 시작했는데, 정확히는 모르겠고 저희 고모님 말씀이 10월, 11월에 오픈을 한 거 같다. 제일 위에 큰 고모님이 계시거든요. (중략) 그 당시 할아버님이 하실 때는 수원에 지금 이 자리가 소시장이었어요. 그래서 우만동, 소 우 자 써지고 * 그러다가 할아버님 돌아가시고 나서 저희 아버님이 하실 때는 (갈비가) 여기 있는 거 가지고만은 (양이) 안 되니까 전국에 다니면서 사람

* "일제시대까지 수원성 남문을 사이에 두고 문밖장·문안장으로 나뉘어 열리던 우시장은 수원을 대표하는 수원 갈비의 모태가 되었다."(《경향신문》 1994. 11. 25)

들을 시켜가지고 한우갈비만 가져오게 했죠.

_ 이광문 사장 인터뷰, 2009. 10. 10

화춘옥은 처음에 해장국을 팔면서 해장국에 갈비를 넣어주는 것으로 인기를 끌었다. 그러다 갈비에다 양념을 무쳐서 숯불에 구워낸다면 갈비의 제맛을 낼 수 있지 않을까 생각하고 1956년부터 갈비구이를 팔기 시작했다고 한다. 당시 장택상 수도경찰청장이 사흘이 멀다 하고 시흥에서 말을 타고 달려와 포식을 했다고 해서 유명해졌다. 신익희, 박정희 같은 정치인도 자주 찾았다고 한다.[88]

화춘옥이 전국적으로 유명세를 탄 계기에 대해 이광문 사장은 다음과 같이 회고했다.

제가 어렸을 적인데, 박정희 대통령이 오셔서 저희가 유명해졌는데… 63년도로 알고 있는데 기억에, 하여간 쿠데타 이후니까…. 그 양반(박 대통령)이 지방순시를 다녀오면서 고속도로가 없었기 때문에 지방 국도로 오게 되잖아요. "저녁식사 어떻게 하시겠어요?" 하면 "나 수원에 화춘옥 거기서 먹을 거니까 그렇게 해." 오시게 되면 두 시간 전부터 중앙정보부에서 나와서 (화춘옥에) 앉은 사람들 다 보내고, 얼마 안 남은 사람들은 빨리 먹고 가라고… 그때만 해도 다 그럴 때니까… 그리고 (식사한 후에) 올라가시고 나면, 그때만 해도 TV가 귀할 때니까, 라디오 많이 들을 때니까, 방송에 "지방순시를 다녀오

그림 III-28 수원 시장통에 있던 '화춘옥' 재현 모습 (소장: 수원역사박물관)

그림 III-29 수원 '삼부자갈비'의 갈비

시고 식사는 어디서 하고 청와대로 들어가고 있습니다." 이렇게 짤막
하게 방송에 내주는 거예요. 그래서 그때 유명해졌죠. 그런데 그 양
반이 저희 가게를 어떻게 아시게 되었냐면요. 소장 때, 군인일 때, 사
냥을 다니실 때… 옛날엔 통행금지 있을 때잖아요. 새벽에 통행금지
끝나면 바로 (화춘옥에) 와 가지고 해장국 한 그릇 먹고 올라가시고
그랬어요.

_ 이광문 사장 인터뷰, 2009. 10. 10

1979년 화춘옥 자리에 백화점이 들어서면서 화춘옥의 역사
는 막을 내렸지만, 이목리 노송거리와 동수원거리에 갈비촌이 형
성되었다.[89] 이광문 사장의 추천을 받아 1984년 창업한 '삼부자갈
비'에 가서 촬영한 수원 갈비는 〈그림 III-29〉와 같다.

〈그림 III-29〉에서 볼 수 있듯이, 수원 갈비의 특징은 우선 길
이가 10~13cm로 크며, 간장과 조미료를 쓰지 않고 천연재염으
로만 양념을 한다는 것이다. 이렇게 양념을 소금으로 하기 때문

에 고기의 색을 변형시키지 않고 육질과 색깔을 그대로 유지할
수 있다. 이재규가 쓴 《한국의 맛 갈비》(2004)에서 소개한 수원
갈비 양념은 소금과 설탕의 비율을 6:1로 하여 참기름, 후춧가루,
참깨, 마늘을 사용한다.[90]

한편 좀 더 대중적이고 저렴한 포천 '이동갈비'도 1950~60년
대에 경기도 포천군 이동면 일내에서 생겨나 갈비구이 집단 촌락
을 이루고 있다. 1950년대 갈비구이집이 처음 탄생한 장암리 장
암다리 건너에만 30여 곳 넘게 갈빗집이 몰려 있고, 광릉부터 일
동을 거쳐 이동에 이르는 47번국도 길가, 장암리를 지나 백운계
곡 상류에 이르는 지점까지 이동갈빗집들이 100여 곳 있다. 장암
리의 이동갈비 원조는 1950년 9.28수복 후 군장교 상대로 일반
음식에 갈비를 곁들여 판 '도평갈비'인데 그러나 지금은 자리 터
도 없다. 이동갈비 간판이 이동면에 처음 등장한 것은 1963년에
정육점을 운영하던 김형두 씨가 장암리에 '이동갈비'를 상호로
한 갈빗집을 차리면서부터다. 이인규 씨가 1978년경 이 집을 인
수하면서 포천 이동갈비의 원조로 알려지게 되었다.[91]

그때(초창기)는 대부분 고객이 군인이었어요. 1인분에 2백 원 하
던 시절이었죠. (중략) 서울 사람들이 모여들기 시작한 것은 17년 전
(1976년) 포장도로가 생기면서부터예요. 길이 뚫리고 자가용족들이
점차 늘어나자 산 좋고 물이 좋은 포천을 찾는 사람들이 늘어났죠.
자연히 거쳐 지난 곳이 '이동갈빗집'이었습니다.[92]

이렇듯, 이동갈비 집단 촌락은 1950년대 군인들을 대상으로 생겨나 1970년대 포장도로가 생기고 수도권 인구가 유입되면서 한층 발달해온 것을 알 수 있다. 군부대를 접하고 있던 포천의 이동갈비는 풍성한 양을 추구하는데, 갈비를 반으로 잘라 2~3cm 크기로 짧게 토막을 내고 간장양념에 재워 사용한다.

이외에도, 지역을 기반으로 발전해온 갈비 중에 부산의 '해운대갈비'가 있다. 1960년대 초부터 명성이 알려지기 시작한 해운대갈비는 둥그런 불고기판을 사용해 간장양념에 잰 갈비를 굽고 양념 국물을 밥에 비벼 먹는 특징[93]이 있다.

3) 로스구이

전통적으로 양념구이가 주류였던 우리나라 쇠고기구이에서 생고기를 구워 먹는 방식은 생소한 것이었다. 유일하게 꼽을 수 있는 생고기구이가 '방자구이'다. 김태홍은 조리서 연구를 통하여 '방자구이'는 '생등심구이'라는 명칭으로 현대에도 이어지고 있다[94]며, 생등심구이의 뿌리를 방자구이로 보았다.

1961년에 미국에서 바비큐하는 광경을 보고 생고기를 굽는 것에 대해 언급한 기사가 있다.

석쇠에 고기를 올려놓고 소금과 후추를 뿌리고 굽는다. (중략) 한국인으로서는 저 아까운 고기를 양념을 해서 구으면 얼마나 좋을까 하는 생각이 앞선다. 그러나 그들에게는 양념이 없어도 우리가 양념한 것을 먹는 것만큼 맛이 있도록 미각이 형성되어 있는 모양이다.[95]

"한국인으로서는 저 아까운 고기를 양념을 해서 구으면 얼마나 좋을까 하는 생각이 앞선다."라고 한 것에서 1960년대 초반만 해도 우리에게는 생고기구이보다 양념구이가 정석이었음을 알 수 있다. 그런데 이 시기에 이르러 '로스구이'라는 이름으로 생고기구이가 등장하기 시작했다. 로스구이라는 단어의 어원에 대해서는 두 가지 의견을 찾아볼 수 있다.

첫째, 영어의 'roast(굽다)'에서 '로스'를 따오고 여기에 우리말의 '구이'를 조합한 용어라는 설이다. 1958년 발행된《표준국어사전》에 나오는 '로스(←roast)'는 "로스트에 적합한 소, 돼지, 양의 어깨 등 따위의 고기. 짙은 홍색을 나타내는 좋은 것."[96]이라고 정의되어 있다. 그리고 현재 국립국어원 표준국어대사전은 "로스-구이(←roast--): 고기 따위를 불에 굽는 것. 또는 그렇게 만든 음식."이라고 정의하고 있다.

둘째, '로스'란 '등심'을 가리키는 일본말로, '로스구이'는 '등심구이'라는 것이다. 1973년 과기처가 언어 순화를 위해서 생활기술용어 5,500여 개를 통일해서 확정 발표했는데 그중 하나가 '로스구이'로, 표준말로는 '등심구이'[97]를 채택했다.

'로스구이'라는 명칭이 언제부터 정착되었는지 정확한 시점을 알 수는 없다. 그러나 앞에서 언급한 것처럼 1958년의《표준국어사전》에 '로스'라는 말이 나오며, 1960년대부터는 자료에 자주 등장한다.

쇠고기 등급제가 실시된 1967년에 신문 기사는 "불고기나 로스구이 같은 것은 특상품으로 (요리를) 해야 한다."[98]고 했고, 서양 요리가 좀 더 소개된 1975년에는 "'비프·스테이크' '로스'구이용이 필요할 때는 특등육, 소금구이나 전·장조림 고기가 필요하면 상등육, 그리고 국거리일 때는 보통육을 요구하는 것이 좋다."[99]고 했다. "진열장에는 스테이크, 불고기, 로스구이 등 갖가지 필요에 따라 고급품이 즐비하다."[100]는 1970년의 기사 내용으로 보아 로스구이는 쇠고기 중에서도 특등육인 등심을 사용하는 고급 요리였음을 알 수 있다.

1968년의 글에서 한 미식가는 로스구이를 서양의 비프스테이크와 비교하여 이렇게 묘사했다.

두꺼운 철판에 곱덩이를 녹여서 도톰하게 저민 고깃점을 앞뒤로 살짝 익혀 물끼가 자르르 돌 때 기름소금에 찍어 먹는 소위 로스구이라는 것은 서양의 비프스테익과 닮은 맛이 있다. 너무 구워지면 물끼가 없어 빳빳하고 질겨진다, 얇살하게 혀끝을 반하게 하는 것이 아니라 깊은 뱃속에서 당긴다고 할까.[101]

1970년대 들어서면서 로스구이는 매우 인기 있는 음식이 되었다. 1971년 연세대 식생활학과에서 398명의 직장인을 대상으로 실시한 '직장인의 식사 현황'에 따르면 "저녁식사는 '일주일에 2~3번 외식한다'가 남자 46.6%, 여자 44.8%인데, 가장 인기 있는 음식으로 불고기(41.5%), 로스구이(34.6%), 함박(27.7%)"[102] 로 조사되었다. 당시 최고의 외식 메뉴였던 불고기에 이어 2위로 로스구이가 꼽혔다.

또한 1972년 기사에 "불고기다, 갈비다, 로스구이다 하여 육식족들이 날로 늘어"[103] 난다는 표현이 있어 당시 로스구이가 불고기, 갈비와 더불어 대표적인 육식이었음을 알 수 있다. 불과 10년 사이에 양념하지 않은 생고기구이에 우리의 음식문화가 익숙해진 것이다.

질긴 고기를 부드럽게 하기 위해 "불고기, 갈비, 로스구이 등에 극약 수산화칼륨을 사용"하여 사회적으로 문제가 되기도 하였고,[104] 로스구이를 위해서 따로 전용 핫프레이트가 새롭게 개발[105] 되는 등 로스구이는 점차 인기 있는 육류구이가 되었다.

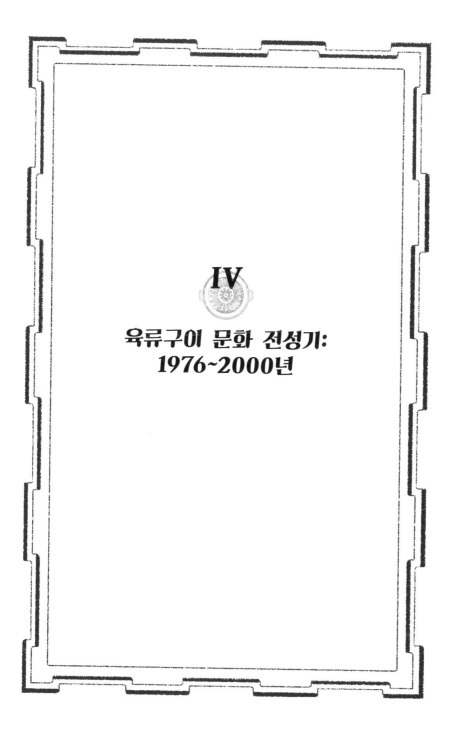

IV

육류구이 문화 전성기:
1976~2000년

1976년에서 2000년까지를 '육류구이 문화 전성기'라 할 수 있는 까닭은 육류 소비량의 급속한 증가와 더불어 육류구이 종류가 다양화되었기 때문이다.

육류 소비는 국민소득과 밀접한 관계를 갖는다. 우리나라도 경제성장과 더불어 1960년에 3.5kg였던 1인당 육식 소비량이 1975년에는 6.4kg, 그리고 1980년에는 11kg으로 급격히 증가했다. 구워 먹는 고기의 대중화는 고기 소비량의 절대량이 확보되는 1970년대 중반 이후로 볼 수 있다.[1] 육류 중에서 소비가 가장 빠르게 증가한 품목은 쇠고기였으며, 늘어나는 소비량을 감당하기 위해 1976년에 처음으로 외국산 쇠고기를 수입했다. 한우에 비해 상대적으로 저렴한 수입 쇠고기는 주로 불고기와 로스구이용으로 이용되면서 우리 식문화에 정착했다. 또한 쇠고기 '포장 판매'의 성공적인 정착은 유통구조의 혁신을 가져오면서 더욱 소비를 촉진시키는 역할을 했다.

7장

육류구이 문화 전성기의
육류 소비량 변화와 소비경향

1) 육류 소비의 급증과 외국산 쇠고기 수입

우리나라 육류 소비량의 공식적인 통계는 1955년부터 집계되었다. 쇠고기, 돼지고기, 닭고기 소비 총량과 1인당 소비량을 5년 단위로 정리하면 〈표 IV-1〉과 같다.

1970년대에 들어서 우리나라의 경제성장이 지속되고 국민소득이 증대함에 따라 식생활 수준이 향상되고 육류의 소비가 점차 증가했다. 1975년의 육류 소비 총량은 22만 4,734톤이었는데, 2000년에는 6.7배가 넘는 150만 9,587톤으로 증가했다. 이렇듯 우리나라의 육류 소비량은 1975년을 기점으로 큰 폭으로 상승했다.

표 IV-1 우리나라 주요 축산물 소비량 (단위: 총량 M/T*, 1인당g)

연도	육류 총량		쇠고기		돼지고기		닭고기	
	총량	1인당	총량	1인당	총량	1인당	총량	1인당
1955	41,517	–	11,043	–	24,354	–	6,120	–
1960	89,043	3,568	12,950	519	58,025	2,325	18,068	724
1965	97,600	3,401	27,261	950	55,881	1,947	14,458	504
1970	165,063	5,251	37,340	1,188	82,546	2,626	45,177	1,437
1975	224,734	6,370	70,292	1,992	98,848	2,802	55,594	1,576
1980	432,682	11,349	99,974	2,622	241,842	6,344	90,866	2,383
1985	592,862	14,398	120,342	2,923	346,274	8,410	126,246	3,066
1990	853,485	19,909	176,988	4,129	504,799	11,775	171,698	4,005
1995	1,231,003	27,447	301,217	6,720	661,710	14,750	268,076	5,977
2000	1,509,587	31,935	402,381	8,512	779,908	16,500	327,298	6,923
2005	1,512,075	32,144	316,853	6,736	838,479	17,824	356,743	7,584
2008	1,727,871	35,582	365,116	7,512	926,764	19,100	435,991	8,970

자료: 농업협동조합중앙회, 축산물 수급 및 가격 자료·축산물 통계총람, 1955-2008

　　식육류의 1인당 연간 소비량을 볼 때, 쇠고기가 1975년도 약 2kg 소비에서 2000년도에는 약 8.5kg 소비로 증가해 연평균 증가율이 약 5.8%pt에 이르렀다. 1970년대의 급격한 육류 소비 증가에 대해서는 당시 기사를 통해서도 살펴볼 수 있다. 다음은

* M/T는 'metric ton'의 약자로, 1,000kg을 1톤으로 하는 중량단위다. 1,016kg을 1톤으로 하는 롱톤(L/T:long ton)이나 907kg를 1톤으로 하는 숏톤(S/T:short ton)에 상대되는 개념이다.

1976년 7월 6일자 《중앙일보》 기사다.

"우리 국민은 사과나 고기를 안 먹고 쌀밥만 먹기 때문에 언제나 쌀이 모자란다." 50년대 후반기 공항진 전 농림부장관의 이 같은 쇼킹한 발언 이후 약 20년이 지난 지금 쌀은 남아돌고 있는 반면 고기가 모자라 사상 처음으로 외국산 쇠고기 1천t(5백 70마리분)이 오는 8월에 수입된다. 육류 소비가 급격히 늘어난 것은 70년대에 접어들면서부터다.[2]

국민소득이 높아지면 육류 소비량이 커진다. 국민소득 500달러를 넘어서면 식생활 패턴이 달라져 곡물보다 육류 비중이 높아진다는 것은 세계적 추세다.[3] 〈표 IV-2〉에서 볼 수 있듯이, 1975년에 1인당 GNP가 531달러가 되면서 한국에서도 육류의 소비량이 급격히 증가했음을 알 수 있다.

서울 시민이 하루에 먹어야 하는 쇠고기는 약 4백마리가량. 전국적으로 날로 모자라가는 소 때문에 서울의 각 도살장(독산동의 협진, 천호동의 농협 등)에서 몽땅 하루 잡아봐야 1백20~30마리 정도. 거기다가 수입 고기 하루 평균 1백50마리 정도이니 결국 1백 마리 이상의 쇠고기가 매일 모자란다는 결론이 나온다.[4]

이렇듯 1970년대 중반부터 우리나라의 육류 소비량이 급격히 증가하면서, 육류 중에서도 특히 쇠고기 부족이 문제가 되었다.

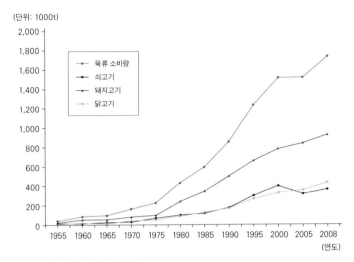

(단위: 1000t)

그림 IV-1 육류 총소비량의 변화

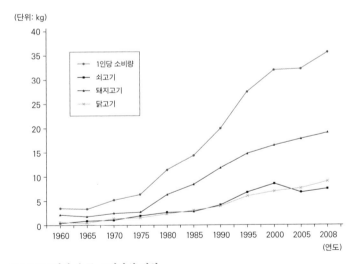

(단위: kg)

그림 IV-2 1인당 육류 소비량의 변화

자료: 농업협동조합중앙회, 축산물 수급 및 가격 자료·축산물 통계총람, 1955-2008

표 Ⅳ-2 **육류 소비 추이** (1인당, 연간=kg)

연도	쇠고기	돼지고기	닭고기	1인당 GNP ($)
1967	1.1	2.5	0.9	143
1971	1.2	2.5	1.6	293
1975	2.0	2.8	1.6	531
1981(추정)	3.0	3.8	2.2	1,283

출처: 《중앙일보》 1976. 7. 6

결국 1976년 9월 외국산 쇠고기가 처음 수입되었는데, "뉴질랜드
산 수입 쇠고기 500t이 이탈리안 리페호 편으로 25일 인천항에
입하"(《경향신문》 1976. 8. 26)했다.

국내 쇠고기 값의 안정을 위해 처음으로 도입된 뉴질랜드산 쇠고기
가 9월 1일부터 시판, 첫선을 보인다. (중략) 육질 시험 결과를 보면 고
기색이 선명하고 비육우로서 기름기는 한우보다 조금 많으나 고기 질
이 좋고 연하며 등심 등 전체 고기의 마블링이 좋다. 갈비 부분은 뼈
가 가는 대신 고기가 2층으로 갈비 한 쪽(생축 4백kg 기준)에 한우보다
2~2.5kg의 살이 더 붙어 있으며 지방질은 모두 1등으로 돼 있다. 전체
적으로 고기가 연해서 로스, 불고기 등 양념 조리에 적당하고 특히 어
린이, 노인들이 먹기에 좋으나 국거리로는 보통 쇠고기보다 질긴 맛이
적다. 불고기 갈비용은 양념에 잴 필요가 없이 바로 조리할 수 있으나
이 고기를 오래 냉동시키거나 물에 부풀릴 경우 육질이 상할 우려가
있다.[5]

쇠고기 수입 초기, 언론에서는 육질에 대해 혹평했다. "뉴우지일랜드에서 들여온 수입 쇠고기는 맛이 없어 주부들 간에 인기가 없다. 누린내가 나서 못 쓰겠다는 게 이유인데 기름기가 많고 연해서 양념에 재어 먹는 불고기로는 먹을 만하지만 국거리로는 아주 적합지 못하다는 것이다. (중략) 소의 종류가 한우와는 다른 비육우여서 우리가 늘 먹어오던 고기와 향기 성분, 맛 성분이 달라 누린내로 역겨움을 일으키기 때문이다."[6]

그러나 점차 수입 쇠고기는 맛과 가격 면에서 경쟁력을 갖춰 수요가 늘어났다. 수입 쇠고기의 인기가 높아진 것은 "불고기 로스구이용으로는 맛이 한우고기에 못지않고 6백g당 1천6백 원으로 값이 쌌기 때문"[7]이다. 1981년 《경향신문》의 보도에서는 "흔히 수입 쇠고기라 하면 영양가는 한우와 똑같으나 누린 맛이 우리 기호에 맞지 않고 질기다고 해서 꺼리는 사람이 많다. 그러나 이번에 수입한 1등품은 색깔이 선홍색이고 육질이 연하고 부드러우며 특별한 조리법을 이용하지 않아도 맛이 한우에 비해 조금도 뒤떨어지지 않는다."[8]라고 과거와 달리 호의적인 평가를 했다.

때문에 1976년 694톤으로 시작된 쇠고기 수입은 1977년 6,323톤, 1978년에는 4만 4,435톤으로 급격히 늘었다가, 경기 침체로 인해 1979년에는 3만 1,747톤으로 줄었다. 수입 쇠고기를 포함한 쇠고기 소비량은 한창 호황이었던 1978년에 11만 5,000톤, 1979년엔 11만 4,000톤, 1980년 10만 3,000톤으로 나타났다.[9]

표 IV-3 **품목별 1인당 연간 소비량 추이** (단위 kg)

	육류	쇠고기		돼지고기		닭고기	
1982	11.3	2.7	23.9%	6.1	54.0%	2.5	22.1%
1990	19.9	4.1	20.6	11.8	59.3	4.0	20.1
1995	27.4	6.7	24.5	14.8	54.0	5.9	21.5
1996	28.7	7.1	24.7	15.3	53.3	6.3	22.0
1997	29.3	7.9	27.0	15.3	52.2	6.1	20.8
1998	28.1	7.4	26.3	15.1	53.7	5.6	19.9
연평균 증가율 (%) 1982~90	7.3	5.4		8.6		6.1	
1990~98	4.4	7.7		3.1		4.3	
1982~98	5.9	6.5		5.8		5.2	

주1) 국내 공급량을 인구수로 나누어 산출되므로 가구 내 소비량과 외식 소비량이 포함됨.
주2) 육류 합계는 쇠고기, 돼지고기, 닭고기의 합계임.

출처: 이계임 등(1999), 육류소비구조의 변화와 전망, 한국농촌경제연구원, p. 10

통계청의 《통계로 본 한국의 발자취》에 따르면, 1961년에는 하루 한 사람이 7.6g씩 취했던 동물성 단백질의 양이 30년 후 33.2g으로 늘어났다. 육류 섭취량으로 환산하면 13.2g에서 64.7g으로 늘어난 것[10]이다. 쇠고기 소비량을 보면, 농림수산부에 따르면 1995년 국내 쇠고기 소비량은 30만 1,200만 톤이며, 이 가운데 한우가 15만 4,700톤, 수입 쇠고기 14만 6,500여 톤이다. 그런데 '한우'라고는 했지만 도축된 소를 기준으로 볼 때 한우와 젖소의 비율이 74대 24인 것으로 나타나, 국내에서 소비된 쇠고기 가운

데 '진짜 한우'는 약 37%에 불과했던 셈이다.[11]

한 연구에 따르면 "국내 쇠고기 시장은 1990년부터 본격 수입 개방되면서 수입량이 급격히 늘었고 우루과이 라운드UR 협상에서 약정된 대로 2001년부터 쿼터제 철폐와 함께 완전 자유화되었다."[12] 또 다른 연구에 의하면, 1980~90년대 우리나라의 육류 소비구조의 특징은 소비 증가 추세가 지속되었으며 특히 쇠고기에 대한 선호경향이 지속되었다.

1인 1년간 연평균 육류 소비량 증가율은 1982~90년간 7.3%에서 1990~98년간 4.4%로 1980년대에 비해 1990년대 소비량 증가율이 둔화되었으나 증가 추세는 지속되었다. 육류 중에서 소비가 가장 빠르게 증가한 품목은 쇠고기이며, 그다음이 돼지고기, 닭고기 순서이다.[13]

이 연구에서는 소득과 쇠고기 수요의 상관관계에 대해서 '육류 수요 대체관계 분석'을 통해 "소득이 1% 증가할 때 쇠고기 소비는 1.3%, 닭고기 0.4%, 돼지고기 0.3% 증가할 것으로 예상되어 소득이 증가할수록 쇠고기 수요가 크게 증가하는 추세가 지속"되며, 또한 "쇠고기와 돼지고기는 수요에서 대체관계가 성립하며 닭고기 가격이 쇠고기에 미치는 영향은 극히 작은 것으로 나타났다."[14]라고 밝혔다.

2) 지속적인 쇠고기 선호경향

쇠고기를 선호해온 육류 소비경향은 이 시기에도 지속되었다. 《동아일보》1981년 4월 29일자 기사 '쇠고기 값 올라도 줄지 않는 수요'에서는 "국민소득 면에서 볼 때 우리 국민은 지나치게 쇠고기를 많이 먹는 것으로 돼 있다. 전체 육류 소비량은 상대적으로 낮은데도 쇠고기만 유독 높은 것은 육류 섭취에 있어 쇠고기만 지나치게 선호하기 때문이다."라고 지적했다. 1982년에는 "쇠고기 소비량이 부쩍 늘어 우리나라 식탁에서 매일 25억 원 어치를 소화"[15]했고, 특히 "서울의 쇠고기 과소비 현상이 놀"라울 정도로 "지방의 2배"[16]라는 보도도 나왔다. 쇠고기 중에서도 선호 부위는 바뀌었다. 과거에는 국거리 등 내장을 끼워 사 가는 경우가 많았으나 1980년대 들어서면서는 "사태, 갈비, 제비추리 등 맛있는 부분만 골라 가는 경향"[17]을 보였다는 것이다.

1982년 10월 13일자 《매일경제》에는 다음과 같은 기사가 실렸다.

내년의 쇠고기 수요량은 올해의 10만 4천 톤보다 8%가 증가한 11만 2천7백 톤에 이를 것으로 추정되는 반면 국내 공급 능력은 69% 밖에 되지 않는 7만 7천7백 톤에 머물 것으로 보여 부족분 3만 5천 톤을 수입해 충당할 방침인데 돼지고기, 닭고기, 수산물 등 소비를 대체할 수 있는 식품이 국내에서 충분히 생산되고 있음에도 아까운 외화를 써가며 쇠고기를 꼭 수입해야 하느냐는 관점에서 논란의 대상이

되고 있다.

이에 대해 농수산부에서는 한우 증식 사업을 강화해 소 사육 두수를 늘리고 "돼지고기와 닭고기 소비 촉진 시책을 적극 펼쳐 소비량을 올해보다 27%가 늘어난 41만 8천 톤으로 확대할 계획"을 세웠다. 그러나 "소득수준 향상과 더불어 입맛이 고급화된 때문에 쇠고기 선호경향이 좀처럼 바뀌지 않아 당장 부족한 물량은 수입하는 것이 국내 소 값 및 물가안정에 보탬이 된다."[18]라고 했다.

그런데 축산 관계자들은 소비자들이 지나치게 쇠고기만 찾는 성향에 대해, 전통적으로 쇠고기를 중시해온 영향도 있었지만 불합리한 가격 정책에도 한 원인이 있다고 지적했다. "일본의 경우 쇠고기와 돼지고기가 3배 차이"인 데 비해 우리나라는 2배 정도이고 "수입 쇠고기는 돼지고기보다 50%밖에 비싸지 않아 쇠고기 선호성향이 일어날 수밖에 없다."는 것이다. 따라서 "로스구이 먹던 사람들을 돼지 삼겹살을 먹도록 유도하려면 쇠고기 가격을 명실상부하게 시장 기능에 맡겨 돼지고기와의 가격차를 벌이는 정책 전환이 앞서야 하며 국민들의 입맛에 맞는 돼지고기, 닭고기, 수산물 가공식품을 싼값에 사 먹을 수 있도록 하는 지원 시책이 뒷받침"[19]되어야 한다고 했다. 균형 있는 육류 수급을 위해 쇠고기 수요를 돼지고기 수요로 돌리려는 유도 정책이 지속적으로 논의되었음을 알 수 있다.

표 IV-4 **소비자들이 많이 찾는 육류 부위** (단위 %)

부위명		형태별		지역별			평균
		일반 정육점	축협 직매점	서울 지역	지방 도시	농촌 지역	
쇠고기	등심	56.1	55.1	62.3	57.3	28.6	55.8
	살코기	26.0	28.6	18.8	28.0	47.6	26.9
	안심	10.6	12.2	15.9	15.9	–	11.0
돼지 고기	살코기	55.9	57.5	50.0	58.5	83.3	56.7
	삼겹살	12.5	35.5	44.3	39.0	8.3	39.0
	기타	1.6	7.0	5.7	2.5	8.4	4.3
특정 부위를 찾는 소비자 비율		54.1	49.5	52.1	49.4	43.8	51.8

출처:《매일경제》1981. 4. 24

《매일경제》1981년 4월 24일자에 보도된 축협중앙회의 '육류 부위별 인기도 조사'의 결과를 보면, 당시 우리나라 사람들은 쇠고기 중 등심을 가장 선호하고, 돼지고기는 살코기를 좋아한 것으로 나타났다. 무슨 부위를 가장 좋아하느냐는 질문에 55.8%가 '등심'이라고 답했고 등심의 선호도는 도시 지역보다는 농촌 지역에서 두드러졌다. 돼지고기의 경우 '살코기'가 56.7%, '삼겹살'이 39%였고, 서울과 지방 도시일수록 '삼겹살'을 좋아하는 사람이 많고 농촌으로 갈수록 '살코기'를 좋아하는 경향이 나타났다.

한편, 육류 소비가 대중화·보편화되면서 야외에서 고기를 구워 먹는 풍조가 유행하기도 했다. 1979년 9월 신문 기사를 통해 당시 야외에서 고기를 굽는 광경을 짐작할 수 있다. "서로 너나없이 겨루듯 구워대는 저 많은 불고기와 갈비의 연기 때문에 하늘은 진종일 몽롱하고 몽롱한 연기에 저 많은 나무들이 시달리고 그을리고 타 죽을 것만 같다."[20] 1979년에는 "서울 종로구 동숭동 50 일대 주민대표가 이웃 갈빗집을 상대로 갈비 굽는 냄새, 소음을 없애 달라는 가처분 신청과 함께 본안 소송을 서울민사지법에 제기"[21]했는데, 이와 비슷한 법정 다툼이 잦을 정도로 야외에서의 고기 굽기가 사회문제가 되기도 했다. 그러나 야외에서 고기를 굽는 것은 나들이 계절에 더욱 유행되었고 이를 위해 야외버너 등 야외용 조리도구들이 개발되기도 했다.[22]

　1980년 6월 12일자《매일경제》는 "한국후지카공업이 휴대용 가스레인지(이동식 가스테이블)를 개발, 시판 중"이라고 보도하며, "가스용기와 호스가 필요 없어 설치비가 들지 않고 장소나 시간에 구애 없이 이동이 가능하고, 특히 등산 낚시 등에 휴대하기 편하며 가스의 보충은 휴대용 가스용기로 손쉽게 교환할 수 있어 경제적이다."라고 평가했다. 또한 가스 사용 도중 내압 상승에 따른 폭발사고를 예방할 수 있도록 고안된 안전장치도 새롭게 개발되어 특허등록[23]을 하는 등 휴대용 가스레인지의 발전을 볼 수 있다. 1982년《동아일보》기사는 "야외에서 지어 먹는 뜨거운 밥과 음식은 들놀이 즐거움 중의 하나. 요즘 편리한 휴대용 버너가 많이 개발돼 이제 등산 전문가가 아니라도 자연 속 취사의 즐거움을 맛볼 수 있다."[24]면서, 야외에서 해 먹기 적당한 음식으로 돼지갈비, 닭불고기, 불고기와 상추쌈, 불고기 샌드위치 등을 추천했다.

그림 IV-3 꽃바람 속 군침 도는 불고기 냄새 (출처:《동아일보》1982. 4. 17)

야외 취사가 대유행하면서 환경오염에 대한 우려도 커졌다. 1990년 11월부터 "당일 등하산이 가능한 11개 유명산(국립공원)에서 취사행위가 일체 금지"[25]되었고, 1991년 3월부터는 국립공원 취사행위가 전면 금지[26]되었다. 이런 조치는 야외에서 고기를 굽는 풍조가 많이 사라지고 대신 도시락을 이용하는 계기가 되었다.

한편, 육류 소비의 대중화로 명절 선물의 인기 품목에도 변화가 생겨 1980년대에 들어서면서 갈비가 최고의 명절선물로 꼽히게 된다. 1950년대에는 햅쌀·달걀 등 1차 식품이 주류를 이루는 가운데 나일론 양말도 첫선을 보였고, 1960년대는 3kg, 5kg 등으로 포장된 설탕이 고급 선물이었으며, 1970년대에는 '미원'과 '미풍'으로 대변되는 조미료 및 비누 등으로 구성한 선물세트가 주류였는데, 1970년대 말 백화점에 처음 갈비 선물세트가 등장한 것이다.

1980년대 들어서면서 생활수준의 향상으로 '귀한 것'을 선물하는 풍조에 따라 갈비가 '선물의 제왕'으로 등장하며 선풍적인 인기를 끌었다.[27] 인기의 원인은 "갈비를 비롯한 고기 종류는 명절을 지내는 데 실질적으로 도움을 주는 실용적인 선물일 뿐만 아니라 보내는 사람의 품위도 나타낼 수 있어 매년 수요가 증가하고 있다."[28]는 것이었다. 이런 경향은 가속화되어 1994년 신세계백화점이 서울에 거주하는 20~50대 소비자 485명을 대상으로 실시한 추석선물 선호도 설문조사에서 전체 응답자의 21.4%인 104명이 '올 추석 받고 싶은 선물' 1위로 '갈비 및 정육류'를 꼽았다.[29]

1982년의 "추석을 앞두고 품귀를 빚고 있는 쇠갈비 짝갈비는 구하기 어렵고 백화점의 포장 갈비만 잘 팔릴 전망"[30]이라는 기사를 통해, 백화점에서 포장 갈비를 팔기 시작하기 전에도 짝갈비가 선물로 사용되었음을 알 수 있다.

3) 육류 판매 방식의 변화

(1) 쇠고기 포장 판매 실시

외국산 쇠고기가 수입되면서 사회문제로 대두된 것은 수입 쇠고기를 한우로 속여 파는 것이었다. 이에 대해 소비자들의 불만이 제기되고 쇠고기 수입이 가격 안정에도 별다른 도움을 주지 못하자, 1978년 8월 농수산부는 "수입 쇠고기를 안심, 등심, 불고기, 양지, 갈비, 분쇄육 등 6가지로 분류하고 300g, 600g 단위로 비닐 포장하여 농협 직매점을 통해 시판"[31]하게 하는 수입 쇠고기 포장 판매를 실시했다. 즉, 수입 쇠고기를 한우로 속여 파는 것을 막기 위한 방편이 쇠고기 포장육 시대를 연 것으로 볼 수 있다.

더 나아가 1981년 9월부터는 새로운 포장육 시대가 열리게 되었다. "스티로폴 접시에 일정량의 고기를 썰어 넣은 다음 비닐뚜껑을 한 포장육을 전국에 판매키로 한 것"인데 "포장육 시판은 지금까지 주로 정육점에서만 사던 쇠고기를 슈퍼마킷, 축협 또는 한국냉장의 직매점, 일반 식품점 등 일정 시설을 갖춘 가게에서는 어디서나 잡화를 고르듯 살 수 있게 함으로써 쇠고기 유통 구조 개선에 획기적 계기"[32]가 되었다. 즉 정육점이 아닌 곳에서도 포장육을 팔 수 있게 되자 수입 쇠고기 포장육은 소비자들에게 큰 인기를 얻게 되었다.

1981년 9월 추석을 앞두고는 한국냉장이 포장육을 순회 판매

그림 IV-4 포장육 순회 판매 인기 (출처:《매일경제》 1981. 9. 5)

하여 "축산물 유통 구조의 혁신"[33]이라는 평을 받았다. 포장육의
판매량은 갈수록 늘어 1981년 9월에는 하루 평균 7톤, 10월에는
9톤, 11월에는 13톤, 12월에는 17톤으로 크게 증가하여 1981년
말 전국 하루 평균 쇠고기 소비량 217톤(1,300마리분) 가운데 9%
를 포장육으로 충당하게 되었다.[34]

　　인기리에 판매된 포장육이 정착 단계에 접어들면서 마침내
'1981년 경제신어新語'에 '포장육'이 포함되기에 이르렀다.

　　포장육은 "연례행사처럼 치러오던 쇠고기 파동을 근본적으로
해결키 위해 정육점이 아닌 곳에서도 팔 수 있게" 했다. 또한 당
시 "수입 쇠고기에 한해서만 제조되고 있지만 장차 한우에까지
확대한다는 방침"을 세워 "당국은 포장육 판매가 정착되는 대로

그림 IV-5 "1981 경제신어들: 포장육" (출처:《경향신문》1981. 12. 18)

쇠고기의 부위별 등급제 판매제도를 실시"한다는 방향성을 갖고 "포장육이 안심·등심 등 부위에 관계없이 똑같지만 등급에 따라 차등 가격제를 실시한다는 장기적인 구상"을 수립하는 계기가 되었다.[35]

1981년 9월부터 실시한 수입 쇠고기의 포장육이 이렇게 인기를 얻고 정착되자 한우로도 포장육이 확대되고 쇠고기의 부위별 등급제 판매제도가 실시[36]된 데 이어, 1983년 8월에는 돼지고기 포장육도 시판되기 시작했다.[37] 돼지고기 포장육은 불고기용과 삼겹살, 일반 고기의 3가지 부위로 나눠 포장, 냉동하여 판매되었다.

1985년에는 종전 서울과 부산 등 2개 지역에 한정되었던 쇠고기 포장육 판매 지역을 인천, 전주 등 21개 지역으로 확대해 모두 23개 시에서 포장 쇠고기가 판매되었다.[38]

(2) 육류 가격 자율화

1991년 1월 1일부터 산지의 소·돼지 가격변동에 맞추어 각 시 도지사가 소비자가격을 고시해왔던 기존의 연동가격제가 폐지되고, 육류 가격을 육질과 시장 기능에 따라 결정하게 하는 '육류 소비자가격 자율화'가 실시되었다. 이에 따라 쇠고기의 경우 한우·젖소·수입 쇠고기가 차등가격으로 판매되고, 같은 한우고기라도 안심·등심·양지·사태 등 부위별로 가격이 달리 형성[39]되었다.

때문에, 1991년에는 정부가 물가 안정을 위해 수입 쇠고기를 고정된 가격으로 무제한 방출한 것에 반해, 가격 결정이 자율화된 돼지고기는 공급이 달려 값이 크게 오르면서 돼지고기 값이 수입 쇠고기 값보다 더 비싸진 극히 이례적인 현상이 벌어졌다.[40] 그러나 1992년 초에는 반대로 돼지고기 값이 폭락했다. 그 이유는 첫째, 돼지 사육 두수가 1991년 말 505만 마리로 1990년 말(453만 마리)보다 11.4%(52만 마리) 증가한 점, 둘째, 수입 쇠고기 포장육 가격과 돼지고기 소비자가격에 별 차이가 없자 돼지고기보다 수입 쇠고기 쪽으로 소비가 몰린 점이다. 이에 돼지고기의 수요를 늘리기 위해서는 "수입 쇠고기의 방출가를 현재보다 15~20% 높여야 한다."는 지적이 나오기도 했다.[41]

한편 1991년 1월 처음 도입된 부위별 차등가격제는 1992년부터 모든 정육점에 대해 시행이 의무화되었으며, 시범판매업소부터 젖소와 한우 등을 부위별로 구분해 가격을 표시 진열해, 정찰제로 판매하게 했다. 1992년 전국 4만 1,000여 개 정육점 중 1만여 개 업소가 쇠고기 등을 4개 이상의 부위로 구분, 판매하고 있는 것으로 추산되었다.[42] 1992년 4월 소비자물가지수에서 통계청이 밝힌 91개 품목에는 '수입 쇠고기', '불고기', '등심구이'가 추가로 포함되어 소득향상에 따른 소비패턴 변화를 알 수 있다.[43]

4) 가축질병으로 인한 육류 소비경향의 변화

과다할 정도의 쇠고기 선호성향에 제동이 걸린 원인 중 하나는 1990년대 초반 유럽을 강타한 광우병 파동이었다. 또한 여러 가지 가축병으로 인한 육류 소비량의 등락과 1997~98년 IMF 외환위기의 영향 등으로 가격 역전현상이 나타났다. 일시적으로 돼지고기 일부육이 수입 쇠고기보다 비싸지고(1991년 6월), 더 나아가 한우보다도 비싸지는 현상(1998년 3월)이 나타났다. 수입 쇠고기가 한우보다 비싸지는 현상(1998년 6월)도 나타났다.

1986년 영국에서 처음 발견된 광우병狂牛病은 이후 중동의 오만과 유럽의 스위스(1990년)에 이어 프랑스(1991년), 덴마크(1992년) 등 유럽 각국으로 번져 유럽 축산업계에 막대한 타격을 입혔다.[44] 1996년 영국에서 일어난 광우병 파동에 대해서는 "우리나라에서는 영국산 쇠고기를 수입한 일이 없다."고 보도되었음에도 불구하고 우리나라에서도 쇠고기 파동이 일었다. 백화점과 정육점 등에서는 수입 쇠고기 판매량이 최고 50%에서 10%까지 격감했고, 일반 음식점에서도 '쇠고기음식 기피증'이 나타났다.[45] 광우병 파동과 더불어 성인병 주범인 콜레스테롤이 쇠고기에 더 많다는 인식, 그리고 경기침체 등으로 쇠고기의 소비는 줄고 대체재로 돼지고기 소비가 증가했다.

그런데 1997년 3월 세계 최대 돼지고기 수출국인 대만에서 구제역이 발생함으로써 그 여파로 우리나라에서 일본으로의 돼지고기 수출이 증대했고, 국내 소비 증가와 맞물려 돼지고기 값은 연일 상승세를 타게 되었다. 반면, 쇠고기는 소 값 하락에 따른 불황 여파로 판매마저 줄면서 한우고기 값은 계속 하락하는 상황이어서 1997년 중순에 돼지고기(삼겹살) 값이 한우고기(불고기용) 값보다 비싸지는 기현상이 나타났다.[46]

이때 한국은 IMF 외환위기까지 겪게 되었다. 그 영향으로 한우고기와 돼지고기 값이 부분적으로 역전되기도 했다. 100% 수입사료를 쓰는 돼지고기는 IMF체제가 시작되기 전보다 값이 인상된 반면 출하량 급증세를 보이던 쇠고기는 값이 내렸기 때문이다. 수입사료에 의존해 키운 돼지고기 가격이 50%나 인상되면서 삼겹살이 불고깃감보다 kg당 2,000원 비싸졌다.[47]

한편 1997년 7월부터 쌀과 쇠고기를 제외한 농축수산물의 전면 수입 개방 정책에 따라 국내 돼지고기 시장이 전면 개방되었다. 이때 냉동육의 수입도 개방되었는데, 기존 냉장육의 수입량은 미미한 규모였으나 냉동육은 냉장육에 비해 변질 우려가 거의 없어 선박을 이용한 대량 수송이 가능했고,[48] 이에 따라 냉동 돼지고기 1,140톤이 들어왔으며 그중 삼겹살이 965톤에 이르렀다.[49]

이런 가운데 1997년 9월 26일에는 미국산 수입 쇠고기에서 O157 대장균이 발견되었다. 때문에 쇠고기 소비는 다시 불황을 맞았고 수입 쇠고기뿐 아니라 한우에까지 피해가 확산되었다. 대신 닭고기·돼지고기·수산물의 소비량은 눈에 띄게 증가했다. O157 파동 후 음식점 메뉴에서 육회가 사라지는 등 완전히 익혀서 먹는 '화식 문화'가 확산되기도 했다.[50]

이계임 등(1999)의 연구에 따르면, 1998년에는 육류 소비가 크게 감소했는데 이는 주로 수입육의 소비가 감소한 데 기인했다. 1997년 말부터 시작된 IMF 외환위기의 영향으로 원화가치가 절하함에 따라 수입육의 가격경쟁력이 약화되고, O157에 감염된 미국 네브래스카산 쇠고기 유통 등으로 수입육의 안전성에 대한 소비자의 불신이 작용했기 때문이다.[51]

1998년 6월에는 한우고기 값이 수입 쇠고기보다 싸지는 현상이 일어났다. 수입육은 IMF 외환위기 이후 환율 상승으로 가격이 제자리에 머물거나 인상된 반면, 한우고기는 국내 소 값 폭락으로 인해 출하량이 크게 늘면서 가격이 계속 떨어지는 바람에 생긴 역전현상이었다.[52]

1999년에는 발암물질 다이옥신에 오염된 벨기에산 돼지고기 2,400톤이 국내 시장에 수입 유통돼 비상이 걸렸다. 다이옥신은

PVC나 플라스틱 등 염소화합물을 태울 때 발생하며 음식물이나 공기를 통해 인체에 흡수돼 면역기능 저하, 남성호르몬 감소 등을 유발하는 독성물질이다. 다이옥신이 검출된 벨기에산 돼지고기와 닭고기, 달걀에 대해 농림부가 전면 수입 중단 조치[53]를 취하고 프랑스·네덜란드산 돼지고기도 다이옥신에 오염됐을 것으로 보고 추가로 검역보류 조치[54]를 내리자 수입 돼지고기 수요는 크게 줄어든 반면 국산 돼지고기는 '다이옥신 특수'를 누렸다.[55]

8장

대표적 육류구이의
상업화 전성기

1) 불고기

(1) 불고기 전성기와 쇠퇴기의 시작

앞에서 살펴본 것처럼 1960~70년대에는 석쇠 불고기와 육수 불고기가 공존했다. 그런데 1980년대 들어서부터는 석쇠 불고기는 점차 쇠퇴하고 육수 불고기가 우세해지면서 '불고기'의 대명사가 되었다.

《동아일보》1984년 7월 16일자 '음식점 불고기, 국물로 중량채운다'라는 기사는 "주부클럽이 서울 시내 9개 대중음식점과

2개 백화점 정육부를 대상으로 '불고기 실량 및 가격 조사'를 한 결과, 대부분이 불고기 전체량의 60~70%만을 쇠고기로 하고 나머지 30~40%는 양념과 국물로 충당하고 있었다."고 보도했다. 당시 시중 음식점의 불고기는 '고기와 국물 반반'이라는 불평을 받았다는 것으로 보아 육수 불고기였던 것을 알 수 있다. 또한 불고기 조리를 위해 〈그림 IV-6〉과 같은 안성 풍화유기 향로 형태의 불고기판이 개발[56]되기도 했다.

이 시기에 불고기는 가장 인기 있는 외식 메뉴이자 한국인이 가장 좋아하는 음식으로 자리를 잡았다. 1985년의 설문조사에서 확인한 '우리나라 사람들이 가족 외식 때 즐겨 먹는 음식'은 여름에는 냉면(48%), 겨울에는 불고기(14%)[57]였다. 그리고 1987년에 서울과 전남 지역 943명을 대상으로 한 조사에서도 두 지역 모두 '가장 좋아하는 음식'은 1위 갈비찜, 2위 너비아니[58]였다. 한편, 외국인을 대상으로 조사한 1984년 농어촌개발공사의 조사에서도 구미인의 19%, 일본인과 동남아인의 13%가 한국음식 중 가장 좋아하는 것이 '불고기'라고 응답하여 외국인에게 가장 인기 있는 한국음식 1위 역시 불고기로 드러났다.

《월간식당》 1989년 3월호에서 '불고기 전문 식당 30선'을 기획 취재

그림 IV-6 안성 풍화유기 향로 형태의 불고기판
(출처:《매일경제》 1983. 12. 12)

했는데, 이때 취재 대상이 된 전국 각지의 번성업소는 "전원, 호수가든, 삼호갈비, 아리랑, 온돌방, 우원, 역삼등심, 삼우가든, 소나무집, 초원, 돌집, 풍년불갈비, 우리원갈비, 광양불고기, 삼부자갈비, 곰바위, 제주가든, 대호, 수주성, 들소가든, 구봉산, 서초가든, 송파LA갈비, 옛수원갈비집, 오죽헌, 등원, 상아가든, 대원가든, 청기와, 횡소집"이었다.

그런데 이렇듯 불고기를 선호하던 입맛이, 1988년 서울올림픽이 끝난 후인 1990년대 초반부터 바뀌게 된 것으로 보인다. 즉 이때부터는 불고기가 뒤로 처지면서 생등심, 생갈비 등 생고기를 더 선호하는 경향이 나타나는데, 1992년의 신문 기사를 소개하면 다음과 같다.

원래 우리나라의 전통적인 많은 음식 중에서 양념갈비나 불고기는 정성을 들여 재어놓았다 먹는 음식인데 남다른 준비와 정성으로 외국인들도 즐겨 찾아 우리나라의 음식문화를 대표할 만큼 맛있고 훌륭한 음식이다. 그런데 언제부턴가 양념이 섞인 음식이 거부당하고 있다고 한다. 생등심이나 생갈비를 찾으면서 많은 사람들은 말하길 업소 측에서 질이 나쁜 고기를 양념으로 덮어 감추기 때문에 믿을 수가 없다는 것이다.[59]

1994년 10월호 《월간식당》에서도 "입맛이 고급화된 요즈음의 고객들은 되도록 양념량을 줄이고 식재 그대로의 순수한 맛을 즐기려는 경향이 급속도로 늘어가고 있다. 대형 한식집의 주력

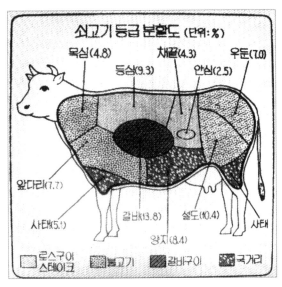

그림 IV-7 쇠고기 등급 분할도 (출처:《매일경제》1985. 7. 19)

메뉴가 불고기 양념갈비에서 양념을 첨가하지 않은 생등심, 생갈비 등으로 바뀌어가고 있다."[60]고 입맛의 변화를 알렸다. 즉 오랜 세월 우리나라 최고의 외식 메뉴이자 선호도 1위를 고수하던 불고기는 1990년대 초반부터 식재료 그대로의 맛을 즐기려는 고객들의 입맛 변화로 인해 인기가 떨어지기 시작했다. 육수 불고기는 석쇠 불고기에 비해 상대적으로 질이 떨어지는 고기를 이용할 수 있는 음식이었기 때문에 비교적 낮은 가격으로 불고기의 대중화를 가능케 했지만, 고객들의 입맛이 높아지자 결국은 불고기가 쇠퇴하는 데에도 영향을 미친 것으로 생각된다.

불고기에 이용하는 쇠고기의 부위가 변화한 것은 1985년의 신문 기사에서도 알 수 있다. 〈그림 IV-7〉은 1985년 《매일경제》 (1985. 7. 19)의 기사에 첨부된 것으로, 불고기 부위로 표시된 것이 목심, 앞다리, 설도, 우둔이고 등심은 로스구이, 스테이크로 분류되어 있다. 이것은 과거의 너비아니의 주재료가 쇠고기 등심, 안심이었던 것과 확연한 차이를 보이는 것이다.

고객들의 선호가 불고기보나는 생등심, 생갈비로 바뀌게 되면서 전통적으로 '양념구이'였던 우리나라 육류구이 식문화도 생고기 선호 시대로 그 변화를 맞게 되었다.

(2) 불고기의 영향

1990년대 들어 불고기 자체는 서서히 쇠퇴를 시작했음에도 불구하고, 이와는 별개로 1996년 '불고기'는 한국문화를 상징하는 단어가 되었다. 문화체육부가 한국문화를 대표하는 통합이미지CI 선정을 위해 주한외국인들과 전문가들에 대한 의견조사를 실시한 결과 한복, 한글, 김치와 불고기, 불국사와 석굴암, 태권도, 고려인삼, 탈춤, 종묘제례악, 설악산, 그리고 백남준 등 예술인 5명이 한국을 상징하는 CI 대상으로 선정[61]된 것이다.

또한 불고기의 '후광'을 입은 응용상품들이 출시되었는데, '불고기 버거'가 개발되고 '일본식 불고기'가 역수입되었다. 한편 근본으로 돌아가 불고기의 뿌리인 '너비아니', 그리고 북한의 불고기에 대한 관심도 생기게 되었다.

불고기의 응용을 볼 수 있는 대표적 음식은 '불고기 버거'다.

롯데리아가 1992년부터 판매한 불고기 버거는 서양음식인 햄버거를 우리 입맛에 맞게 만들어 1998년까지 1억 5,000만 개나 팔려나갔다. 불고기 버거는 1998년 11월에 전국의 1,350명이 '인터넷 한겨레'를 통해 참여한 설문조사에서 네티즌이 뽑은 '98 히트상품 중 하나로 선정됐다.[62] 맥도날드 역시 1997년 10월부터 불고기 버거 판매를 시작했고, 1999년에는 '특불버거'를 시판하는 등 '불고기 버거' 시장 선점 경쟁을 벌였다.[63] 뒤를 이어 롯데리아는 2004년 8월 100% 한우고기로 만든 '한우불고기 버거'를 출시했다. 단품 메뉴 한 개에 5,000원으로 매장에서 가장 비싼 제품이지만 출시 6개월 만에 500만여 개가 팔려 전체 매출의 10% 이상을 차지했고, 이어 둥근 빵 속에 불고기 볶음과 채소를 넣은 '불고기 델리파우치'를 내놓기도 했다. 이 밖에도 버거킹은 불고기 소스를 얹은 '불고기 와퍼'를, 파파이스는 불고기 버거를 판매했다.[64]

1990년대 후반에는 '일본식 쇠고기 숯불구이' 전문점이 역수입되기 시작했다. '야키니쿠' 혹은 '일본식 불고기'라는 이름으로 소개되면서 서울 방배동, 청담동, 목동 등지에 '야키니쿠' 전문점들이 등장했다.[65] 야키니쿠는 양념하지 않은 고기를 석쇠에 구운 뒤 '다레たれ'라고 부르는 양념에 찍어 먹거나 양념하더라도 재어두지 않고 구운 뒤 소스를 찍어 먹는 음식이다. 한 입에 먹기 알맞도록 고기를 한 토막씩 잘라 내는 방식으로, 불고기와 차별화되었다. 야키니쿠의 양념 '다레'는 '불고기 양념'이라는 이름으로 역수입되었다.

아사쿠라 도시오는 한국의 불고기에서 유래된 일본의 야키니쿠가 한국과 일본 식문화의 상호작용 속에서 어떻게 변화해왔는지에 대해 다음과 같이 설명했다. 제2차 세계대전 즈음에 재일교포들의 '호르몬야키'에서 비롯된 일본의 야키니쿠는 육류 소비의 증가, 외식업의 발전과 더불어 전국에 퍼지게 되었다. 1967년 야키니쿠 즉석 소스 개발로 인해 가정에서의 손쉬운 조리가 가능해졌으며, 1970년대에 야키니쿠 음식점은 체인점 형태로 발전했다. 무연 로스터 개발은 야키니쿠 전문점의 확산에 더욱 박차를 가해서 1992년에는 '야키니쿠의 날'이 8월 29일로 정해지기도 했다.[66]

일본에서는 '전국야키니쿠협회'가 1992년에 설립[67]되었고, 1998년 '불고기사업협동조합'을 전국적 조직으로 발돋움시키기 위해 농수산성에 법인 설립 인가 신청을 냈다.[68] 1963년 일본 사이타마埼玉현 요노與野시에 재일교포 기업인 유시기柳時機 사장이 식탁 네 개로 시작한 야키니쿠 전문점 '안라쿠테이安樂亭'는 1964년 도쿄올림픽 직후의 고도 성장기를 맞아 성장했고 1978년에는 주식회사 형태가 되었다. 1991년 쇠고기 수입 자유화로 가격이 대폭 낮아지면서 대중화되자 체인점 수는 1992년 100개, 1997년 200개를 넘어섰다. 야키니쿠 업종 회사로는 처음으로 1997년 주식을 상장했으며, 2000년 현재 수도권을 중심으로 265개 점포를 거느린 일본 최대의 야키니쿠 체인점으로 성장했다. 일본 내 외식업체 중 매출순위는 44위, 경상이익 순위는 19위를 차지했다. 야키니쿠는 "생선초밥, 햄버거와 함께 일본인이

즐겨 찾는 3대 외식 메뉴"라는 평을 받고 있다.[69]

그런가 하면, 불고기의 뿌리에 대한 관심으로 너비아니에 대한 기사도 늘어났는데, "'불고기'라는 이름은 너비아니구이보다 뒤에 붙여진 이름으로 너비아니구이는 불고기의 원조인 셈이다."[70]라고 했다. "조선시대 궁중 불고기 요리"라고 너비아니를 소개하고 그 조리법을 설명한 기사는 다음과 같다.

> 흔히 해 먹는 불고기도 이왕이면 궁중식으로 만들어보면 어떨까. (중략) '너비아니구이'는 조선시대 궁중 불고기 요리를 그대로 재현한 메뉴. 기름기가 고루 퍼져 있는 소고기 안심을 사용하되 일반 불고기에 비해 다소 두툼하게 썰어 조리하고, 이런 저런 야채를 섞지 않은 채 양념장에만 재었다가 구워 먹는 것이 특징. 달짝지근 혀끝을 자극하는 양념 맛보다는 고깃살 자체의 깊고 기름진 맛을 음미하는 데 적합한 요리. 완성된 너비아니를 상추에 싸서 먹을 땐 된장이 아니라 고추장을 곁들여야 어울린다.[71]

한편, 북한의 불고기에 대한 기사를 1985년 8월 29일자《경향신문》에서 볼 수 있다. 남북적십자 제9차 회담 참석을 위한 우리 대표단의 평양 방문을 취재한 기사에서 "우리 측 일행은 불고기 식당인 '약산식당', 전골식당인 '승리식당', 각종 음료와 술을 파는 '능라식당' 등에 들러 그곳에서 식사를 하고 있던 평양 시민들과 대화를 나누며 맥주를 함께 마셨다."라며 〈그림 IV-8〉과 같은 사진을 실었다. 사진 해설에 "불고기를 양념장에 찍어 먹는 고

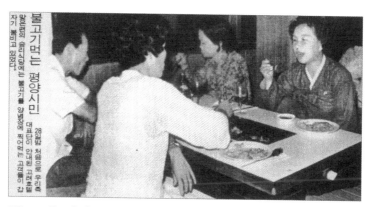

그림 IV-8 불고기 먹는 평양 시민 (출처:《경향신문》 1985. 8. 29)

객들"이라고 했으며, 사진의 접시에 담긴 음식이 불고기인 듯하며 양념장이 보인다. 사진만으로는 이 평양 불고기가 양념한 고기인지 그러지 않은 것인지 알 수 없으나, 국물이 없는 석쇠 불고기 형태이며 양념장을 따로 찍어 먹는 것은 분명하다. 1980년대 중반 당시 남한에서 유행하던 육수 불고기와는 다른 것임을 알 수 있다.

1994년에 발행된 북한 조리서인《조선료리전집》의 '구이' 편에는 다양한 불고기가 소개되어 있다. "꿩불고기, 닭불고기, 노루불고기" 등이 있는가 하면, 그냥 "불고기(난로회)"라고 되어 있는 것은 쇠고기 등심을 이용한 요리*인데, 조리법은 다음과 같다.

---

* 한편《조선료리전집》에서 쇠고기 안심구이는 "안심구이(너비아니)"라고 했다. 양념은 "불고기(난로회)"의 양념에서 식초를 제외한 것과 동일하다.

〈불고기(난로회)〉

만드는 법

1. 간장에 다진 파, 마늘, 식초, 배즙, 참기름, 후추가루, 사탕가루를 넣어 양념즙을 만든다.

2. 소 등심을 얇게 저미여 양념즙을 두고 재워놓는다.

3. 재운 고기는 적쇠에 펴놓고 숯불에 구워 초간장을 찍어 먹는다.

※ 불고기는 숯불에 적쇠를 넣고 모여 앉아 구워 먹는다고 하여 난로회라고도 하였다. (동국세시기)[72]

이렇듯 《조선료리전집》의 '불고기(난로회)'는 양념에 식초가 들어가며, 숯불에 구워 초간장을 찍어 먹도록 하고 있다. 불고기(난로회)의 사진은 〈그림 IV-9〉와 같으며 오른쪽 위에 초간장이 함께 있는 것이 보인다.

또 다른 북한 조리서 《고기료리》의 '소고기 불고기'의 양념은 "배즙, 사탕가루, 간장, 다진 파, 마늘, 참기름, 맛내기, 후추가루, 깨가루, 술, 고기국물"이 들어가며 "소고기 불고기에는 초간장을 곁들인다."[73]라고 소개했다. 또한 《가정료리교실》의 '소불고기'[74], 《대중료리》의 '소고기 불고기'에도 "초간장"[75]을 내고 있다. 그 밖에도 《민속명절료리》의 '소고기 불고기'에는 "양념초간장"[76], 《조선의 이름나 료리》의 '소안심살 불고기'는 "겨자초간장"[77], 《조선의 특산료리》의 '송도원 돌불고기'(그림 IV-10)에는 "겨자와 양념장"[78]을 곁들이고 있다.

그림 IV-9 불고기(난로회)
(출처:《조선료리전집》, p. 78)

그림 IV-10 송도원 돌불고기
(출처:《조선의 특산료리》, p. 142)

이렇게 북한의 여러 조리서에서도 불고기를 양념장에 찍어 먹도록 함께 내고 있어 남한과는 차이를 보인다.

(3) 무연 구이기의 개발

불고기 등 육류구이는 고기를 구우면서 연기, 그을음, 냄새 등이 발생하므로 이를 막기 위해 무연 구이기(무연 로스터) 개발과 보급이 함께 이루어졌다.

아사쿠라 도시오의 연구[79]에 따르면, 무연 로스터non-smoke roaster는 1970년대 일본에서 야키니쿠 음식점의 체인화 과정에서 처음 개발되었다. 이전 시대의 일본의 야키니쿠 음식점은 연기와 기름때를 꺼리지 않는 중년 남성들에게 인기 있는 곳이었다. 그러나 무연 로스터 도입 이후에 어둡고 기름기가 있으며 연기가 자욱한 야키니쿠 음식점의 이미지는 지워졌고, 밝아진 인테리어에

그림 IV-11 즉석 무연구이 식탁 광고 (출처:《동아일보》1985. 9. 10)

고객층도 여성과 전문 직종에까지 넓혀졌다. 그리고 1980년대 초에 새로 생겨난 야키니쿠 음식점들은 무연 로스터를 장착하게 되었다고 했다.

우리나라에서도 1980년대 중반에 들어서면서 신문 등에 '무연 로스터', '무연 구이기' 등의 명칭으로 관련 광고와 기사가 실리기 시작했다. 1985년 9월 10일자《동아일보》지면에는 '즉석 무연구이 식탁, 숯불갈비 전문식당에 희소식!'이라는 광고가〈그림 IV-11〉과 같이 실렸다.

그리고《매일경제》1986년 2월 13일자에는 '숯불구이 기구 개발'이라는 제목으로 다음과 같은 기사가 실렸다.

한국 고유 음식인 불고기를 연기와 냄새 없이 구울 수 있는 숯불구이 기구인 '에어로스'가 개발됐다. 남대문주식회사(대표 김해용)는 일본 동경의 대형 한식점인 남대문식당이 개발, 일본에서 실용신안특허를 얻은 숯불구이 기구를 국내에서도 제작, 판매키로 했다. 이 기구는 전통의 신선로와 비슷하게 제작돼 있는데 불고기를 구울 때 발생하는 연기, 냄새를 여과기를 통해 유수, 제거하게 된다.[80]

기사 내용으로 보아 일본 도쿄의 한식당에서 개발된 무연 구이기가 우리나라에 도입되었음을 알 수 있다.

또한 《매일경제》 1986년 6월 13일에는 '린나이코리아 무연 로스타 식탁'이 "고기를 구울 때 생기는 연기, 기름연기, 열기 등을 자체에서 흡수·정화시키는 것이 특징"이라고 소개되었다.

무연 구이기 개발은 1990년대에도 계속되었다. 《경향신문》 1992년 8월 19일자에는 연기를 빼내는 시설인 "닥트가 필요 없어 시설비가 절감"된다는 로스터 광고를 볼 수 있다. 기존 제품과의 차이점으로 "바이오 세라믹 필터에 의한 공기정화장치, 에어 컷팅 시스템"등을 부각했다.[81]

한 단계 더 나아가 《동아일보》 1993년 12월 8일자에는 "숯불구이 맛을 재현시킨 첨단 구이기"가 탄생했다는 광고가 실렸는데, 기존 구이기와 비교·분석한 그래프도 함께 제시되었다(그림 IV-12).

이외에도 《매일경제》 1994년 3월 24일에는 "연기나 먼지를 내지 않고 숯불을 피워주는 기계"인 자동 '숯불 활탄기' 개발에 대한 기사를 볼 수 있다.

농림수산심사담당관실에서 2002년 3월 27일에 발표한 '쾌적한 식문화를 위한 무연 구이기'라는 제목의 보고서에 따르면, 우

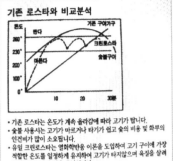

그림 IV-12 광고 '첨단구이기 탄생'(좌)과 기존 로스타와의 비교 그래프(우)
(출처:《동아일보》 1993. 12. 8)

리나라 무연 구이기의 방식은 다음과 같은 세 가지로 나눌 수
있다.

첫째, 배기덕트duct 또는 구이기 주위에 흡입공을 설치, 송풍
팬에 의해 강제 흡입하여 배출하는 방식(이하 '강제 배기 방식'이라
한다)이다. 둘째, 구이기 상부에 에어커튼을 형성시켜 연기의 분
산을 차단하는 방식(이하 '에어커튼 방식'이라 한다)이다. 그리고 셋
째, 발생된 연기를 흡입, 필터로 정화하여 재순환시키는 방식(이하
'여과 방식'이라 한다)이다.

무연 구이기의 발달은 육류구이 음식점에서 매우 중요한 역할
을 차지하였으며 음식점의 격과 고객층까지 영향을 끼쳤다. 한식
외식업체에서 구이 전문점이 차지하는 비중과 무연 구이기의 중
요성에 대해《한국외식정보》의 박형희 대표이사는 다음과 같이
말했다.

우리나라의 전체 외식업 가운데 한식이 차지하는 비율이 보통 65%가 됩니다. 그리고 그 65%에서 적게는 60%, 많게는 70%까지가 구이 전문점이라고 보면 돼요. 그러니까 한식의 가장 중추적이고 전형적인 업종이 구이 전문점이라고 할 수가 있지요. 특히 해외에 진출한 한국 음식점은 대부분 구이 전문점들이라고 보면 되죠. 그래서 외국인들이 '한식'은 로스타나 숯불을 이용해서 구이 해 먹는… 그러니까 불고기나 갈비, 등심을 구워 먹는 집이라고 착각하고 있는 거죠. 그게 한식의 전부라고 생각할 정도예요. (중략) 외국에서 한식당을 이용하는 고객들에게 가장 불편한 것이 뭐냐고 조사를 하면 옷에 냄새 배는 거라고 합니다. 어느 나라나 똑같아요. 일본에서 한식당이 고급 건물에 들어가기 시작했거든요? 로스타가 없는 곳은 가정식 중심으로 진출하고, 로스타가 있는 곳은 구이 전문점으로… 그런데 로스타가 있는 한식당들은 최고급 구이기를 장착해요. 대당 400만 원에서 500만 원, 일본 돈 40만 엔, 50만 엔, 심지어 테이블까지 100만 엔을 웃도는 고가의 로스타를 설치하는데 거기에 연기를 빼내는 닥트 시설, 집진기까지 해서 엄청난 돈을 지불해요. 이런 곳들이 '게이오플라자' 같은 특급호텔, 테마 빌딩 같은 고급 건물에 들어가죠. 이렇게 해외 진출 시 무연 로스타 시설의 고급화가 절대적으로 필요해요.

_ 박형희 대표이사 인터뷰, 2010. 4. 6

육류를 구울 때 필연적으로 발생하는 연기를 제거하는 것은 고객들의 불편을 해소하는 것뿐만 아니라 음식점의 격을 높이는 데 영향을 미쳤기 때문에 외식업계에서는 여러 방안이 고안되

었다. 그중 하나로, 앞에서 소개한 《매일경제》 1986년 2월 13일
자 기사에서 봤듯이, 일본 도쿄의 한식당에서 개발된 무연 구이
기가 역으로 우리나라에 도입되기도 했다는 것을 알 수 있다. 해
외 한식당이 고급화되면서 무연 구이기가 적극 개발되었고 그것
이 역수입되는 등 국내에까지도 영향을 주었다고 생각된다.

2) 갈비구이

(1) 대형 공원식 갈빗집의 등장

1980년 초반부터 우리나라 육류구이의 외식상권 판도는 크게
바뀌었다. 강남 개발이 본격화되면서 주된 상권이 강북의 전통
있는 도심에서 강남의 개발 지역으로 바뀌게 된 것이다. 그 주된
이유는 강남 지역의 대형 공원식 갈빗집의 출현이었다.

《월간식당》 1985년 8월호에서 '홍능갈비' 관계자는 "십여 년 전
에(1970년대 중반) 갈비는 우리가 먹을 수 있는 음식 중에서도 최
고급 요리였고 또한 최신의 업종이었다."라면서, "식당을 해오며
최호황을 누렸던 때는 75년부터 82년까지로 추정된다. 작은 규모
의 업장이 아니었는데도 손님들이 와서 앉을 자리가 없었다. 넘
치고 또 넘쳤다."고 진술했다. 1970~80년대 우리나라 육류구이
외식업의 분위기를 알 수 있다. 그런데 이런 분위기에 변화가 온
것은 1981~82년이었다. 홍능갈비 관계자의 말에 따르면 "갈비라

면 홍능갈비만을 찾던 고객들도 2, 3년 전부터 붐을 타기 시작한 정원식 식당으로 분산"되었다. 즉, 기존 유명 식당들의 고객이 대거 강남으로 이동하게 된 것이다.

이런 경향은 한일관 김이숙 사장의 다음 증언에서도 확인할 수 있다.

> 70년대까지는 한일관이 독점이었어요. 그런데 79년, 80년부터 변화 시점이 왔는데… 우리나라에 고기를 먹는 문화가 들어오면서, 고기를 맛있게 먹으려면 숯불로 야외에서 먹는 게 맛있잖아요. 그런 분위기를 '삼원가든'이 낸 거죠. 그 전까지는 강북밖에 없었는데 고기 먹는 손님들은 강남으로 몰리고, 그리고 80년대에 '용수산' 같은 전문적 한정식집들이 생기면서 분화가 되더라구요. 저희는 그걸 다했는데… 그렇게 밀리니까, 80년대에 저희가 너무 힘드니까 엄마(2대 길순정 사장)가 '로스'라는 걸 해봐라, 다른 집들도 한다는데… 그래서 '곱창전골', '로스구이' 두 가지 메뉴를 시작하기도 했어요.
>
> _ 김이숙 사장 인터뷰, 2010. 1. 19

시내의 역사 깊은 음식점과 더불어, 평창동, 구파발 등 시내 변두리 지역과 교외의 일영, 벽제 등에서는 마이카족을 대상으로 영업한 대형 음식점들이 성업했다.[82] 그런데 1982년 무렵부터 서울의 상권이 강남과 강서로 이동하여 서울 영동(영등포의 동쪽) 지역에는 대지 1,000평을 웃도는 대규모 대형 음식점만도 20여 개가 넘게 들어섰다. 이 대형 음식점은 대부분 갈비 전문집으로,

200~300대의 주차시설과 조경 공사비만도 5억~6억 원을 들인 고급화로 강북 지역의 고급 손님들을 유치했다.[83]

서울에서 제일 먼저 생긴 공원식 갈빗집은 1981년 11월에 개업한 강남구 신사동 '삼원가든'(대표 박수남)이다. 그리고 당시 성업 중이었던 대형 공원식 갈빗집은 '늘봄', '서라벌', '초성공원', '한강장', '강남장', '래팡가든', '수주성' 등 15곳 업소를 들수 있다.[84]

우리나라 최초의 공원식 갈빗집인 삼원가든을 열게 된 동기와 초창기 규모에 대해 박수남 회장은 다음과 같이 이야기했다.

삼원가든… 81년도에 됐고요. 11월이에요. 이거 할 때만 해도 현재 한양아파트 앞에 있던 가로수가 요만했어. 부자 동네지만 아파트를 비둘기장이라고 하잖아요, 닉네임이 비둘기집. 나무도 없이… 내가 아이디어를 얻은 게 이 사람들이(아파트 주민들) 향수가, 고향에 대한 향수가 필요하겠구나, 도시인들의 휴식공간을 만들어야겠다… 해서 만들게 됐고, 크게 하게 된 거는 그 당시 서울 시내에서 반경이 아니라 전체적으로 창동이나 불광동, 여의도도 10분밖에 안 걸려요. 명동에서 15분이면 오더라고. 서울시 전역을 상대로 했고… 그다음에 남이 안 하는 것을 해서 획기적이니까, 그래서 처음으로 열게 됐고… '삼원가든'이라고 써 붙였지. 갈빗집이라던가 뭐 냉면이나 식당이라고 안 썼어. 일반인들은 이게 식당이라는 걸 상상을 못 했어. 허가는 정원으로 되어 있어. 그 당시에는 영어를 못 쓰게 해서… 삼원정원. 그 당시 규모는 지금의 반이고 본관하고 주차장 있었지. 지금은 이천 몇 평이니까. 그 당시 천이백 평, 종업원은 그 당시 백삼십 명 정도 됐을 거야. 그리고 좌석수가… 내 생각에는 육백 몇 석 되었던 거 같은데, 밖에 야외, 가든에 다 했으니까. 석수야 천 석도 넘게 되지.

_ 박수남 회장 인터뷰, 2009. 12. 17

창업 초기 삼원가든이 얼마나 성업이었는지에 대해 박수남 회장은 다음과 같이 회고했다.

오픈 첫 날부터 줄 서 가지고… 문 열 때부터 줄을 섰어요. 문 여는 날부터 넘버(대기표) 받아 들어왔어. 강남에 돈이 주체할 수 없을 때니까. 그래서 몰려든 거예요. 하루에 될 때는 6회전씩 됐거든. 그러니까 문 열면 밤 12시까지, 쉬는 시간이 없이 돌아갔으니까 거의… 그 당시에는 경제성장이 되니까 돈들이 많이 돌았어요. 고객 레벨이 어땠냐면, 우리나라 최상류권… 그 당시 제일 좋은 한국 최고 차가 마크포가 있었어. 마크포도 (삼원가든에) 안 들어왔어. 도요다라든지 외제차가 더 많이 들어오고… 그 정도로 여기는 부자들이 많았어. 주말에는 상류층 5% 정도가 고객이었을 거예요. 주중에는 기업, 큰 기업의 접대… 창업 당시 메뉴는 똑같아. 변한 게 없어. 갈비가 주로고 그때 당시 80% 갈비였어. 갈비, 불고기, 등심, 냉면, 갈비탕… 지금이랑 똑같아. 생갈비, 양념갈비 다 있는데. 근데 그 당시는 99%가 양념(갈비)이야. 그 당시에는 그랬어.

_ 박수남 회장 인터뷰, 2009. 12. 17

이러한 대형 음식점의 분위기를 전하는 1982년의 기사는 "대

그림 IV-13 삼원가든 내외부 모습과
삼원가든의 갈비
(출처:《월간식당》1986년 5월호)

지 천여 평짜리 20여 곳이 성업 중으로 값비싼 나무와 희귀어로 단장했으며 정자 석탑에 물레방아까지 에너지 소비도 1급"이라며, 매출은 "어린이날엔 한 집서 소 20마리가 동이 났으며 한 달 매출액 1억 넘는 곳도 3~4곳"이라고 했다.[85] 당시 삼원가든의 갈비가 1인분에 5,300원이었다는 것을 고려할 때, 매출액의 규모를 가늠해볼 수 있다.

서울 중심권과 강북 지역에 있던 식당들이 강남 지역으로 넘어오면서부터 갈비구이의 형태도 변화했다. 갈비를 한쪽으로만 뜨는 외갈비가 되었으며, 다이아몬드 무늬의 칼집을 넣기 시작한 것이다. 강북 지역에 있던 식당에서는 갈비를 양쪽으로 포를 뜨는 양갈비로 재웠으며 갈비의 크기도 지금보다 약간 큰 편이었다. 고기의 두께도 좀 더 두껍게 떠서 재웠다.[86]

비슷한 시기인 1982년에 논현동에 오픈한 공원식 갈빗집 '늘봄공원'도 "1,200여 평의 대지에 건평 400평가량의 공원식 식당"으로, "메뉴는 갈비, 불고기, 갈비탕, 냉면 등 4가지 종류이며 그중에서도 갈비가 간판 메뉴"였다. 1985년 당시 "4인 가족을 기준으로 할 때 4만 원 정도면 전원의 풍경을 즐기면서 맛있는 음식을 넉넉하게 먹을 수" 있었으며 "하루 이곳을 출입하는 사람들의 수만도 1천 명에 매상액은 하루 평균 700만 원선에 이르렀다."[87]고 했다.

한편, 앞 시대에 성업했던 수원과 포천 지역의 갈빗집들도 1980년대 들어서면서 더욱 번창했다.

수원 갈비의 원조인 화춘옥은 폐업했으나 그 후광을 입고 많은 식당이 생겨났는데, 시대적인 취향 변화를 감지하여 대형화, 전원식당화되었다. 특히 수원 근처에 대공원, 민속촌, 자연농원과 같은 관광지가 몰려 있어 관광을 마친 사람들이 수원 갈비를 찾게 되면서 주변의 과수원 등이 전원식당으로 개조되기도 했다.[88] 수원시는 1985년 4월 12일 수원 갈비를 수원시 고유 향토음식으로 지정하고 명성옥, 수원옥, 장수갈비, 한우갈비, 경남가든, 대우정, 동수원갈비, 마포갈비, 수원성, 본수원집, 화정식당, 삼부자집 등을 향토음식 개발업소로 선정했다.[89] 1985년 당시 기사에 의하면, 수원 지역의 갈빗집들에 "손님이 평일에 하루 3,000, 주말에는 4,000~5,000명에 이"[90]를 정도였는데, 야외에 원두막 같은 시설을 해놓고 영업했다고 한다.

포천 이동 갈비 번성기는 1980년대 후반이다. 1986년 서울아시안게임과 1988년 서울올림픽 즈음해서 이동면을 중심으로 갈빗집이 기하급수적으로 늘었다.[91]

이렇게 갈비는 최고의 외식 메뉴로 떠올라, 그 전까지 최고의 외식 메뉴였던 불고기를 앞설 정도가 되었다. 1996년 제일제당에서 전국의 주부 1,000명을 대상으로 실시한 '외식 실태조사' 결과에서는 한 가정당 한 달에 외식비로 평균 9만 4,500원을 지출하며 외식 때 갈비를 가장 즐겨 먹는 것으로 드러났다. 외식 때 즐겨 찾는 메뉴를 복수 응답하도록 한 질문에서 갈비, 불고기, 등심 등 쇠고기류를 꼽은 사람이 절반에 가까운 452명으로 가장

그림 IV-14 수원 갈비 (출처: 《동아일보》 1985. 7. 24)

많았는데, 특히 갈비는 302명이 외식 때 가장 선호하는 메뉴로 꼽았다.[92]

갈비 역시 초기에는 양념갈비구이가 대부분이었지만, 점차 양념을 하지 않은 생갈비로 고객의 입맛이 옮겨 갔다. 생고기로 선호가 변화한 경향에 대해 삼원가든 박수남 회장은 다음과 같이 말했다.

(창업 당시는 99%가 양념갈비였는데) 생갈비로 바뀐 게, 올림픽 이후에 바뀌었지. 그 전에는 아니에요. (바뀐 이유는) 고기 자체를 먹다보니까… 사람의 입맛에 따라 바뀐 거지. (중략) 갈비가 달잖아요. 그런데 세월에 따라 설탕이 쭉쭉 빠져서… 우리가 갈비가 변한 게… 설탕이

아마 옛날보다 삼분의 이는 줄었을 거야. 갈비에서 간장하고 설탕만 빠진 거야. 짠 거 싫어하니까.

_ 박수남 회장 인터뷰, 2009. 12. 17

이렇듯 88올림픽 이후 생갈비를 선호하기 시작했고, 양념갈비에서도 양념의 설탕과 간장이 줄어들어 담백하게 변했음을 알 수 있다.

(2) LA갈비의 유행

이 시기에 크게 유행한 갈비 종류로 'LA갈비'가 있다. 주로 구이로 이용된 LA갈비가 언제부터 우리나라에 도입되었는지에 대해 정확한 자료는 없지만, 1990년대에 들어서면서 관련 기사가 늘어났다.

1990년 5월 23일자 《매일경제》 기사에서는 수입 쇠고기를 한우고기로 속여 팔았던 사건과 관련하여 모 백화점에서 "수입 박스갈비로 만든 LA갈비를 한우 LA갈비인 것처럼 팔았으며"[93]라는 표현이 나타난다. 그리고 1991년의 신문 기사에는 "일부 정육점에서는 기름기를 뺐다는 갈비에 LA갈비라는 이름을 붙여 5백g당 7천 7백50원까지 받고 있다."[94]고 해, LA갈비가 기름기를 뺀 갈비를 의미하는 것처럼 말하는 행태를 지적하는 보도를 하기도 했다.

LA갈비의 유래에 대해서는 다양한 의견이 있는데, 이에 관한 기사도 보도되었다.

LA갈비라는 호칭을 얻게 된 데는 여러 설이 있다. 몇 가지를 소개하면, 미국에서 한국으로 쇠고기를 판매하기 위해 여러 마케팅을 펴던 중 한국인들의 수입육에 대한 좋지 않은 이미지를 없애기 위해 나온 이름이라는 설이다. 한국 사람이 가장 많이 사는 LA 지역을 정해 거부감을 없애기 위한 수단으로 사용했다는 것이다.

또 다른 설은 갈비를 맛있게 먹기 위해 고안한 이름이라는 해석이다. LA에 사는 한국 사람들이 요리법을 고민하던 끝에 갈비를 엇썰어서 양념한 후 석쇠에 구워 먹은 것이다.

하지만 가장 신뢰가 가는 설은 LA갈비는 고기가 썰리는 방향에 의해서 붙여진 이름이라는 것이다. 우리나라는 칼로 갈비를 뼈 방향대로 길게 써는데 미국과 호주 등에서는 절단기로 통째로 갈비 측면을 자른다. 그래서 횡축으로 자른다는 의미의 'Lateral Axis'의 약자라는 것이다. 이 설이 맞다면 LA갈비가 아니고 'LA식 갈비'라고 해야 한다.[95]

두산백과사전에 따르면, LA갈비는 "갈비가 썰리는 방향에 의해서 붙여진 이름으로 일차절단갈비Short Rib에서 6~8번 부위를 천연근 봉합선을 따라 바깥쪽 근육을 제거하고 지방 정선 작업을 하여 얻어지는 부위"다. "늑골의 인치수 기준으로 7~9인치 규격의 갈비로 만든다. LA갈비의 어원은 '측면의'를 뜻하는 영어 단어 '래터럴lateral'의 엘(L)과 에이(A)를 따서 LA갈비가 됐다는 설과 한국과 달리 미국에서는 갈비를 뼈째 가로로 자른 데서 유래했다는 설"[96]이 있다는 부연설명이 붙어 있다.

LA갈비는 급속하게 유행되어, 《세계일보》 1997년 6월 13일자에 따르면 '할인점 품목별 매출 순위에서 LA갈비가 1위로 조사' 되기도 했다.

최근 소비자들은 할인점에서 LA수입갈비를 가장 많이 찾는 것으로 조사됐다. 뉴코아백화점은 지난 5월 한 달 동안 서울 분당 일산 평촌 수원 등 창고형 할인점 킴스클럽 5개점의 품목별 매출액을 조사한 결과 LA수입갈비가 가장 많이 팔렸다고 12일 밝혔다. 이번 조사에 따르면 5개점에서의 품목별 매출순위는 LA수입갈비가 2억 4천7백만 원의 매출을 올려 1위를 차지했다.[97]

"뼈 방향대로 길게 써는 한우 갈비와는 달리 통째로 갈비 측면을 자르는 방식"[98]인 'LA 컷'으로 자른 갈비는 상대적으로 저렴한 수입육을 중심으로 인기를 모았다. LA갈비는 명절의 '실속형 선물'에서부터 기사식당의 인기 메뉴[99]에 이르기까지 폭넓은 대중적 인기를 누렸으며, 갈비의 대중화에 기여했다.

3) 쇠고기구이의 다양화

(1) 등심구이

1960년대 사용되었던 '로스구이'는 1973년에 언어 순화 차원에서 '등심구이'로 이름이 바뀌었다. 이후에는 '로스구이'와 '등심구이'가 혼용되어 현재까지도 쓰이고 있는데, 1980년대 이후에는 주로 '등심구이'라는 표현이 자리를 잡는 경향이 보인다.

'로스구이'는 양념을 하지 않은 고기를 통째로 구워서 양념장이나 맛소금에 찍어 먹는 음식[100]으로, 양념고기보다 생고기를 선호하는 문화가 자리를 잡으면서 인기를 모았다. 1976년 기사에 "아이들을 데리고 모처럼 시내에 외식을 하러 가서 불고기와 로스구이를 시켰다"[101]는 내용처럼 가족 단위 외식의 대표적 메뉴가 불고기와 로스구이가 되었다. 1994년 기사에는 "대부분의 사람들에게 익숙한 것이 주로 양념된 갈비나 불고기이지만, 부위별로 구워 먹는 쇠고기 맛을 본 사람들은 로스구이집을 찾는다."[102]라고 나와, 생고기가 대세가 되었음을 보여준다.

《매일경제》 1982년 10월 13일 기사에서는 돼지고기, 닭고기는 남아도는데 쇠고기가 부족한 국내 육류 수급 상황을 개선하자면서 "로스구이 먹던 사람들을 돼지 삼겹살을 먹도록 유도하려면"이라는 표현을 썼다. 이를 통해 로스구이를 쇠고기구이 음식의 대명사처럼 사용했음을 알 수 있다.

한편 《매일경제》 1985년 10월 5일자 '가을철 입맛 돋구는 돼지고기요리 4선'에는 "돼지어깨 로스구이"라고 하여 '로스구이'라는 단어가 돼지고기에 쓰인 사례도 보였지만, 일반적으로 로스구이는 쇠고기를 의미했다.

(2) 주물럭

1980년대 초반에 유행했던 쇠고기구이 중 하나는 '주물럭'*
이다. '주물럭'이라는 메뉴를 처음으로 선보인 원조 식당은 '마
포주물럭'[103]으로, 1972년 마포동에서 10평의 작은 규모로 출발
했다. 처음에는 '실비집'이라는 간판을 내걸고 돼지고기를 제공
했다. 취급 메뉴가 고객들의 기호 변화에 따라서 돼지 삼겹살에
서 돼지 갈비로, 거기서 쇠고기 갈비로 바뀌었다가 등심에 이르
렀는데 등심요리가 호평을 받아 '주물럭'이라는 별명을 얻게 되었
고 1976년에 고정 메뉴가 되었다. 그 후 1981년에 상호등록신청
을 하고 40평 규모의 주물럭집을 신설했다.

이렇게 시작된 주물럭은 "고기를 손으로 주물러 양념을 했다
는 마포의 주물럭집 골목은 마주보고 들어선 8개의 등심구이집
이 초저녁부터 밤늦게까지 발 들여놓을 틈이 없을 정도"[104]로 성
행해 "마침내는 서울 전역에 산개하여 주물럭이 지방 도시에까지
진출"[105]하고 새로운 명물로 등장했다.

주물럭 맛의 비결은 "등심 살코기 자체가 좋아야 하고 거기에
참기름, 조미료, 소금, 후추를 배합하여 손바닥만 하게 두툼히 썬
고기의 결에 따라 간이 잘 배도록 성의껏 주무르는 데" 있으며,

* '주물럭'이 넓은 의미에서 불고기의 범주에 들어간다는 의견도 있다. 그러나 일반적으로
알고 있는 불고기 양념은 간장을 기본으로 하며, 일반적으로 불고기와 주물럭을 연결시키
지 않는 경향이 많아 여기에서는 따로 구분했다.

"식탁에 숯불을 놓아서 숯이 연소될 때 생기는 일산화탄소와 고기가 화학반응을 일으켜 독특한 맛을 낸다."[106]고 알려졌다. 이렇듯 등심을 참기름, 조미료, 소금, 후추를 넣고 주물러 숯불에 굽는 조리법으로, 석쇠 불고기의 양념과 비교할 때 간장이 들어가지 않으며 고기 두께도 좀 더 두껍다는 차이점을 보인다.

명성에 힘입어 '주물럭'은 올림픽 식품으로도 개발되었고 서울시가 지정한 특성 음식점 146곳에 마포의 원조 주물럭 등이 포함[107]되기도 했다.

(3) 기타 유행 구이

1980년대 말부터 시작해서 1990년대 쇠고기구이의 유행 상호가 된 것은 '암소한마리'다. 1987년에는 "쇠고기를 부위별로 모은 암소한마리란 메뉴가 선풍적인 인기를 끌고 있다. 1986년 11월에 경기도 부천 지역에서 선보이기 시작한 이 음식은 1년 사이 서울을 비롯한 수도권 지역으로 날로 확산돼가고 있다."[108]라는 기사가 나왔고, 《월간식당》 1992년 2월호에서는 '암소한마리'라는 상호가 "전국에 어림잡아 500~600개"나 되는데 "원조는 박영환 씨"라고 밝혔다. 이 음식점에서는 "상호 암소한마리답게 간, 천엽, 안심, 등심, 제비추리 등 맛있는 부분 13가지를 한 접시에 내가는 메뉴를 고안"[109]해서 인기를 얻었다고 한다.

한편, 1992년 최고의 히트 아이템으로는 '쇠고기 뷔페' 체인점을 들 수 있다. 쇠고기 뷔페는 일본에서 한때 유행했던 것으로,

재일교포 이삼옥 씨가 1991년 초 '엉클리'라는 브랜드로 이태원에 1호점을 연 것이 국내 쇠고기 뷔페 체인점의 효시라고 할 수 있다. 주도심보다는 부도심권에서, 고급 상권보다는 중급 이하의 상권에서 비교적 호조를 보였다. 단일 점포형으로 고기 뷔페점을 영업하는 업소는 1992년 7월 현재 서울에만 100~200개가 되었고 쇠고기 뷔페 업체의 브랜드는 '본전', '엉클리'를 비롯하여 21개로, 메뉴는 쇠고기류의 로스, 곱창, 주물럭, 염통 등과 사이드 메뉴로 산양, 칠면조, 오리, 토끼, 멧돼지, 사슴고기류를 도입하기도 했다.[110]

또한 불고기, 돼지갈비 등을 위주의 단일 메뉴 또는 2~3가지만을 내는 뷔페식당과 돼지갈비, LA갈비, 삼겹살, 등심, 불고기 등을 내는 '안주 뷔페'가 성업을 이루었다.[111]

이 시기의 육류구이 문화에서 빼놓을 수 없는 것이 삼겹살구이다. 1970년대 중반까지도 삼겹살은 구이보다는 편육, 조림, 찜으로 많이 조리되었는데, 1970년대 후반부터 삼겹살구이가 유행하기 시작했다. 삼겹살구이는 소주 안주로 인기를 모았는데 IMF 외환위기로 불경기가 이어지자 소위 'IMF 삼겹살'이라는 신조어가 생길 만큼 더욱 대중화되었다. 어느새 '삼겹살에 소주'는 한국 문화의 하나로 인식되었고 1990년대 후반에는 '솥뚜껑 삼겹살'이 유행하기도 했다.

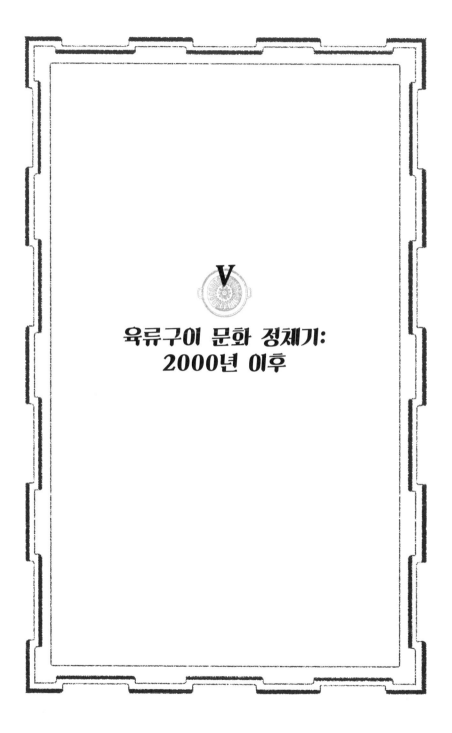

V

육류구이 문화 정체기:
2000년 이후

2000년 이후는 우리나라 '육류구이 식문화의 정체기'라고 볼 수 있다. 그 이유는 첫째, 육류 소비량이 감소·정체되었기 때문이다. 전 시대 육식 소비량이 급속히 증가되면서 성인병, 과체중 등 부작용이 늘어나자 건강에 대한 관심이 높아지면서 육류 소비가 주춤해졌다. 그런데 이런 분위기 속에서 2001년 1월 광우병으로 알려진 'BSE(소해면상뇌증)'의 발발은 특히 쇠고기 소비의 감소로 이어졌다. 둘째, 이전 시기의 다양했던 육류구이의 종류가 쇠퇴하고 삼겹살구이가 독주하는 '삼겹살구이 전성시대'이기 때문이다. 우리나라의 뿌리 깊은 쇠고기 선호가 바뀌어 삼겹살구이가 이 시대 육류구이 문화를 주도하게 된 이유는 쇠고기·돼지고기 수급량과 긴밀한 연관이 있다. 미국산 쇠고기가 수입 쇠고기의 절반 이상을 차지했던 우리나라의 육류 수급 상황에서 2003년 말의 미국발 BSE는 치명적인 영향을 끼쳤다. 즉, 쇠고기구이 전문점 70%의 매출 하락으로 이어질 만큼 막강한 영향을 준 상황에서 덩달아 한우도 피해를 보게 되었다. 이런 가운데서 쇠고기의 대체재인 돼지고기의 수요는 늘어날 수밖에 없었고, 그중에서도 기름기가 있어 굽기에 적합한 삼겹살구이가 인기를 누리게 되었다.

9장

육류구이 문화 정체기의
육류 소비량과 소비경향

1) 육류 소비량의 감소

〈그림 IV-1, 2〉(230쪽)의 육류 소비량 그래프에서도 살펴보았 듯이, 2000년 이후의 육류 소비량은 감소·정체를 보였다. 2000년 에 들어서기 직전인 1999년 윤계순 등의 연구에서도 이미 육류 소비 감소세가 나타나고 있다. 이 연구에서 대도시 지역과 시골 지역의 성인 남녀 491명을 대상으로 실시한 조사에 의하면, '육 류 이용이 전체적으로 감소했다'는 비율이 44.9%로 가장 높았으 며, '변함이 없다'는 35.1%로 나타났다. 육류 이용의 감소 이유로 는 50대 이상 연령층에서는 '건강' 때문이라는 대답이 66.7%으

로 가장 높았고, 20대에서는 '경제적인 이유'를 꼽은 비율이 63%를 차지했다.[1]

BSE 파동 직후인 2001년 3월, 한국갤럽에서는 전국의 성인남녀 759명을 대상으로 '육류 소비 실태에 관한 조사'[2]를 실시했다. 그 결과, "1년 전에 비해 육류를 더 많이 드시고 계십니까? 혹은 더 적게 드시고 계십니까?"라는 질문에 대해 국민의 45%가 육류 소비를 줄였다고 했다. 그중 소비를 가장 많이 줄인 육류는 쇠고기라고 응답해서, 보고서에서는 "광우병 파동에 대한 국민의 1차적인 반응이 쇠고기 소비 감소로 이어졌다."라고 해석했다.

한편, 2004년 농림부가 가정주부 등 1,180명을 상대로 조사한 '쇠고기 소비 형태 및 소비자 의식 조사 결과'에서는 국내 소비자가 구입하는 쇠고기의 63%는 한우, 25%는 육우(젖소)이고 수입 쇠고기는 9%에 불과했다. 국내 소비자들이 가장 선호하는 부위는 등심(37%)이었고, 이어 안심(24%), 양지(14%), 갈비(13%) 등의 순이었다. 이에 반해 외식 때 즐겨 찾는 메뉴는 등심(37%), 갈비(34%), 불고기(16%) 순이었다.[3]

논밭을 갈던 한우가 기계에 밀려나 '일하는 소'보다는 주로 고기를 생산하는 '고기소'로 키워지면서 소 자체에도 많은 변화가 생겼음이 다음과 같이 조사되었다.

한우 체중이 30년 사이에 2배 가까이 늘어나는 등 체형이 크게 바뀌었다. 생후 18개월 된 한우 수소의 평균 체중은 1974년 290kg에서 지난해 542kg으로 30년 만에 86.9% 늘었다. 반면 같은 기간 키(체

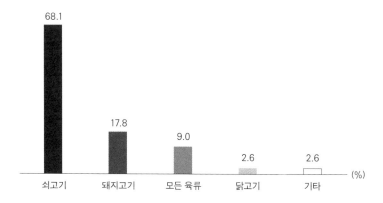

그림 V-1 소비가 감소한 육류 (출처: 허진재, 2001, 〈광우병 파동으로 식생활 변화, 쇠고기 소비 줄고 생선 섭취 늘어〉, AD INFORMATION, p. 129)

고)는 118cm에서 127cm로 7.6%, 몸길이(체장)는 128cm에서 149cm로 16.4% 커지는 데 그쳤다. 키와 몸길이는 거의 제자리걸음한 데 비해 가슴둘레와 엉덩이가 커지면서 몸무게가 2배 가까이 늘어난 것이다. 특히 볏짚처럼 영양가 없는 먹이가 양질의 곡물사료로 대체되는 등 소의 '식생활 개선'도 체형 변화에 큰 영향을 미쳤다. 이런 체형 변화에 따라 등심 등 고급육 생산량도 늘어 85년에는 한우 한 마리에서 등심이 23kg(출하체중 435kg) 나왔지만 2004년에는 35kg(출하체중 588kg)이 생산됐다.[4]

2) 돼지고기 수요의 등락

2000년 3월에는 경기도 파주시 일대에서 가축질병 '구제역'이 발생했다. 구제역은 소, 돼지, 사슴, 양 등 발굽이 갈라진 동물에 발생하는 병으로, 입과 발굽 등의 점막과 피부에 물집이 생기고 시름시름 앓다가 죽는 수포성 전염병[5]이다. 구제역 발생으로 돼지고기의 수출길이 막힌데다, 그동안 사육 농가가 급증해 국내 돼지 사육 두수가 2000년 9월 사상 최고치인 837만 마리까지 늘어나면서 공급과잉으로 인해 돼지고기 값이 30% 가까이 폭락했다.[6]

그런데 이 같은 가격하락에도 불구하고 삼겹살, 목살만을 선호하는 소비 행태로 인해 삼겹살 수입은 계속 증가했고 구제역 파동 이전 수출 '주력 부위'였던 안심, 등심 등의 수출은 중단되자 재고가 누적되는 양상을 보였다.[7] 때문에 산지 돼지고기 값이 폭락하는데도 소비자물가지수는 거의 변하지 않는 기현상이 벌어지자 "지나친 삼겹살 선호가 물가하락을 가로막고 있는 셈"이라는 평가가 나왔다.[8]

2002년 3월에는 "돼지 구제역 파동으로 공급물량이 급격히 줄면서 돼지고기 값이 더 오른 반면 수입 쇠고기는 점유율을 확대하려는 외국 업체들의 공세로 가격이 낮아져 일부 국산 돼지고기 삼겹살 값이 수입산 쇠고기 값보다 비싸지는 가격 역전현상이 나타났다"[9]

이런 상황에서 돼지고기 수요를 결정적으로 촉진한 것은 2003년 말의 미국발 BSE였다. 앤 베너먼 미 농무장관이 2003년 12월 23일(현지시간) 긴급 기자회견을 갖고 미 워싱턴주 맵턴의 한 농장에서 광우병에 걸린 것으로 추정되는 홀스타인종 젖소한 마리가 발견됐다고 발표하자[10] 정부는 미국산 쇠고기 수입 전면 금지 조치를 취했다. 2002년 기준으로 전체 쇠고기 공급 물량 45만 7,700톤 중 수입산은 31만 2,000톤(68.2%)에 달했으며 수입 쇠고기 중 미국산이 절반 이상을 차지했던 만큼 쇠고기 수급에 많은 부작용[11]이 나타났다. 2003년 말의 미국발 광우병 파동은 "고기 전문점 70%, 설렁탕·곰탕 전문점 60%, 양곱창 전문점 60% 매출 하락"[12]으로 이어질 만큼 국내 외식시장에 치명적인 영향을 주었다.

송주호 등의 연구(2004)[13]에 따르면, 소 산지 가격은 일반적으로 매년 연말연시에 최고조에 이르렀다가 설(구정)이 지나면서 3~4월에는 가격이 하락하고 5월 행락철에 접어들면서 다시 상승하기 시작해 연말까지 상승하는데, 간헐적인 가축질병 발생이 월별 가격 순환을 교란시켰다. 즉, 1차 구제역이 발생한 2000년 3월에는 가격하락 추세가 심화되었고, BSE 소동이 있었던 2001년 1월 이후에는 가격하락 추세가 길었다. 그런데 2002년 5월에 발생한 2차 구제역은 주로 양돈농가에 발생하여 소 값에 영향을 주지 않았다. 그러나 2004년 초 가격하락은 미국 BSE로 말미암아 영향이 크고 장기간에 걸쳐졌다. 구제역과 BSE 발생에 따른 한우 가격변동은 〈그림 V-2〉와 같다.

이미 2003년 12월 10일 충북 음성군에서 조류독감이 발생한[14] 상태였기 때문에, 쇠고기의 대체재로 돼지고기의 소비는 급격히 증가했다. "광우병과 조류독감 덕분에 돼지고기가 '깜짝 특수特需'를 누리면서 돼지고기 판매가 50% 이상 급증"[15]한 반면 "소갈

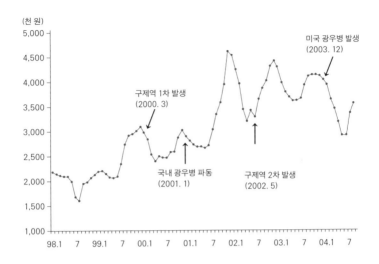

(천 원)

미국 광우병 발생
(2003. 12)

구제역 1차 발생
(2000. 3)

국내 광우병 파동
(2001. 1)

구제역 2차 발생
(2002. 5)

그림 V-2 한우 수소(500kg)의 월별 산지 가격변동 추이
(출처: 송주호 외, 2004, 〈미국 BSE 발생 이후 국내 쇠고기 소비 변화 분석〉, p. 15)

비 전문점의 경우 평균 70~80%까지 매출이 급락"[16]했다.

2004년 들어 유통업체의 파격적인 가격 할인에도 불구하고 광우병 여파로 쇠고기 소비가 30% 가까이 줄고[17] 돼지고기는 공급이 달려 가격이 역대 최고치까지 치솟으면서 일부 지역에서 쇠고기와 돼지고기 가격의 역전이 벌어지기도 했다. 이 같은 가격 역전현상에는 PMWS(이유 후 전신소모성 증후군) 등 만성호흡기 질병으로 돼지 출하 두수가 줄고 사료 값이 크게 오른 이유도 있었다.[18]

10장

대표적 육류구이와
상업화 정체

1) 변화를 모색하는 불고기

(1) 불고기의 쇠퇴

불고기는 오랜 세월 한국 육류구이의 대표 격인 음식이었지만 1990년대 초반부터 쇠퇴경향을 보였고, 2000년대 들어서는 갈비, 등심에 뒤처지게 된다.《한국일보》2004년 6월 4일자 기사에서 이런 경향을 볼 수 있다.

10여 년 전까지는 한국을 대표하는 소고기요리로 단연 불고기가 꼽

했고 외국인들조차 한식 하면 으레 불고기를 얘기했다. 하지만 지금
은 다르다. (중략) 외국산 소고기가 물밀듯이 밀려들면서 사람들의 입
맛이 등심과 갈비로 옮겨 간 것이다. 양념 없이 구워 먹기 편한 등심
이나 생갈비가 인기를 끌고, 고급 음식의 대명사 자리도 불고기 대신
등심이나 갈비가 차지했다. 외국산 구이용 소고기가 풍부하게 수입
되다 보니 음식업주들도 비싼 등심이나 갈비로 매출을 키우는 데 주
력했고 접대문화도 불고기에서 등심 갈비로 바뀌었다.[19]

이런 불고기 쇠퇴경향은 불고기용 쇠고기의 소비량과 가격에
서도 확인할 수 있다. 갈비나 등심 등 구이용 고기에 밀려 불고기
용 고기는 소비량이 크게 줄었다. 2004년 5월 쇠고기 판매 동향
을 보면, 하루 평균 불고기용 쇠고기 판매량이 지난해 같은 기간
보다 20% 이상 감소했고, 2003년 100g당 4,000원을 웃돌던 불
고기용 쇠고기 값도 2,000원 안팎으로 크게 떨어졌다.[20]

전통적으로 가장 즐겨 찾았던 불고기용 고기 수요가 급감한 경
향은 쇠고기의 수급 문제에도 영향을 끼치게 되었다. 즉 보통 소
한 마리에서 30% 정도 나오는 등심과 갈비는 모자라서 값이 치
솟는 데 반해 불고기용 부위는 남아돌아서 냉동저장 창고에 쌓
이는 불균형을 이루게 된 것이다. 불고기용 고기는 주로 앞다리와
뒷다리로, 수요보다 공급이 훨씬 많았다. 광우병으로 쇠고기 소비
가 감소한 가운데 이와 같은 수급 불균형까지 겹치면서 한우 가
격 폭락에 영향을 미치자, 2004년에는 국내 쇠고기 생산·유통업
계와 단체가 모여 결성한 쇠고기소비촉진협의회에서 "한국인의

대표 음식 불고기가 이 여름 새 출발을 선언한다. 그간 등심과 갈비에 밀린 '한식의 1번 타자' 역할을 되찾겠다."며 '불고기 먹기 캠페인'에 나선 것이다.[21] 이 캠페인은 "한국의 대표 음식이던 불고기가 갈비, 등심 등 구이음식에 밀려 사라지면서 소고기의 부위별 수급 불균형이 심각해지고 있"음으로 인해 "한우 가격이 전체적으로 폭락, 캠페인에 돌입하게 됐다."[22]고 했다. "구이음식에 밀려 사라"졌다는 대목에서 알 수 있듯이, 과거의 너비아니로부터 석쇠 불고기로 이어지는 구이음식의 계보에서 이탈하여 일부 육수 불고기는 '굽는' 음식이 아닌 '끓이는' 음식이 된 것이다.

이러한 경향은 외환위기 이후 등장한 '야채 불고기'에서 더욱 두드러진다. (주)한국외식정보의 박형희 대표는 야채 불고기에 대해 이렇게 설명했다. "야채 불고기란 채소와 고기를 섞어서 양을 푸짐하게 먹기 위한 것으로, 양념을 안 한 생고기(주로 소 목심)를 슬라이스해서 채소랑 섞어서 올려놓고 육수를 부어서 끓여 먹는다. 외환위기 이후 불황 시기에 수입 쇠고기를 써서 원가는 적으면서 푸짐하게 먹는 스타일이며, 불고기판 대신 전골 냄비를 사용한다"(박형희 대표이사 인터뷰, 2010. 4. 6). 즉 '야채 불고기'란 육수 불고기의 일종으로, 얇게 썬 생고기에 양념을 하지 않고 끓이며 국물이 더 많아진 것을 특징으로 볼 수 있는데, 외환위기가 식문화의 패턴을 바꾼 한 예라고 볼 수 있다.

이 시기 불고기의 쇠퇴 원인으로는 다음의 세 가지를 들 수 있다.

첫째, 불고기 질의 저하다. 석쇠 불고기는 등심이나 안심을 사

그림 V-3 야채 불고기 (출처: 한국외식정보(좌), www.hellodd.com(우))

용했던 너비아니를 계승해 너비아니와 동일하게 기타 부재료 없이 고기만으로 음식을 만들었다. 따라서 최상의 고기 질이 요구되었다. 그러나 육수 불고기가 되면서 국물이 생기고 부재료가 다양하게 첨가되자, 고기 질은 자연히 떨어져 등심의 절반 가격인 다릿살이 많이 사용되었고 질보다는 양 위주가 되었다.

둘째, 입맛의 변화다. 앞에서 살펴본 것처럼 양념 맛보다는 생고기 자체의 맛을 즐기는 풍토가 되자 불고기는 점차 외면받게 되었다.

셋째, 조리 시 편리성이다. 양념구이는 고기를 손질해서 양념을 한 뒤 적당한 시간 동안 재는 등 여러 단계의 조리 과정이 필요하다. 그러나 등심, 생갈비, 삼겹살 등 생고기구이는 즉시 조리가 가능하기 때문에 집에서든 야외에서든 그 편리성으로 각광받게 되었다. 한편 양념에 오래 길들여진 우리 입맛에 맞게 쌈장을 얹어 쌈을 싸서 먹음으로써 쌈장이 양념의 역할을 대신했다고 생각된다.

(2) 석쇠 불고기의 부활

육수 불고기가 대세를 이루었던 시기에도 석쇠 불고기는 한편에서 그 명맥을 잇고 있었다. 석쇠 불고기로 유명한 전문점이 몇 곳 있다. '우래옥'은 1946년 창업 이래로 국물 없는 평양식 불고기

그림 V-4 '시골집'의 석쇠 불고기

를 현재까지 유지하고 있다. 또한 '시골집'의 석쇠 불고기는 "양지살의 살코기만 발라 다진 후 갖은양념으로 재어놓았다가 연탄불에 구워 제공"[23]하는 것이다.

그리고 '역전회관'*의 '바싹 불고기'는 "석쇠 위에 얹어놓은 다진 고기를 센 불에 예닐곱 번씩 뒤집어가며 굽는데 넓적한 나무 주걱으로 얇은 고기를 골고루 두들겨가며 빈대떡처럼 만든 것"으로 "요즘엔 불고기라면 불고기판에 육수가 흥건한 것만을 생각하지만 바싹 불고기는 석쇠에 굽던 예전의 불고기가 되살아났다는 평을 듣는다."[24]고 했다.

한편 광양 불고기, 언양 불고기 등 너비아니를 잇는 석쇠 불고기가 명맥을 유지해오다가 다시 각광을 받기 시작했는데, 다음에

---

* 원래 용산역 앞에 있어 역전회관이라는 상호를 썼는데 현재 서울 마포와 용산 두 군데에 있다. 《주간동아》(2010. 3. 17) '황교익의 오래된 밥상: 고소한 바싹불고기 불맛 제대로 봤네')

서 좀 더 자세히 알아보고자 한다.

가. 언양·봉계 불고기

울주군청이 제공한 자료에 의하면 언양·봉계식 불고기는 1950년대 중반부터 상업화되었다. 언양읍지邑誌와 언양 토박이의 구증口證을 종합할 때, 언양 지역에 상업적으로 언양·봉계식 불고기를 판매한 시기는 6.25전쟁 휴전 다음 해인 1954년부터다. 그 후 언양 지역에는 1968년 부산-대구 간 경부고속도로 건설공사가 시작되고, 같은 시기에 자수정 광산이 활기를 띠면서 외지인들이 모여들었다. 그런 가운데 1969년 심삼만 일가가 언양읍 남부리 153-2번지에서 연탄불에 석쇠를 얹고 돼지고기나 쇠고기를 올려 왕소금으로 간을 맞추어 즉석에서 구워 먹게 영업을 시작한 것이 효시가 되었다. 현재 언양·봉계식 불고기는 '숯불구이(생고기)'와 '불고기(양념고기)'를 총칭하는 것으로, '숯불구이'는 생고기에 왕소금 간을 하고, '불고기'는 갖은양념으로 버무려 모두 숯불에 직화로 굽는 것이다.

울산시 울주군 언양읍과 두동면 봉계리 일대는 2006년 9월 18일 재정경제부로부터 울주 '언양·봉계 한우불고기 특구'로 지정받았다. 울주군청 자료에는 "2010년 특구지역 내에서 언양·봉계식 한우불고기를 전문적으로 판매하는 업소는 언양 지역 30개소와 봉계 지역 46개 소의 음식점이 있다."고 나오는데, 2018년 《파이낸셜뉴스》의 보도는 "언양 지역 불고기 식당은 현재 16곳만 남아 있다"[25]고 했다. '봉계불고기단지번영회'에 문의한 결과, 봉계

그림 V-5 한우불고기 특구 조형물(좌: 언양, 우:봉계)

불고기 업소는 "2020년 현재 회원업소가 31곳"이다. 울산군청 축산과의 담당자에 의하면 "봉계 지역은 대부분의 업소가 번영회에 속해 있지만 언양 지역은 그렇지 않은데, 현재 번영회에 속해 있는 업소는 16곳이지만 신규 업소도 많다."고 한다. 한편 언양·봉계 한우불고기 축제가 1999년부터 두 지역에서 번갈아가며 열렸는데 2018년과 2019년에는 축제가 취소되었고 이후 계획은 미정인 상태다.

광주MBC '한국의 맛 9부: 불고기'(2019년 4월 6일 방영)에서 소개된 바로는, 언양 불고기는 "초기에 왕소금구이로 시작되었는데 현대에는 잘게 썬 고기를 양념에 버무려서 빈대떡처럼 만들어 석쇠에 구워 미나리와 함께 먹는 것으로 변화"되었다고 했다.

2010년도 '언양불고기번영회' 총무를 맡았던 최해준 씨는 다음과 같이 말했다.

그림 V-6 언양 불고기
(출처:《월간식당》1994년 1월호)

언양 불고기는 생고기에 왕소금을 뿌리는 것과 불고기 형태 두 가지다. 불고기 형태란 고기를 얇게 썰어 떡갈비 식으로 하는 것인데, 과거에는 간장 양념을 썼으나 근래에는 간장 냄새를 제하면서 한우 암소고기 본연의 깊은 맛을 살리기 위해 간장을 넣지 않는다. 대신 소금과 육수를 이용해 간을 하며 기타 양념을 하는데, 양념에는 과일을 넣지 않는다. 최대한 고기의 맛을 살리기 위해 양념 후 서너 시간 정도 숙성하여 석쇠에 숯불 직화구이를 한다.

_ 최해준 총무 전화 인터뷰, 2010. 1. 29

1969년에 창업한 '삼오불고기'에서는 얇게 썬 언양산 한우 살코기를 손으로 저며 간장, 설탕, 참기름, 깨소금, 마늘 등 갖은양념으로 무쳐 하루를 재운 후 석쇠를 놓고 숯불에 구워 낸다.[26] 음식칼럼니스트 홍성유는 1987년《한국 맛있는 집》이라는 책에서 삼오불고기를 "원조라 할 만한 20년의 역사가 있는 불고기 전문집"[27]이라고 소개한 바 있다.

삼오불고기는 류순연 창업주에 이어 현재는 2대 김동철·김영숙 사장이 경영하고 있는데, 김동철 사장에 의하면 1969년 창업 당시 이미 새부산, 진미, 원조불고기 등 몇몇 언양 불고기 전문점

그림 V-7 '삼오불고기'의 언양 불고기

이 있었다고 했다. 김동철 사장은 1980년대에서 1990년대가 언양 불고기의 전성기였다고 다음과 같이 회고했다.

그때는 장사가 엄청 잘됐죠. 기억나는 게, 나 군대 제대했을 때쯤인데, 손님들이 돈을 주면 카운터 서랍에 받아 넣었거든요. 근데 뭐 물건 줍느라고 밑으로 기어 들어갔는데, 돈 넣어두는 서랍이 넘쳐서 지폐가 서랍 뒤로 넘어간 거예요. 수북하게 떨어져 있는 지폐를 주워서 갖고 갔는데도 그걸 어머니가 모르시더라고. (중략) 어머니께서 88올림픽 때 서울로 올라가 서교동 청기와예식장 근처에서 '청기와불고기'라는 음식점을 3년간 하기도 하셨어요. 그런데 여기(언양) 사람들은 혼자서도 2인분은 먹어요. 둘이면 3인분도 먹고 셋이면 5인분도 먹는데, 어머니가 서울 사람들은 한 사람이 1인분 이상 안 먹으려고 한다고… 그래서 별로 장사가 안됐다고 그러시더라구.

_ 김동철 사장 인터뷰, 2018. 12. 30

김영숙 사장은 "언양 불고기는 언양산 양질의 한우를 쓰며 부위는 앞다리, 뒷다리, 몸통살을 두루 이용한다."면서 "삼오불고기에서는 국물 불고기가 따로 없고 처음부터 이렇게 떡갈비 스타일로 했는데, 간혹 국물 불고기 원하시는 손님은 '불고기 전골'이라는 이름으로 국물이 있게 해드린다."고 부연했다.

2018년 3월 9일에 방영된 KBS '한식의 마음'에서는 "언양 불고기는 소 한 마리를 모두 맛볼 수 있는 음식이라고 할 수 있어요. 우둔살, 설깃살, 목심, 업진살, 차돌박이, 등심 부위가 함께 어우러져야 불고기의 제맛이 나는 거예요."라며 양념은 간장, 설탕, 통깨, 다진 대파, 양파, 배, 버섯, 마늘, 간장으로 한다고 설명했다. 떡갈비가 칼로 치거나 다지는 방식이라면 언양 불고기는 고깃결을 살려 손으로 얇게 썰듯이 해서 고기 본연의 육질과 고깃결이 그대로 살아 있게 하는 것이라고 설명했다.

한편 봉계 한우불고기 특구의 원조로 꼽히는 곳은 '만복래 숯불구이'다. 그 전신은 정육식당이었던 '금성식육점'으로, 김하두 창업주가 1983년에 창업했다.* 1년 후쯤 '만복래'로 상호를 변경했고 현재는 아들 김성환 사장이 대를 이어 운영하고 있다. 초기에는 삼겹살 등 돼지고기와 쇠고기를 병행해서 팔았는데 점차 쇠

---

* 봉계 불고기의 시작에 대해서 그동안은 "1980년대 중반 김하두 씨가 수석을 채취하러 왔다가 근처 정육점을 들러서는 즉석에서 썰어주는 고기를 연탄불에 얹어 소금을 뿌려 구워 먹은 것이 입소문을 타고 전국적으로 퍼진 것"이라고 알려져 있었다. 그러나 2대 김성환 사장에 의하면, 전대부터 집안이 계속 봉계에서 살아왔으며 김하두 창업주가 '금성식육점'이라는 정육식당을 하면서 수석을 채취하러 오는 손님들에게 식사를 제공한 것이 와전되었다고 했다.

고기 위주가 되었고, 이곳의 불고기가 맛있다는 입소문을 타자 1993년쯤부터 주변에 식당이 생기기 시작했다. 그리고 1994년에 주변 도로가 포장되고 교통이 편리해지자 1995년쯤에는 갑자기 40~50곳이 들어서면서 단지화되었다고 한다.

사진 V-8 봉계 불고기 특구 '만복래'의 양념 불고기

　만복래 메뉴에는 '소금구이'와 '양념 불고기'가 따로 있는데, 양념 불고기는 우리에게 익숙한 얇은 두께의 불고기가 아닌 쇠고기를 도톰한 두께로 썰어 잔칼질을 하고 양념한 형태다. 이에 대해 김성환 사장은 "초기에는 언양 불고기처럼도 하고 불고기 전골 같은 스타일로도 해봤는데, 좀 더 담백한 고기 맛을 살리기 위해 약 7~8년 전에 고안하여 현재와 같은 도톰한 양념 불고기를 시작했다. 소의 부위는 설도를 이용하는데 그중에서도 홍두깨처럼 생긴 속살 부분과 앞다리 정강살을 사용하며, 양념은 간장, 설탕, 마늘, 양파즙 등을 이용한다."(김성환 사장 전화 인터뷰 2020년 6월 14일)고 했다.

　만복래 이외의 봉계 지역 불고깃집에서는 주로 소금구이를 많이 하고, 업소에 따라 언양 불고기 같은 스타일, 혹은 불고기 전골이라는 이름으로 육수 불고기도 내고 있다.

나. 광양 불고기

광양시청 홈페이지(http://www.gwangyang.go.kr)에 적힌 광양 불고기의 역사는 조선시대까지 거슬러 올라간다. "김해김씨 성을 가진 부부가 아들을 데리고 광양으로 들어와 광양읍성 밖에 거주하였는데 인근에 조정에서 벼슬을 하다 귀양 온 선비들이 성밖에 사는 천민의 아이들을 가르치게 되었다. 김씨 부부는 보은의 정으로 암소를 잡아 갖은양념을 하여 참숯불을 피우고 구리석쇠에 고기를 구워 접대를 했는데 그 선비들 중 관직에 복귀하여 한양에 가서도 그 고기 맛을 못 잊어 '천하일미 마로화적'*이라며 광양 불고기의 맛을 그리워했다."

광양시청 홈페이지의 광양 불고기 조리법은 다음과 같다. "고기는 한우 등심만을 쓰며 손으로 써는데, 고기 사이에 있는 힘줄과 기름은 모두 떼어내고 살코기는 결 반대로 썰어 자근자근 두드린다. 손질한 고기는 조선간장, 설탕, 참기름, 깨, 소금, 파, 마늘 등 갖은양념으로 무쳐 내는데 미리 재어두면 고기 맛이 다 빠져 버리므로 먹기 직전에 양념하는 것이 광양 불고기의 특징이다."

광양 불고기가 언제부터 본격적으로 상업화되었는지 정확히 알기는 어렵지만, 《경향신문》은 1990년 1월 30일자 기사에서 이렇게 소개했다.

광양의 맛을 대표하는 것은 광양 불고기. 광양 읍내에는 불고깃집이

* 마로는 광양의 옛 지명이다.

20여 곳 있다. 이 중에서도 매일 시장통에 있는 대중식당(광양군 광양읍 읍내리 245)은 3대째 이어오는 광양 불고기의 원조. 며느리 김미리 씨에게 3대째의 가업을 전수하는 대중식당

그림 V-9 광양 불고기 (출처: 광양시 홈페이지)

주인 이순례 씨는 불고기의 맛을 내는 것은 오로지 정성에 달려 있다고 한다.[28]

현재 '대중식당'을 운영하는 김미리 사장은 인터뷰에서 다음과 같이 이야기했다.

언제인지 정확히 알지는 못하지만 1950년대 중반에 시어머님(이순례 사장)의 시어머님께서 영업을 시작하셨다. 우리가 가장 먼저 시작한 것으로 안다. 광양 불고기의 특징은 즉석 양념한 고기를 숯불에 굽는 것인데, 우리집 고기는 한우 살칫살을 쓰고 양념은 간장, 설탕, 참기름만 쓴다. 파, 마늘은 들어가지 않는데 대신 마늘은 따로 내서 구워 먹을 수 있게 한다. 시어머니 때부터 마늘을 쓰지 않는데 누가 그 이유를 물었더니 "고기도 냄새가 강하고 마늘도 냄새가 강해서 둘이 부딪친다. 그래서 고기 본연의 맛을 좀 더 살리기 위해서 안 쓴나."고 시어머니가 말씀하시는 것을 옆에서 들었다.

_ 김미리 사장 인터뷰, 2018. 12. 30

그림 V-10 '대중식당'의 광양 불고기

대중식당의 고기 양념은 광양시청 홈페이지의 설명과는 차이가 있고, 언양 불고기의 대표 주자인 삼오불고기의 석쇠 불고기가 한우고기의 여러 부위를 쓰는 것에 비하면, 등심인 살칫살만 사용한다는 차이가 있다.

광양시청에서 몇 군데 업소를 추천받아 전화 인터뷰를 시도했는데, 위의 내용 외에 구체적인 유래나 역사를 알아보기는 어려웠다. 또한 조리법은 업소마다 조금씩 달랐다.

추천 업소 중 '시내'는 1955년 원길수 사장이 창업했으며, 현재 배성진 사장의 말에 의하면 "광양 불고기의 양념은 몽고간장을 베이스로 하여 설탕, 마늘, 생강, 후추, 참기름 등을 넣고 배나 파인애플 등의 과일이 들어간다. 고기에 양념을 재어놓지 않고 양념한 후 즉석에서 숯불에 굽는다."(배성진 사장 전화 인터뷰, 2010. 1. 29)고 한다.

1981년에 창업한 '대한'의 배의순 사장은 조리법에 대해 이렇게 설명했다(배의순 사장 전화 인터뷰, 2010. 1. 29). "고기는 등심 부위를 기본으로 하고 양념은 간장, 설탕, 참기름 등이고 마늘은 오랫동안 양념에 있으면 독특한 냄새가 나므로 내기 바로 전에 넣는다. 광양시 홈페이지에 조선간장이라고 한 것은 과거에는 오래 묵은 조선간장을 썼기 때문이라고 보인다. 광양 불고기는 즉석에서 양념해서 굽는 것이 기본인데 경우에 따라서는 냉동실에 1~2시간 잠시 보관하기도 한다. 초기에는 식육점에서 연탄불에 구워 먹는 정도였을 것이라고 생각하며 광양 불고기가 본격적으로 상업화된 것은 70년대 정도라고 본다."

《매일경제》 1984년 1월 11일자에 "서울, 광주 등 대도시에서 광양 불고기, 광양 밤, 광양 오이, 광양 토마토, 광양 양송이 등 보통의 음식이나 농산물에 광양이란 접두어가 붙어야만 상품 취급"[29]이라는 기사가 실린 것으로 보아, 1980년대에는 광양 불고기가 광양을 대표하는 음식으로 서울, 광주 등의 대도시에 진출하여 인정을 받았으리라 생각된다.

이와 같은 내용을 종합해보면, 광양 지역에서 가정음식으로 먹던 광양 불고기가 상업화되기 시작한 것은 1950년대 중반이며, 1970~80년대에는 광양의 대표 음식이라는 명성을 얻으며 타지로까지 진출했다. 업소마다 차이는 있지만, 광양 불고기는 간장 양념을 기본으로 하되 양념에 고기를 재어두지 않고 고기를 굽기 직전에 양념에 재며 즉석에서 석쇠에 놓고 숯불에서 구워내는 것이다.

서울 지역에서는 석쇠 불고기와 육수 불고기가 공존하다가 석쇠 불고기는 거의 사그라지고 육수 불고기가 우세해졌다. 이와는 대조적으로, 광양 지역에서는 석쇠 불고기가 계속 지속되다가 서울로 진출한 것으로 볼 수 있다.

(3) 불고기 후광 효과와 해외 전파

흥미로운 현상은, 이 시기 불고기 자체의 인기는 쇠퇴했음에도 불구하고 여전히 '한국을 대표하는 음식'이라는 후광이 지속되며 응용·변화되었다는 것이다.

2006년 일본에서는 재일교포 2세인 구수용 감독이 연출한 영화 〈The 불고기〉가 만들어졌다. 어렸을 적 한국에서 헤어진 대기업 불고기 체인점 주방장인 형과 '불고기 식당'에서 일하는 동생이 우연히 TV 요리 프로그램에서 만나 불고기 요리 대결을 벌인다는 내용이다.[30] 일본에서 불고기가 한국을 상징하는 음식임을 보여주는 영화다.

불고기의 후광 효과는 관광 산업에도 미쳤다. 2006년 9월에는 '언양·봉계 한우불고기 특구'가 지정되었으며, 2006년 10월에는 서울의 성동구가 도축 시장으로 유명했던 마장동 지역을 세계적인 불고기 거리로 육성하는 '청계천 하류 특성화 계획'을 발표했다. 마장동 축산물시장 인근에 5층짜리 고기구이 전문 빌딩을 세우고 식당가를 조성해 한국의 대표 먹을거리 타운으로 외국인들을 대상으로 한 관광 명소를 만든다는 것이다.[31] 또한 2006년 4월에는 한식 패밀리 레스토랑 체인인 '불고기 브라더스'가 등장하기도 했다.

불고기의 후광은 가공식품으로도 이어졌다. 각종 즉석 양념 불고기 제품은 물론, '불고기 햄', '불고기 참치', '불고기 피자', '불고기 덮밥', '불고기 비빔밥', '불고기 맛바', '불고기 춘권' 등 수많은 응용상품이 출시, 현재까지도 판매되고 있다.

2009년에는 강원 '횡성한우'가 '한우불고기 파이', '한우불고기 주머니빵' 등의 가공제품을 선보였는데,[32] '횡성한우'는 한식과 한우의 세계화를 위한 교두보 확보를 위해 중국 특별자치구 마카오 입성 타진을 위해 '불고기 버거', '불고기 파이' 등의 품목을 앞세웠다. "마카오 현지에 생고기 수출은 불가능하지만 가공품은 진출할 수"[33] 있기 때문으로, 불고기 가공품이 수출상품으로 응용되고 있다.

또한 불고기는 2010년 우주식품으로 추가 개발되었다. "우주식품이란 우주선, 우주정거장 및 달, 화성 등의 행성에 건설하게 될 우주기지 등 우주공간에서 우주인이 섭취할 수 있도록 만든 음식을 의미"한다. "방사선 살균기술과 식품생명공학기술을 접목해 신규 한국형 우주식품"에 이름을 올린 불고기는 "맛과 영양에 대한 한국 전통식품의 우수성 입증에 기여"[34]하고 있는 것으로 평가되었다.

불고기의 응용은 해외에서도 활발하게 일어났다. 미국 로스앤젤레스에서는 한인 셰프 '로이 최'가 김치와 불고기에 멕시코 음식 타코를 접목한 '한국식 타코'를 개반, 이동 식당 드럭을 몰고 다니며 판매해 현지 주요 언론의 주목을 받았다. 그는 미국 음식 전문 잡지 《푸드 앤드 와인》이 선정한 2010년 최고의 신인 요리사로 뽑히기도 했다. 매년 미국에서 최고의 신인 요리사 10명을 선정하는 《푸드 앤드 와인》이 이동식 식당 셰프를 포함시킨 것은 최씨가 처음인 것으로 알려졌다.[35]

사진 V-12 뉴욕 맨해튼 '뉴욕곰탕'의 불고기판과 불고기(위) 뉴욕 퀸즈 '금강산'의 불고기판과 불고기(아래)

필자는 2010년에 방문연구원으로 미국 뉴욕에서 1년간 거주할 기회가 있었는데, 틈이 날 때마다 한국음식점을 돌아본 경험이 있다. 당시 맨해튼Manhattan 32번가에 위치한 코리아타운은 물론이고 한국인이 많은 퀸즈Queens의 플러싱Flushing, 뉴저지New Jersey 등의 한국음식점에는 대부분 불고기가 메뉴에 있었다.

그중 대표적인 한국음식점 세 곳의 불고기를 비교하면 다음과 같다. 첫 번째로, 1979년에 개업한 이래 맨해튼 코리아타운의 상징과 같았던 '뉴욕곰탕'의 불고기는 서울식 육수 불고기였다. 구멍이 없는 둥그런 불고기판에 자작한 국물이 고이는 불고기였는데, 특이한 점은 불고기판을 숯불 위에 놓는다는 점이었다. 숯불

위에서 고기를 굽는 이유 중 하나가 불향을 입힐 수 있다는 점이라고 할 때, 이 경우는 불고기판 위에서 고기를 끓이는 형태라 불향을 입히기 위해서라면 크게 효과적이지는 않을 것 같았다. '뉴욕곰탕'의 김유봉 사장은 미국의 경우 실내 바비큐가 일산화탄소 중독을 일으킬 수 있다는 우려로 금지되어 있기 때문에 당국으로부터 경고가 누적되어 있는 상태라고 했다. 김 사장은 불고기를 숯불 위에 굽는 건 한국 전통 식문화인데 이런 문화의 차이를 이해 못 한다며 고민했다. 안타깝게도 '뉴욕곰탕'은 2013년 폐업하고 말았다.

두 번째로, 퀸즈에 위치한 '금강산'에서는 국물이 없는 평양식 불고기를 냈다. 불고기판 자체에 구멍이 있어서 국물이 고이지 않도록 되어 있었다. 가스를 화구로 사용했는데, 오히려 여기서 '뉴욕곰탕'처럼 숯불을 쓴다면 불향을 낼 수 있을 것 같다는 생각이 들었다.

세 번째로, 맨해튼 소호에 있었던 '우래옥'은 한국인이 주 고객인 여느 한국음식점과는 달리 현지인들을 타깃으로 하며, 한국

사진 V-14 뉴욕 맨해튼 '우래옥'의 불고기판과 불고기

사진 V-15 뉴욕 맨해튼 야키니쿠 전문점 '타카시'의 벽면과 야키니쿠

음식을 서구화한 메뉴를 특징으로 했다. 불고기 역시 한국 스타일의 불고기판이 아닌 가스 그릴을 사용하고 한 점씩 굽는 석쇠불고기였다. '우래옥'은 현지 언론인 《뉴욕타임스NYT》가 가장 많이 소개한 한국음식점이었고, 따라서 현지인들에게 가장 인지도가 높은 한국음식점 중 하나였다. 하지만 2011년 과도한 임대료 상승은 우래옥마저 문을 닫게 만들었다.

이렇게 2010년 뉴욕에는 육수에 끓이기도 하고, 육수 없이 불고기판에 익히거나 혹은 한 점씩 굽는 다양한 형태의 불고기가 동시에 진출해 있었다.

한편, 뉴욕 맨해튼에는 한국의 불고기뿐 아니라 일본의 야키니쿠도 진출해 있었다. 그중 하나가 '타카시TAKASHI'라는 음식점이다. 이곳에서 가장 인상적인 것은 음식점의 벽면이었다. 벽에는 한국에서 시작된 불고기가 일본으로 건너와 야키니쿠가 되었고 오늘날처럼 발전했다고 역사를 소개하고 있었다. 불고기 종주국인 한국의 음식점, 뉴욕의 한국음식점에서도 이렇게 불고기의 유래나 변천을 언급한 식당을 본 경험이 없어 매우 인상적이었다.

2) 삼겹살구이

(1) 삼겹살구이 전성시대

불고기가 쇠퇴하고 있던 이 시기에 '한국인이 좋아하는 대표적 외식 메뉴'로 자리 잡은 것은 갈비와 삼겹살이었다.[36] 즉 육류 소비가 양분화되어 상층에서는 갈비, 대중적으로는 삼겹살을 선택하는 구조가 되었다고 볼 수 있다.

특히 2000년 이후의 한국의 육류구이 문화는 '삼겹살 전성시대'라고 해도 과언이 아닐 정도로 삼겹살에 치중되는 경향이 뚜렷하다. 2000년 3월 구제역 파동을 겪었던 경기 파주시와 파주축협이 돼지고기의 소비를 촉진하고 어려워진 양돈 농가를 돕기 위해 삼겹살을 많이 먹자며 만든 3월 3일 '삼겹살데이'가 무색할 정도로[37] 짧은 기간에 삼겹살 소비가 급증했다.

한국보건산업진흥원이 2001년 11월부터 2개월간 전국 1만 2,183가구, 3만 7,769명을 조사해 발표한 '국민 식생활·식습관'을 보면, "30~40대 남성의 지방 공급원 1위는 삼겹살, 30대 이상 남성들의 에너지 공급원 2위는 소주"로 나타났다.[38] 또한 2002년 미국육류수출협회가 국내 소비자 2,500여 명을 상대로 설문조사를 실시한 결과 "한국인이 가장 즐기는 고기요리는 돼지 삼겹살구이"로 밝혀졌다. 응답자의 40.57%가 돼지 삼겹살을 가장 자주 구입한다고 답해 돼지 삼겹살이 최고로 뽑혔다. 그다음이 소 등심(13.06%), 소 불고기용(12.43%), 쇠갈비(11.91%)의 순이었다. 가장 즐겨 하는 고기 조리법은 로스구이와 양념구이라고 답해, 한국인이 가장 좋아하는 조리법은 구이인 것으로 나타났다.[39]

이렇듯 한국인의 삼겹살 '편애'는 매우 심해서 소비자 선호도가 무려 85.5%에 이른다. 반면 일본의 경우 삼겹살 판매 비중은 16%로 안심·등심·뒷다리에 이어 네 번째다. 미국은 '가공용 베이컨'으로만 6.3% 정도 팔려 대조[40]를 이루고 있다.

(2) 돼지고기 브랜드화

그동안 소주와 짝을 이뤄 서민의 대표적 술안주라는 인식이 강했던 삼겹살은 2000년대 들어서는 점차 다음과 같은 고급화 경향을 보인다.

첫째, '냉장' 유통이 보편화되면서, 소비자들은 과거 냉동 삼겹살보다 30~40% 비싸지만 부드러운 육질에 고소함 등 맛의 차이가 나는 냉장 삼겹살을 선호하게 되었다.

둘째, 삼겹살의 종류가 매우 다양해졌다. 광주의 한국음식문화발전연구소가 대죽통竹筒 삼겹살을 개발했는가 하면, 허브의 맛과 향을 입힌 '허브 삼겹살', 삼겹살을 매실주에 48시간 숙성시킨 뒤 식용 금을 입힌 삼겹살을 구워서 먹는 '매실금 삼겹살 전문점'도 등장했다.[41]

셋째, 삼겹살집이 '삼겹살 카페'나 '삼겹살 바'로 리노베이션되는 경향이 늘었다. 이에 따라 '삼겹살에 소주 한잔'도 '삼겹살에 와인 한잔'으로 바뀌고 젊은 층과 여성 고객도 늘게 되었다.[42]

넷째, '브랜드'육(肉)의 등장이다. 대표적 브랜드육은 대상농장의 '하이포크', 목우촌의 '프로포크', 한국냉장의 '생생포크', 도드람유통의 '도드람포크', 롯데 햄·우유의 '후레쉬포크' 등을 들 수 있다. 이뿐 아니라 전국에는 150여 개의 군소 브랜드가 있을 것으로 추산될 정도로 돼지고기의 브랜드화*는 대세가 되었다.[43]

돼지고기 수요가 증가한 원인은 다음의 몇 가지로 나누어볼 수 있다.

첫째, 경기불황이다. IMF 외환위기를 비롯한 경기불황이 이어지면서 쇠고기 대신 상대적으로 저렴한 대체재인 돼지고기에 대한 수요 증가를 불러온 것이다.

둘째, 광우병 파동 등을 겪으면서 쇠고기에 대한 불안감이 커진 것도 삼겹살이 인기를 모은 이유다.

셋째, 돼지고기 중 특히 삼겹살에 대한 편식은 우리나라 고유의 먹는 방식 때문이다. 한국인은 고기를 구워 채소에 쌈을 싸 먹는 것을 즐기는데, 구워 먹기에는 기름이 약간 끼여 있는 부위가 맛있다. 쌈 음식에 안심이나 등심은 퍽퍽해 적절한 조화를 이루지 못한다. 하지만 지방이 많은 삼겹살이나 목살은 부드러워 쌈용으로 적합하다.

넷째, 삼겹살이 황사 먼지를 제거해준다는 속설 때문에 꽃가

---

* 한편 쇠고기는 브랜드 형성이 느리게 진행되었는데, 대량으로 키우는 규모화가 더뎌 균질한 제품을 생산하기 어렵기 때문이다. 한우 브랜드육은 1990년대 이후 전국에서 생산되기 시작했는데, 대표 브랜드로는 양평의 '개군한우', 안동의 '황우촌', 남해의 '화전한우', 평창의 '대관령한우' 등이 있다.

루와 황사 먼지 예방 음식으로 삼겹살을 떠올리고 있다.[44]

　이러한 삼겹살구이 열풍은 2005년 들어서면서 주춤해졌다. 경기침체와 웰빙 열풍 등의 영향으로 삼겹살 재고량이 크게 늘어난 반면, 상대적으로 가격이 싸고 지방이 적은 안심 등에 대한 선호도가 높아진 것으로 나타났다. 육류수출입협회가 조사한 2005년 1월 돼지고기 총 재고량은 5,798톤으로, 전 해 같은 기간(6,389톤)에 비해 약 10% 감소했으며 재고량 중 삼겹살이 2,602톤으로 1년 전보다 약 55% 증가한 것으로 집계됐다. 반면 종전까지는 국내에서 별로 인기가 없어 주로 수출해온 안심, 등심, 전지, 후지 등의 재고량은 1,446톤으로 1년 전에 비해 56% 감소했다.[45]

3) 기타

　육류구이는 양분화되어 대중적으로는 돼지 삼겹살구이가 인기를 모았고, 쇠고기 등심구이와 갈비구이는 고급화되는 경향을 보였다. 2005년 외식 품목 중 가격이 가장 많이 오른 음식은 쇠갈비로, 7.3% 상승해 전체 외식 가격이 1.9% 오른 것과 비교하면 평균보다 3배 이상 올랐다.[46] 2006년에 상승폭이 가장 큰 요리는 등심구이로, 2000년 이후 무려 56.1%나 가격이 상승했다. 그 뒤를 이어 쇠갈비구이도 47.7%나 올라 쇠고기로 만든 요리가 초강세를 보였다.[47]

그 밖에 '쇠고기 삼겹살'이라는 새로운 부위도 소개되었다. 차돌박이가 나오는 가슴 부위와, 양지가 나오는 배 부분의 중간쯤인 명치 쪽 살이 쇠고기 삼겹살이다. 쇠고기 삼겹살을 소개하는 기사 내용은 다음과 같다.

삼겹살 먹는 기분을 내기 위해, 자르기 전 삼겹살처럼 긴 모양으로 나온다. 고기가 얇기 때문에 불판에 올려놓으면 즉시 익어, 돌돌 말아 한입에 먹으면 된다. 소고기는 돼지고기에 비해 맛이 담백한 대신 기름기가 적어 육질이 퍽퍽한 느낌이 강하다. 소고기 삼겹살은 이 같은 소고기의 단점을 보완하기 위해 새로 찾아낸 부위. 지방이 다른 소고기 부위보다 상대적으로 많아, 소고기임에도 부드럽게 씹히는 것이 특징이다. 부드럽되 돼지 삼겹살처럼 지방이 많지 않다. 소고기와 돼지고기의 장점을 모두 갖고 있다.[48]

쇠고기를 먹으면서 돼지고기 삼겹살을 먹는 기분을 낸다는 것에서 삼겹살의 폭발적인 인기를 알 수 있다.

한편, 앞 시대에 대중적으로 폭넓게 이용되던 LA갈비의 인기가 일순간에 얼어붙은 원인은 2003년 12월의 광우병 파동이다. "광우병 파동으로 수입이 중단되기 전에 미국산은 국내 쇠고기 시장의 44%를 점유"했으며 "LA갈비는 수입 갈비의 대명사"[49]였다. 따라서 농촌경제연구원이 2008년 1월에 실시한 조사에서 "도시민 1,500명 가운데 74.6%가 '미국산 쇠고기는 안전하지 않다'라고 인식"[50]할 만큼, 미국산 쇠고기에 대한 안전성 문제가 LA갈비의 인기가 쇠퇴하는 데 크게 영향을 미쳤다.

LA갈비는 미국 지명인 LA를 연상시켜 미국산 쇠고기라는 오해를 낳았기 때문에, 'LA 컷' 방식으로 자른 호주산 쇠고기나 한우까지도 소비자들에게 외면받았다. 이로 인해 백화점과 할인점 등에서 LA갈비 판매에 어려움을 겪게 되자 소비자의 오해를 불식시키기 위해 'LA갈비'에서 'LA식式 갈비'로 명칭을 바꾸기도 했다.

이마트는 지난(2008년 7월) 4일부터 전국 114개 점포 정육매장에 'LA산', 즉 미국산으로 오인되고 있는 LA갈비에 관한 설명문을 부착했다고 5일 밝혔다. 명칭도 그동안 'LA갈비'와 'LA식式 갈비'를 혼용해 온 데서 'LA식 갈비'만 쓰기로 했다.

롯데마트도 표기법을 'LA식 갈비'로 바꿨다. 'LA갈비'의 LA는 미국 로스앤젤레스LA가 원산지라는 뜻이 아니다. 실제로 현재 대형 마트에서 판매되고 있는 LA갈비는 대부분 호주산이다.[51]

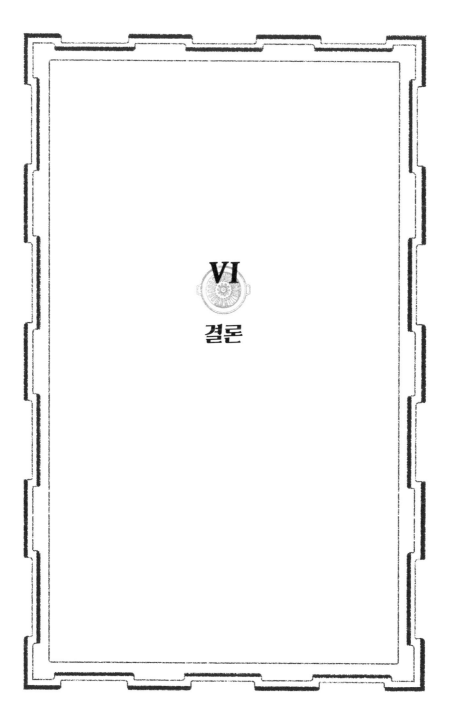

VI

결론

큰 틀에서 우리나라 육류구이의 흐름은 맥적, 설야멱, 그리고 너비아니로 이어졌다. 주재료나 고기를 자르는 방법, 양념의 종류, 굽는 방법 등 조리법에 있어서는 많은 변화를 보였다. 따라서 동일한 음식이라기보다는 우리나라 육류구이의 변천 모습이라고 생각된다.

맥적부터 설야멱, 너비아니에 이르는 우리나라 육류구이는 미리 양념을 해서 구웠다는 공통의 특징을 가지고 있다. 너비아니는 근·현대 시기의 조리서에서 재료와 조리 과정을 살펴본 결과, "쇠고기를 얇게 저며 칼집을 넣고 양념에 버무려 재어 굽거나 혹은 바로 굽는" 뚜렷한 정체성을 갖는 음식이었다.

반면, 불고기는 여러 가지 의미를 복합적으로 가진 단어였다. 불고기라는 단어는 '불에 구운 짐승의 고기'라는 넓은 의미를 가지고 있었지만, 평양 지역에서는 주로 지역의 우수한 쇠고기를 구워 먹는 것을 가리켰다고 생각된다. 1930년대 후반에는 전국적으로 불고기라는 용어가 사용되었고, 그 의미는 다양했다. 그런데 1950년대 중후반에는 불고기의 여러 가지 의미 중에서 너비아니의 의미가 강해지면서 둘을 같은 음식으로 생각하게 되었다.

불고기의 계승과 발전 과정을 간략히 제시하면 〈그림 VI-1〉과 같다. 그림의 화살표는 관련성을 의미한다. 통돼지 양념구이로 추정되는 맥적에서 설야멱의 연관성은 고기에 미리 양념한 전통이 이어진다는 의미에서 점선으로 표기했다. 설야멱은 돼지고기를 이용한 일부 기록을 볼 수 있지만 대부분 쇠고기를 이용한 양념구이였다. 설야멱에서 너비아니는 같은 쇠고기 양념구이라는 공통점이 있으므로 실선으로 표시했다. 그리고 쇠고기를 얇게 저며 양념하여 굽는 너비아니의 조리법은 불고기로 이어졌다.

너비아니를 계승하는 불고기는 석쇠에 굽는 불고기였다. 그리고 6.25전쟁 이후 식재료가 부족한 상태에서 질이 떨어지는 쇠고기로도 만들 수 있는 육수 불고기가 등장하게 되었다. 이것은 전골 등의 영향으로 국물이 생긴 것이라고 볼 수 있다. 또한 석쇠 불고기도 계속해서 광양, 언양·봉계 불고기로 그 명맥을 잇고 있다. 한편 해방을 전후한 시기에 불고기가 일본에 전파되어 야키니쿠의 뿌리가 되었다.

전 시기에 걸쳐 문헌에 나타난 '불고기'의 의미를 정리하면 다음과 같다.

1. '불에 구운 짐승의 고기'의 통칭

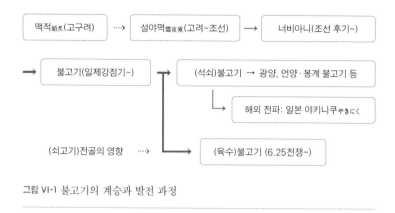

그림 VI-1 불고기의 계승과 발전 과정

2. 너비아니와 동일하게 '쇠고기를 얇게 저며 양념하여 구운 음식' 지칭

3. 쇠고기를 얇게 저며 양념하여 석쇠, 불고기판, 프라이팬 등에서 국물 없이 바싹 굽는 '석쇠 불고기'

4. 쇠고기를 얇게 저며 양념하여 불고기판, 프라이팬 등에 자작하게 육수를 붓고 버섯 등의 부재료를 함께 넣어 끓이는 '육수 불고기'

5. '불에 익힌 모든 종류의 음식'으로, 어류·채소류까지 폭넓게 지칭

6. 양념을 하지 않고 구운 후 양념을 찍어 먹는 쇠고기

7. 소금을 뿌려 구운 고기 (소금 불고기와 언양 불고기 중 소금 간 한 것)

근대 이후 100년간 한국의 육류구이 문화의 변화 경향은 다음과 같다.

첫째, '육식의 대중화' 경향이다. 일제 식민지라는 시대적 특성상 우리나라 일반 국민이 소비할 수 있었던 육류량은 매우 제한적이었으며 주로 '탕' 위주의 소비였다. 그러나 경성과 평양 등의 대도시에서는 육식 소비량이 점차 증가했고, 특히 '평양우'가 명물로 꼽혔던 평양 지역에서는 1933년에 육식을 목적으로 식용 전용 평양우를 키우기 시작했다. 초기 육류구이의 상업화는 요리점과 대중음식점을 통해 발전했으며, 이미 1920년대 중반에는 선술집 등에서 너비아니와 갈비구이 등을 팔았다. 1930년대 말부터 1940년대에 불고기 전문점들이 창업했고 1960~70년대 석쇠 불고기와 육수 불고기가 공존하다가 1980년대에는 육수 불고기가 우세해졌다. 또한 석쇠 불고기도 계속해서 광양, 언양·봉계 불고기 등으로 이어지고 있다.

우리나라 육류 소비량은 1975년을 기점으로 큰 폭으로 상승해 '탕'으로 먹었던 기존의 육류 섭취에서 1970년대 중후반 이후에 '구이'로 방향이 전환되었다고 볼 수 있다. 국민소득 500달러를 넘어서면 식생활 패턴도 달라져 육류 비중이 높아진다는 세계적 추세에 맞게, 우리나라에서도 경제 발전과 더불어 육식의 대중화가 폭넓게 진행되었다.

우리나라는 전통적으로 뚜렷한 쇠고기 선호 경향을 보여왔으며, 돼지고기는 상대적으로 저평가된데다 조리법도 다양하지 않았다. 그러나 육식의 대중화가 폭넓게 진행되면서 뿌리 깊었던 쇠고기 선호 경향은 경기침체의 장기화, 광우병 발생 등의 영향으로 약화되었다. 그리고 돼지고기 부위의 세분화와 조리법 다양화 노력 등에 힘입어, 상대적으로 저렴한 돼지고기가 쇠고기 대체재로서 많이 소비되었고 특히 삼겹살구이를 선호하게 되었다.

1980년 무렵부터 삼겹살구이가 유행하기 시작했으며 2003년 미국의 광우병 발발은 결정적으로 돼지고기 수요를 촉진했다.

둘째, '생고기구이 문화의 확산'이다. 우리나라의 전통적인 육류구이는 양념구이였으나 1990년대 초반 이후부터 신선도를 중시하며 재료 자체를 즐기려는 입맛의 변화와 조리 시 편리성 등을 이유로 생고기구이를 선호하는 경향이 나타났다. 즉 쇠고기의 경우 너비아니, 불고기, 주물럭과 같은 양념구이에서 로스구이, 등심구이와 같은 생고기구이로, 쇠갈비도 양념갈비구이에서 생갈비구이로 선호가 바뀌는 경향을 보였다. 돼지고기의 경우도 제육구이, 돼지불고기, 돼지갈비 등 양념구이에서 현재 가장 인기 있는 삼겹살구이와 같은 생고기구이로 바뀌었다.

불고기는 우리의 오랜 역사 속에서 발전해온 세계적인 브랜드이며, 한국을 대표하는 음식으로 세계에 널리 알려져 있다. 더 나아가, 불고기는 하나의 음식 명칭을 넘어서서 우리나라의 전통 깊은 유산으로 한국문화를 상징하는 단어가 되었다.

추후의 과제로는 북한의 불고기 연구가 보충되어야 한다. 현재 접근 가능한 북한 자료는 매우 제한적이다. 평양 명물로 불렸던 불고기는 어떤 것이었는지, 분단 이후 북한에서는 어떻게 발전되어왔는지에 대한 연구가 필요하다. 또한 음식문화란 인접 국가에서 서로 영향을 주고받으며 변화하는 것이기 때문에 주변 국가와의 공동연구의 필요성이 크다. 특히 일제강점기라는 특수한 시대 상황에서의 식문화 변화를 깊이 있게 연구하기 위해서는 한일 간의 지속적이고 긴밀한 공동연구가 병행되어야 한다.

정치·사회사와 달리 음식문화사 분야의 문헌 기록은 매우 제한적이다. 문헌 자료의 부족을 보충하기 위해 음식점 경영주 등 관련자 인터뷰를 시도했지만, 창업주는 물론이고 2대 경영진도 이미 작고하신 경우가 많았다. 따라서 3대 경영주들과의 면담이 이루어질 수밖에 없었기 때문에 당시의 정확한 시대 상황을 알기에는 부족한 점이 많았다.

불고기는 오랜 세월 속에서 각 시대 상황을 반영하며 변화를 거듭해왔다. 한국의 사회문화사가 오롯이 반영되었기에 단지 '한 접시 음식'에 그치지 않는다. 많은 이야기를 품고 있는 음식, 불고기의 재발견을 기대한다.

불고기 책이 나온다고 하자, 오랜만에 만나 뵌 친척께서 고개를 갸우뚱하셨다. "불고기로 책 한 권이 나온다고?"

앞으로 불고기에 관한 책들이 계속 쏟아져 나오고, 불고기가 더욱 인정받고 사랑받는 음식이 되기를 바란다. 세계무대에서는 한국의 대표 음식으로 각광받는 불고기가, 정작 국내에서는 제대로 된 대접을 받고 있지 못한 것은 아닌지 되돌아볼 시점이다. 여태껏 치열하게 불고기 문화를 만들어오신 많은 분들의 노력과 열정에 감사드린다.

이제, 불고기의 미래를
이야기하자

과거 명칭 논란이 불거졌을 때 온라인을 뜨겁게 달구며 불고기에 쏟아졌던 많은 관심이 정말 놀라웠다. 그리고 불고기에 대한 한국인들의 애정이 얼마나 큰지 다시 한 번 느낄 수 있었다. 논란은 네티즌들이 제시한 수많은 자료들을 통해 이제 어느 정도 정리가 된 것 같다.

그렇다면 시선을 돌려 불고기의 현재를 살펴보자.

몇 년 전 국제 학술회의에서 어느 일본학자의 발표가 있었다. 그는 야키니쿠는 한국의 불고기에 뿌리를 두고 있고, 전후에 재일조선인들이 시작한 호르몬야키에서 시작되었다는 기존 일본 학계의 주장을 재확인해주었다. 그런데 곧이어 이어진 말이 내 가슴을 때렸다.

"야키니쿠의 뿌리는 불고기지만, 세계화에 있어서는 야키니쿠가 불고기를 앞서고 있습니다." 그리고 근거 자료로 제시한 것은 하와이에 있는 한국음식점의 사진이었다. 사진 속 몇몇 한국음식점 간판에는 영어와 한글로 '야키니쿠'라고 적혀 있었다. 그 음식점에서 판매한 것이 야키니쿠인지 아니면 불고기인지는 알 수 없다. 하지만 하와이의 한국음식점에서 불고기를 팔면서 야키니쿠라는 음식명을 가져왔다고 해도, 아니면 한국음식점에서 불고기가 아닌 일본 야키니쿠를 판매했다고 해도 씁쓸한 일인 것은 마찬가지다.

불고기의 공식 영어 표기는 Bulgogi다. 그런데 미국의 한국음식점 메뉴판을 보면 가는 곳마다 불고기가 제각기 다르게 적혀 있다. 짧은 단어의 발음이 어쩌면 이렇게 다양한 스펠링으로 조합되는지 신기할 정도다. 한식 세계화를 위해 메뉴명을 통일하자는 구호가 현장을 바꾸기에는 역부족이었다. 당연히 외국인 입장에서는 불고기라는 이름과 친해질 수 없었을 것이다. 그리고 음식점에서는 고객이 잘 모르는 음식명을 간판에 붙일 이유가 없다.

그런데 가만히 생각해보면 어디 해외뿐인가. 국내의 그 수많은 음식점 간판에 불고기를 내세운 곳이 얼마나 되나 싶다. 최근에 불고기 간판을 본 기억이 거의 없다. 일본 오사카에 갔을 때, 곳곳에 붙은 야키니쿠 간판을 보고 놀랐던 것과 대조된다. 일본에는 '야키니쿠의 날'도 있다. 그것도 일부러는 아니겠지만 8월 29일, 우리 입장에서 본다면 하필 국치일이다.

오바마 미국 전 대통령은 불고기 마니아로 알려져 있다. 몇 년 전에 워싱턴 우래옥에서 불고기 접시를 싹 비웠다는 기사가 보도되었다. 만약 오바마 전 대통령이 한국에 와서 "종주국에 온 만큼 제대로 된 불고기를 먹고 싶다."고 한다면, 자신 있게 소개할 수 있는 음식점이 몇 개나 될까?

이것이 불고기의 현주소다.

이제, 불고기의 미래를 위해 같이 머리를 맞댈 때다. 불고기에 쏟아졌던 그 많은 관심과 애정이 불고기의 미래를 여는 창의적인 에너지로 쓰였으면 좋겠다.

우리부터, 불고기를 불고기로 대접해주자.

불고기 이름표를 제대로 달아주자.

차고 넘치는 그 많은 먹방과 쿡방에서 불고기를 재발견하게 하자.

외국인을 자신 있게 데리고 갈 음식점이 있게 하자.

혹시 그 사람이 불고기에 대해 궁금해하면, 얼마나 창의적인 음식인지 손쉽게 알려줄 수 있도록 홍보 수단을 만들자.

그런데도 본격적으로 더 궁금해한다면, 각 지역의 다양한 불고기를 맛볼 수 있는 미식 여행 프로그램을 못 만들 이유가 없지 않은가.

이렇게 우리가 같이 이야기를 시작한다면 불고기는 또다시 진화할 것이다. 끊임없이 그래왔던 것처럼.

I. 불고기의 유래와 의미

1   박유미, 2013, 〈맥적의 요리법과 연원〉,《선사와 고대》38호, 한국고대학회, pp. 317-318.

2   최남선, 2013,《최남선 한국학 총서(17) 고사통》, 류시현 옮김, 경인문화사, p. 30.

3   최남선, 1946,《조선상식문답》, 동명사, p. 51.

4   최남선, 1948,《조선상식: 풍속편》, 동명사, p. 1.

5   류시현, 2019,《민족사 서술을 위한 새로운 이론: 신채호의 독사신론》, 내일을 여는역사, p. 75, pp. 204-211, pp. 205-206.

6   간보(干寶), 1997,《수신기(상)》, 임동석 옮김, 동문선, p. 4.

7   주영하, 2003, 〈벽화를 통해서 본 고구려의 음식풍속〉,《고구려연구》17집, p. 128.

8   박유미, 2013, 앞의 글, p. 322.

9   이성우, 1978,《고려 이전의 한국식생활사 연구》, 향문사, p. 184.

10 박유미, 2013, 앞의 글, p. 323.

11 위의 글, pp. 319-321.

12 위의 글, p. 330.

13 성경일 외, 2017,《한우 문화 이야기: 육식문화의 역사 및 한민족의 정체성》, 한우자조금관리위원회, pp. 39-40.

14 위의 책, p. 41.

15 이성우, 1984,《한국식품문화사》, 교문사, p. 14.

16 이성우, 1992,《동아시아 속의 고대 한국식생활연구》, 향문사, p. 214.

17 박유미, 2013, 앞의 글, p. 324.

18 윤서석, 1997,《한국음식의 개관》(한국음식대관 제1권), 한국문화재보호재단,

p. 26.

19 주영하, 2004, 〈벽화를 통해서 본 고구려의 음식풍속〉,《고구려발해연구》17집, 고구려발해학회, p. 128.

20 국립경주문화재연구소, 2019, 〈2019 신라 천년의 궁성, 월성〉(2019년도 경주 월성 발굴조사 브로슈어), 국립경주문화재연구소, p. 10.

21 《연합뉴스》(2019. 4. 2), "신라 왕족은 어린 멧돼지를 즐겨 먹었다".

22 이성우, 1984, 앞의 책, pp. 19-20.

23 강인희, 1978,《한국식생활사》, 삼영사, p. 124.

24 《중앙선데이》(2019. 6. 29), "1400년 전 수세식 화장실, 백제 왕궁은 뭔가 달랐다".

25 이성우, 1985,《한국요리문화사》, 교문사, pp. 178-179.

26 김상보, 2010,《상차림문화》, 기파랑, p. 61(《고려사》 재인용).

27 국사편찬위원회(http://www.history.go.kr)《영조실록》102권, 영조 39년 12월 10일 임진 첫 번째 기사, 1763년 청 건륭(乾隆) 28년.

28 송은주, 2014,《고종 정해진찬의궤에 나타난 궁중연향음식문화 연구》, 경기대학교 박사학위논문, pp. 2-3.

29 서울대학교 규장각 한국학연구원(http://e-kyujanggak.snu.ac.kr).

30 박춘호, 2013, 〈국빈을 위한 한식연회 상차림과 메뉴 연구〉,《장안논총》34집 1권, 장안대학, pp. 826-830.

31 김상보, 1995,《조선왕조 궁중의궤 음식문화》, 수학사, p. 85, p. 89.

32 국립고궁박물관, 2018,《국역 수작의궤》, 국립고궁박물관, p. 222.

33 위의 책, p. 295.

34 위의 책, p. 295.

35 김상보, 2006,《조선시대의 음식문화》, 가람기획, p. 237.

36 〈원행을묘정리의궤〉 권4, 饌品, 국립중앙도서관 데이터베이스.

37 김상보, 2004,《조선왕조 궁중연회식 의궤 음식의 실제》, 수학사, p. 184.

38 옥영정, 2008, 〈한글본 뎡니의궤의 서지적 분석〉,《서지학연구》제39집, p. 141, pp. 139-168.

39 위의 글, p. 145.

40 위의 글, p. 151.

41 한국학중앙연구원 조선왕조궁중음식고문헌연구단 편, 2012, (조선왕조 궁중음식 고문헌 자료집 VI)《음식발기류 상세해제 자료집(3)》, 한국학중앙연구원,

pp. 169-172.

42 빙허각이씨(憑虛閣 李氏), 1975,《규합총서(閨閤叢書)》, 정량완 옮김, 보진재, p. 72.

43 박채린·권용석·정혜정, 2011, 〈설하멱적을 통해서 본 쇠고기 구이 조리법 변화에 대한 역사적 고찰: 1950년대 이전의 문헌을 중심으로〉,《한국식생활문화학회지》26(6): 599-613.

44 위의 글, p. 600.

45 안동장씨, 2000,《음식디미방》, 한복려 외 엮음, 궁중음식연구원, p. 98.

46 홍만선(洪萬選), 1718,《산림경제(山林經濟)》卷之二 治膳 魚肉 附煮泡(민족문화추진회, 1983,《고전국역총서 산림경제》제2권, pp. 224-225.

47 박채린·권용석·정혜정, 2011, 앞의 글, pp. 602-610.

48 장숙영, 2008,《번역박통사(상) 주석》, 한국문화사, p. 11.

49 위의 책, p. 21, 23.

50 국사편찬위원회(http://sillok.history.go.kr/id/wga_10809029_003), 세조실록 29권, 세조 8년 9월 29일 庚申 세 번째 기사.

51 국사편찬위원회(http://sjw.history.go.kr/id/SJW-A17030260-00600), 승정원일기 68책(탈초본 4책), 인조 17년 3월 26일 계미 6/14 기사.

52 한국고전번역원(http://db.itkc.or.kr/dir),《목민심서(牧民心書)》卷一 赴任六條.

53 한국고전번역원(http://db.itkc.or.kr/dir),《연암집(燕巖集)》卷之三 孔雀舘文稿 晩休堂記.

54 한국고전번역원(http://db.itkc.or.kr/dir),《여유당전서(與猶堂全書)》第一集 詩文集 第一卷.

55 강인희, 1987《한국의 맛》, 대한교과서주식회사, p. 178.

56 이성우, 1985, 앞의 책, p. 180.

57 이성우, 1981,《한국식경대전(韓國食經大典)》, 향문사, p. 368.

58 《월간식당》1987년 4월호, "조선조 궁중요리사 손수남 옹", pp. 65-67.

59 한국학중앙연구원 조선왕조궁중음식고문헌연구단 편, 2012, 〈조선왕조 궁중음식 고문헌 자료집 VII〉《종합류 상세해제 자료집》, 한국학중앙연구원, p. 421.

60 주영하, 2013,《식탁 위의 한국사》, 휴머니스트, p. 66.

61 위의 책, p. 66.

62 Ridel, Felix Clair,《한불자뎐韓佛字典(Dictionnaire Coreen-Francais)》, Yokohama: C. Levy Imprimeur-Libraire, 1880(황호덕·이상현, 2012,《한국어

의 근대와 이중어사전(영인편 1)》, 박문사, p. 303).

63 Ridel, Felix Clair, 1880(위의 책, p. 8).

64 Gale, James Scarth, 1931, 《한영자뎐韓英字典(A Korean-English dictionary)》, 京城: 朝鮮耶蘇敎書會(황호덕·이상현, 2012, 《한국어의 근대와 이중어사전(영인편 10)》, 박문사, p. 7).

65 Gale, James Scarth, 1931(위의 책, p. 306).

66 방신영, 1917, 《조선요리제법》(이성우, 1992, 《한국고식문헌집성(4)》, 수학사, p. 1569).

67 황필수, 2015, 《명물기략》, 박재연·구사회·이재홍 옮김, 학고방, p. 113.

68 장경남, 2001, 〈이춘풍전을 통해 본 가부장권의 형상〉, 《우리문학연구》 14, 우리문학회, p. 33.

69 저자 미상, 《이춘풍전》, 국립중앙도서관 데이터베이스.

70 현진건, 2003, 《운수 좋은 날》, 신원, p. 18.

71 정양완, 2000, 〈내가 써온 서울 말 몇 가지〉, 《서울말 연구 1》, 박이정, p. 23.

72 김태홍, 1995, 〈우육 조리법의 역사적 고찰4: 구이〉, 《한국식생활문화학회지》 10(4): 291-300, p. 297.

73 박혜숙, 2011, 〈자료주해(註解): 주해(註解) 뎐동어미화전가〉, 《국문학연구》 제24호, p. 352.

74 cfile220.uf.daum.net/attach/14350C3D517A14510AD563

75 이기문, 2006, 〈'불고기' 이야기〉, 《새국어생활》 제16권 제4호, p. 79.

76 한글학회 편, 1947~1957, 《큰사전》, 을유문화사.

77 문세영, 1938(초판)·1950(4판), 《우리말사전》, 삼문사.

78 강남성, 1954, 《수정증보 국어대사전》, 영창서관.

79 신기철·신용철 공편, 1958, 《표준국어사전》, 을유문화사.

80 문세영, 1958, 《수정증보 표준국어사전》, 장문사.

81 문세영, 1959, 《큰국어사전》, 건국사.

82 동아출판사, 1963, 《新撰 국어대사전》, 동아출판사.

83 신기철·신용철 공편, 1958(초판)·1966(수정7판), 《표준국어사전》, 을유문화사.

84 성문사 사서부, 1968, 《표준국어사전》, 성문사.

85 동아출판사 편집부, 1971(초판)·1973(5판), 《신콘사이스 국어사전》, 학습연구사.

86 정인승, 1973, 《새국어사전》, 미문출판사.

87 이희승, 1961(초판)·1982(수정증보판)·1988(4쇄), 《국어대사전》, 민중서림.

88 이희승, 1982, 《수정증보판 국어대사전》, 민중서림.

89 양주동, 1983, 《새국어사전》, 청개구리.

90 남광우 외, 1987, 《새국어대사전》, 명문당.

91 한국어사전편찬위원회, 1991, 《국어대사전》, 삼성문화사.

92 http://www.korean.go.kr/08_new/index.jsp.

93 한복진, 1998, 《우리가 정말 알아야 할 우리 음식 백가지》, 현암사, p. 561.

94 박채린·권용석·정혜정, 2011, 앞의 글, p. 601.

95 황혜성, 1950, 《조선요리대략》(이성우 편, 1992, 《한국고식문헌집성(VII)》, 수학사, p. 2711).

96 위의 책, p. 2710.

97 방신영, 1958, 《고등요리실습》, 장충도서출판사, pp. 83-84.

98 저자 미상, 1800년대 말, 《시의전서》(이성우 편, 1992, 《한국고식문헌집성(IV)》, 수학사, pp. 1446-1522).

99 방신영, 1917, 《조선요리제법》(이성우 편, 1992, 《한국고식문헌집성(IV)》, 수학사, pp. 1546-1626).

100 이용기, 1924, 《조선무쌍신식요리제법》(이성우 편, 1992, 《한국고식문헌집성(V)》, 수학사, pp. 1636-1791).

101 이석만, 1934, 《간편조선요리제법》(이성우 편, 1992, 《한국고식문헌집성(V)》, 수학사, pp. 1931-1974).

102 방신영, 1939, 《조선요리제법(증보9판)》, 한성도서주식회사.

103 조자호, 1943, 《조선요리법》(이성우 편, 1992, 《한국고식문헌집성(VI)》, 수학사, pp. 2251-2318).

104 방신영, 1957, 《우리나라 음식만드는 법》, 장충도서출판사.

105 한희순·황혜성·이혜경, 1957, 《이조궁정요리통고》(이성우 편, 1992, 《한국고식문헌집성(VII)》, 수학사, pp. 2783-2804).

106 방신영, 1958, 《고등요리실습》, 장충도서출판사.

107 계몽사편집실 편, 1965, 《요리백과》, 계몽사.

108 주부생활사 편, 1967, 〈한국요리〉, 《주부생활》 2월호 부록, 주부생활사.

109 윤서석, 1969, 《한국요리》, 수학사.

110 춘추각 편집부, 1969, 《요리》, 춘추각.

111 문예출판사편집부 편, 1970, 《가정요리》, 문예출판사.

112 한정혜, 1972, 《생활요리: 동양요리》, 집현각.

113 한정혜, 1974, 《한국요리》, 대광서림.

114 이정연, 1975, 《새가정요리집》, 정문사문화.

115 유계완, 1976, 《계절과 식탁》, 삼화출판사.

116 왕준연·윤은숙, 1976, 〈한국요리 330가지〉, 《여원》 9월호 별책부록, 여원사.

117 황혜성, 1976, 《한국요리백과사전》, 삼중당.

118 하선정, 1980, 《한국의 가정요리》, 삼선출판사.

119 황혜성, 1981, 《한국의 요리》, 계몽사.

120 왕준연, 1982, 《한국요리》, 범한출판사.

121 주부생활사 편집부, 1983, 《주부생활 카드요리》, 주부생활사.

122 하숙정, 1986, 《한국요리전집》, 삼화인쇄.

123 강인희, 1987, 앞의 책.

124 한정혜, 1972, 앞의 책, p. 22.

125 동아일보사 편, 1976, 〈음식솜씨 도와주는 요리사전〉, 《여성동아》 12월호 별책부록, 동아일보사.

II. 육류구이 문화 형성기: 1910~45년

1 박명규·서호철, 2003, 《식민권력과 통계: 조선총독부의 통계체계와 센서스》, 서울대학교출판부, p. 56.

2 《조선일보》(1937. 2. 14) "舊正에 먹은 牛肉 작으만치 천이백두: 7일 하로에는 일백삼십이두 도살".

3 《조선일보》(1937. 12. 11) "육식량이 폭증: 경성부의 도살수".

4 《조선일보》(1938. 1. 14) "도시인은 육식당: 연말 경성에 도축 급증".

5 《조선일보》(1938. 8. 6) "육식당에 대타격: 두수와 가격 모다 격소".

6 《조선일보》(1938. 11. 8) "무던히 먹엇군: 시월중 경성부민의 육식량".

7 《조선일보》(1937. 2. 14) "舊正에 먹은 牛肉 작으만치 천이백두: 7일 하로에는 일백삼십이두 도살".

8 《매일신보》(1941. 10. 23), "육식에 제한량".

9 이태우, 2007, 《한국민중구술열전(23): 홍성두 1933년 10월 12일생》, 눈빛, p. 131.

10 김철호, 2008, 《한국민중구술열전(36): 김순현 1925년 2월 15일생》, 눈빛, p. 75.

11 白寛洙, 1929, 《京城便覽》, 京城: 弘文社, pp. 226-227.

12　김상보, 2006, 앞의 책, p. 168.

13　안순환, 1928, 〈조선요리의 특색〉, 《별건곤》 제12·13호(1928. 5. 1).

14　白寬洙, 앞의 책, pp. 294-295.

15　주영하, 2011, 〈조선요리옥의 탄생: 안순환과 명월관〉, 《동양학》 50호, pp. 141-162.

16　《대한매일신보》(1907. 11. 15) "명월관 회복".

17　《동아일보》(1925. 11. 8) "료리집에 자조 다니는 남자들의 심리".

18　《동아일보》(1921. 4. 4) "음식은 개량보다 부흥".

19　今井晴夫, 1929, 《朝鮮之觀光》, 京城: 朝鮮之觀光社, p. 166.

20　《동아일보》(1929. 12. 1) "조선요리점 삼백여 점 증가: 일본인 료리집은 줄어들어. 향락적 기분의 반증".

21　《동아일보》(1935. 9. 4) "풍성한 요리집: 수입이 배증" "작년 1년간만 9만 5천여 원: 요리값으로 본 함흥풍경".

22　오기영, 2019, 《동전 오기영 전집(6): 류경 8년─일제강점기 칼럼》, 전집편찬위원회 엮음, 도서출판 모시는사람들, p. 267.

23　김찬별, 2008, 《한국음식, 그 맛있는 탄생》, 로크미디어, p. 96.

24　內藤八十八, 1927, 《古蹟と風俗》, 朝鮮事業及經濟社, p. 241(김상보, 2006, 《조선시대의 음식문화》, 가람기획, p. 162에서 재인용).

25　朝鮮總督府, 1932, 《平壤府》調査資料 第34輯 生活狀態調査, 京城: 朝鮮總督府, p. 102.

26　방민호 엮음, 2003, 《모던 수필》, 향연, pp 46-49.

27　《경향신문》(1987. 7. 10) "식도락".

28　《モダン日本》1939年 第10-11卷, 東京: モダン日本社, p. 114.

29　《동아일보》(1932. 3. 20) "기호, 습관을 떠나 보건식품을 취하라".

30　《동아일보》(2009. 12. 22) "동아일보 속의 근대 100경: 레코드와 대중가요".

31　김화진, 1973, 《한국의 풍토와 인물》, 을유문화사, p. 453.

32　조풍연, 1989, 《서울잡학사전》, 정동출판사, p. 421.

33　《별건곤》 제23호(1929. 9. 27) "2일 동안에 서울구경 골고로 하는 법".

34　《별건곤》 제23호(1929. 9. 27) "경성명물집".

35　《별건곤》 제15호(1928. 8. 1) "땀 뽑는 식당".

36　한일비교문화연구센터, 2007, 《일본잡지 모던일본과 조선 1939》, 어문학사, p. 333.

37 《신동아》1966년 1월호 "내 고장 식도락: 대륙성 띤 평양음식", pp. 310-313.

III. 육류구이 문화 발전기: 1945~75년

1 《조선일보》(1946. 3. 30) "쌀 달라 외치는 백만 시민: 서울은 굶는 사람으로 참혹한 현상".

2 《조선일보》(1946. 3. 31) "굶어죽어도 예서: 쌀을 주시오, 어린 것 업고 쌀자루 들고 아우성".

3 《조선일보》(1946. 8 .4) "물가시세".

4 《조선일보》(1947. 1. 18) "南朝鮮牛統計(남조선우통계)".

5 《조선일보》(1947. 6. 21) "畜牛屠殺에 斷(축우도살에 단)".

6 《조선일보》(1947. 9. 10) "끔직스럽게 먹엇다: 금년도 축우도살 7만 4천 두".

7 《조선일보》(1947. 12. 30) "고기 값 폭등: 한 근에 250원".

8 《조선일보》(1948. 3. 6) "이발, 숙박, 고기 값 등 최고물가 무시에 물의".

9 《조선일보》(1949. 5. 14) "고기 값이 껑충: 우육 4백 원으로".

10 《서울신문》(1948. 1. 16) "소고기는 나올까?".

11 《서울신문》(1949. 9. 25) "소를 사랑하자: 푸주간도 대량정비".

12 《중앙일보》(1975. 7. 29) "쇠고기는 용도 따라 선택해야".

13 《부산일보》(1950. 11. 21) "계엄민사부에서 각종 물가 결정".

14 《조선일보》(1952. 4. 14) "공염불(空念佛)의 소고기 금단(禁斷)".

15 신권식, 2007,《평택일기로 본 농촌생활사》, 경기문화재단, p. 74.

16 《동아일보》(1965. 3. 31) "밀가루 告示價 해제해야".

17 《동아일보》(1967. 1. 4) "협정가 급등".

18 《경향신문》(1967. 5. 17) "쇠고기 값 등급제".

19 《경향신문》(1968. 7. 5) "오늘부터 쇠고기 등급제".

20 《경향신문》(1968. 9. 16) "비싼 것만이 좋은 건 아니다".

21 《경향신문》(1970. 10. 9) "서울 새 풍속도".

22 《조선일보》(1954. 10. 18) "세종로(世宗路)에서".

23 《조선일보》(1956. 12. 12) "오백 환 위폐(五百圜僞幣) 또 출현(出現)".

24 《조선일보》(1954. 8. 25) "푸른 날개".

25 《조선일보》(1959. 3. 25) "환희(歡喜)".

26 《조선일보》(1957. 6. 24) "앵두나무집".

27 《조선일보》(1958.01.16.) "제이(第二)의 청춘(靑春)"

28 《여원》1956년 10월호 "밥상과 장홍정: 서민생활보고", pp. 52-55.

29 위의 글.

30 한복진, 2001,《우리 생활 100년: 음식》, 현암사, p. 339; 한국외식정보, 2007, 《한국외식연감 2007》, 한국외식정보, p. 110.

31 《매일경제》(1971. 3. 24) "한국의 가정: 주한외교관 부인 좌담".

32 《한국일보》(2004. 3. 30) "한국의 老鋪 옥돌집".

33 《경향신문》(1961. 12. 25) "소란 속에 지낸 X머스 이브".

34 김상보, 1997,《한국의 음식생활문화사》, 광문각, p. 346.

35 김상보, 2006, 앞의 책, pp. 209-212.

36 김상보, 2006, 앞의 책, p. 212.

37 김상보, 1997, 앞의 책, p. 348.

38 강인희, 1987, 앞의 책, p. 127.

39 이성우, 1985, 앞의 책, pp. 135-136.

40 김상보, 2006, 앞의 책, p. 215.

41 이성우, 1985, 앞의 책, p. 138.

42 오카다 데쓰, 2006,《돈가스의 탄생》, 뿌리와이파리, pp. 49-60.

43 《매일경제》(1969. 2. 1) "문화석쇠".

44 《매일경제》(1970. 1. 17) "위생적이고 熱(열) 소모 적어".

45 방신영, 1958,《중등요리실습》, 장충도서출판사, p 1.

46 《경향신문》(1966. 6. 18) "시정숙제 연료혁명".

47 《경향신문》(1966. 8. 10) "숯불 피우기".

48 《매일경제》(1967. 4. 27) "석유곤로".

49 《경향신문》(1967. 11. 1) "새 연료 석유".

50 《매일경제》(1967. 11. 10) "전기곤로".

51 《매일경제》(1968. 4. 3) "연소기 고급화의 물결".

52 《경향신문》(1970. 11. 28) "시장".

53 《동아일보》(1972. 11. 15) "도시개스".

54 《매일경제》(1972. 11. 18) "都市가스".

55 한정혜, 1974, 앞의 책, p. 110.

56 하선정, 1980, 앞의 책, p. 25.

57 《경향신문》(1978. 10. 13) 최정호, "숯불".

58 김형민, 1987,《김형민 회고록》, 범우사, p. 65.

59 정명훈, 2010, 〈아버지 햄버거가게, 1년 만에 망한 이유…〉,《중앙일보》(2010. 8. 21).

60 정대성, 2001,《우리 음식문화의 지혜》, 역사비평사, p. 75.

61 위의 책, p. 78.

62 위의 책, pp. 76-77.

63 Asakura Toshio, 2009, "Yakiniku and Bulgogi: Japanese, Korean, and Global Foodways", The 11th Symposium on Chinese Dietary Culture/2009 ICCS International Symposium, pp. 10:1-10:23.

64 佐々木道雄, 2004,《燒肉の文化史》, 明石書店, p. 18.

65 위의 책, p. 19.

66 정대성, 2003,《(よくわかる)燒肉·韓國料理の歷史: 燒肉店の人氣メニューはいかにして生まれたか?》, 旭屋出版, pp. 12-13.

67 박미아, 2020, 〈재일코리안과 야키니쿠 산업: 일본 패전 이후 암시장과의 관련성을 중심으로〉,《일본학》 50, pp. 145-171.

68 朝倉敏夫, 1994,《日本の燒肉 韓國の刺身: 食文化が"ナイズ"されるとき》, 農山漁村文化協會, pp. 68-69.

69 《NEWSWEEK(일본판)》(2003. 11. 26) pp. 24-25.

70 이붕언, 2009,《재일동포 1세, 기억의 저편》, 윤상인 옮김, 동아시아, pp. 26-27.

71 정대성, 2003, 앞의 책, pp. 12-13.

72 KBS 〈한식탐험대: 불이 빚은 진미, 불고기〉(2010년 6월 4일 방송).

73 《조선일보》(1960. 3. 12) "코주부 동경일기: 불고기뿜".

74 《동아일보》(1985. 2. 26) "일본의 한국인: 불고기 식성을 전파하다".

75 김숙희, 1976,《어떻게 무얼 먹지》, 정우사, pp. 118-119.

76 《경향신문》(1961. 12. 10) "아메리카 점묘 3: 미국식 불고기".

77 《동아일보》(1961. 8. 28) "세계의 뒷골목 특파원 수첩에서: 알젠틴 인과 소".

78 《동아일보》(1961. 9. 2) "미인이 되려며는".

79 《동아일보》(1960. 2. 2) 서경수, "조춘(早春)".

80 이봉래, 1968, 〈나의 식도락 여우불고기와 말고기회〉《신동아》 1968년 3월호, 동아일보사, p. 261.

81 《여원》 1962년 11월호 "11월의 食卓".

82 왕준연, 1968, 〈특집 따뜻한 상을 차리기 위한 메뉴와 조리순서: 구이를 중심

으로 한상을 차릴 때〉,《여원》 1968년 11월호, 학원사, p. 147.

83 《매일경제》(1971. 2. 6) "대보름 음식 조리법: 가지 불고기".

84 《동아일보》(1998. 10. 16) "'갖은양념'은 불고기 양념을 뜻해".

85 김대현, 1968, 〈나의 식도락: 소금불고기와 함흥냉면〉,《신동아》 1968년 2월 호, 동아일보사, pp. 310-313.

86 《조선일보》(1972. 4. 14) "별미유람: 수원 불갈비".

87 《조선일보》(1973. 8. 5) "별미진미: 수원 불갈비".

88 《경향신문》(2002. 11. 14) "한국의 맛(4) 수원 갈비",

89 《경향신문》(2002. 11. 14) "한국의 맛(4) 수원 갈비".

90 이재규, 2004,《한국의 맛 갈비》, 백산출판사, p. 21.

91 《문화일보》(2000. 8. 3) "우리 땅 우리 맛, 포천 이동갈비".

92 《월간식당》 1993년 8월호 "명소를 만든 사람들: 이동갈비집 이인규".

93 이재규, 2004, 앞의 책, p. 20.

94 김태홍, 1995, 앞의 글, p. 298.

95 《경향신문》(1961. 12. 10) "아메리카 점묘: 미국식 불고기".

96 신기철·신용철 공편, 1958,《표준국어사전》, 을유문화사.

97 《매일경제》(1973. 2. 12) "언어순화에 새 전기".

98 《경향신문》(1967. 5. 17) "쇠고기값 등급제".

99 《중앙일보》(1975. 7. 29) "쇠고기는 용도 따라 선택해야".

100 《경향신문》(1970. 10. 9) "서울 새 풍속도".

101 김대현, 1968, 앞의 글, pp. 310-313.

102 《매일경제》(1971. 12. 6) "직장인의 식사 현황".

103 《경향신문》(1972. 6. 7) "餘滴(여적)".

104 《경향신문》(1974. 8. 7) "불고기, 갈비, 로스구이 등 劇藥(극약) 수산화칼륨을 使用(사용)".

105 《매일경제》(1975. 5. 31) "로스구이용 핫프레이트 大韓電線(대한전선) 개발제품".

IV. 육류구이 문화 전성기: 1975~2000년

1 김찬별, 2008, 앞의 책, p. 105.

2 《중앙일보》(1976. 7 .6) "의식주는 변하고 있다: 육류 소비의 급증".

3 《중앙일보》(1975. 7. 29) "쇠고기는 용도 따라 선택해야".

4 《동아일보》(1978. 3. 23) "마장동 도살장 서울 요철".

5 《경향신문》(1976. 8. 26) "수입 쇠고기 첫선".

6 《동아일보》(1976. 9. 24) "맛없는 수입 쇠고기".

7 《동아일보》(1978. 3. 23) "수입 쇠고기 수요 늘어".

8 《경향신문》(1981. 8. 14) "수입 쇠고기 맛 좋아졌다".

9 《동아일보》(1981. 4. 29) "쇠고기 값 올라도 줄지 않는 수요".

10 《서울신문》(1992. 10. 6) "'91년 개인소득 6,498불… 61년의 80배".

11 《한국일보》(1996. 6. 10) "한우냐 젖소 고기냐".

12 송주호 등, 2004, 〈미국 BSE 발생 이후 국내 쇠고기 소비변화 분석〉, 한국농촌경제연구원.

13 이계임 등, 1999, 〈육류 소비구조의 변화와 전망〉, 한국농촌경제연구원, pp. 9-10.

14 위의 글.

15 《경향신문》(1982. 9. 11) "쇠고기 하루 소비량 천 7백 마리".

16 《경향신문》(1984. 1. 30) "쇠고기 잘 골라야 제맛".

17 《동아일보》(1981. 4. 29) "쇠고기 값 올라도 줄지 않는 수요".

18 《매일경제》(1982. 10. 13) "돼지고기 닭고기는 남아도는데 쇠고기 내년에 3만 5천 톤 수입".

19 《매일경제》(1982. 10. 13) "돼지고기 닭고기는 남아도는데 쇠고기 내년에 3만 5천 톤 수입".

20 《경향신문》(1979. 9. 7) "유흥공해".

21 《동아일보》(1979. 9. 6) "휴지통".

22 《동아일보》(1982. 4. 17) "후지카 야외버너 개발".

23 《매일경제》(1982. 4. 30) "휴대용 가스레인지 한국후지카서 개발".

24 《동아일보》(1982. 4. 17) "꽃바람 속 군침 도는 불고기 냄새".

25 《경향신문》(1990. 10. 13) "산의 비명".

26 《동아일보》(1992. 8. 31) "불고기 파티".

27 《경향신문》(1993. 9. 16) "추석선물/인기품목 시대 따라 부침 명절선물 변천사";《한겨레》(1997. 9. 8) "50년대 달걀 80년대 갈비 인기".

28 《매일경제》(1981. 12. 10) "알뜰선물 정육 오가는 정표".

29 《서울신문》(1994. 9. 7) "추석선물/쇠갈비세트 최고인기: 소비자 4백 85명 대상 조사".

30 《경향신문》(1982. 9. 23) "갈비 品貴(품귀)".

31 《동아일보》(1978. 8. 8) "수입 쇠고기 포장 판매".

32 《경향신문》(1981. 8. 28) "쇠고기도 포장육 시대로".

33 《매일경제》(1981. 9. 5) "포장육 순회 판매 인기".

34 《경향신문》(1981. 12. 18) "'81 경제신어들: 포장육".

35 《경향신문》(1981. 12. 18) "'81 경제신어들: 포장육".

36 《매일경제》(1982. 11. 27) "수입 쇠고기 부위별 차등가제".

37 《경향신문》(1983. 8. 4) "돼지고기도 포장 시판".

38 《동아일보》(1985. 7. 3) "포장 쇠고기 판매 23개市 확대".

39 《서울신문》(1990. 11. 18) "소·돼지고기값 자율화".

40 《서울신문》(1991. 6. 23) "돼지고기 값, 수입 쇠고기 앞질렀다"; 《동아일보》
    (1991. 6. 24) "돼지고기값 자율화로 급등: 수입 쇠고기 값보다 비싸져"..

41 《동아일보》(1992. 2. 19) "돼지 값 폭락: 90kg 한 마리 10만 원대로".

42 《동아일보》(1992. 2. 24) "쇠고기 부위별 판매: 시범 2,500업소 지정".

43 《한겨레》(1992. 4. 9) "소비자 물가지수 산정방식 개편 이달부터".

44 《한국일보》(2003. 12. 25) "광우병 해외사례 /1986년 영국서 첫 발생".

45 《한국일보》(1996. 3. 26) "이번엔 쇠고기 파동 조짐".

46 《경향신문》(1997. 7. 4) "돼지고기 값 쇠고기보다 비싸다"; 《세계일보》(1997. 5.
    24) "돼지고기 '기 살아'… 소고기는 '기 죽어'".

47 《국민일보》(1998. 3. 31) "돼지-한우고기 값 역전".

48 《서울신문》(1996. 4. 29) "돼지고기 일본 수출 최대 지원".

49 《세계일보》(1997. 7. 17) "대기업 먹거리 수입 경쟁".

50 《경향신문》(1997. 10. 5) "'소 대신 닭' 달라진 육식문화/'O157 쇼크' 현장르포".

51 이계임 등, 1999, 앞의 글, p. 11.

52 《동아일보》(1998. 6. 10) "韓牛수입육 가격 역전 기현상".

53 《경향신문》(1999. 6. 5) "'다이옥신 돼지고기' 시중 유통".

54 《한국일보》(1999. 6. 7) "프랑스 등 유럽산 '다이옥신 공포' 확산".

55 《한겨레》(1999. 6. 11) "국산 돼지고기 다이옥신 특수".

56 《매일경제》(1983. 12. 12) "중소기업 중계탑: 안성풍화유기 향로 형태의 불고
    기판".

57 《매일경제》(1985. 5. 6) "리스피라르연 조사".

58 《월간식당》1989년 4월호 "보리고개에서 외식산업까지", p. 54.

59 《서울신문》(1992. 8. 4) "불고기와 생등심".

60 《월간식당》1994년 10월호, "서울 역삼동 한국회관", p. 68.

61 《한겨레》(1996. 11. 30) "한복·한글·김치… '한국상징 10' 선정".

62 《한겨레》(1998. 11. 30) "네티즌이 뽑은 '98 히트상품".

63 《문화일보》(1998. 12. 30) "맥도날드-롯데리아 불고기 버거 최고경쟁".

64 《세계일보》(2005. 2. 16) "한국형 햄버거 출시 붐".

65 《한국일보》(1999. 1. 18) "일본식 '소고기 숯불구이'전문점";《동아일보》(2002. 9. 13) "일본식 불고기 '야끼니꾸 우육'".

66 Asakura Toshio, 2009, 앞의 글, pp. 10:1-10:23.

67 https://www.yakiniku.or.jp/.

68 《서울신문》(1998. 5. 12) "불고기 日 음식으로 공인 움직임".

69 《동아일보》(2000. 8. 21) "재일교포 기업인 야망과 성공(1): 불고기 체인점 유시기 사장".

70 《문화일보》(2001. 3. 2) "우리음식 이야기: 너비아니구이".

71 《한국일보》(1999. 9. 2) "집에서 해보는 호텔 요리".

72 조선료리전집 편찬위원회, 1994,《조선료리전집》, 조선외국문도서출판사, p. 78.

73 김광연·박동창, 2004,《고기료리》, 조선출판물수출입사, p. 45.

74 김영애·현주, 2006,《가정료리교실》, 근로단체출판사, p. 270.

75 장철구평양상업대학 급양연구실, 2005,《대중료리》, 조선출판물수출입사, pp. 350-351.

76 김문흡·리길황, 2005,《민속명절료리》, 조선출판물수출입사, p. 190.

77 김정순 편, 2007,《조선의 이름난 료리》, 조선출판물수출입사, p. 142.

78 림찬영 편, 2005,《조선의 특산료리》, 평양출판사, p. 142.

79 Asakura Toshio, 2009, 앞의 글, pp. 10:4-10:5.

80 《매일경제》(1986. 2. 13) "숯불구이 기구 개발".

81 《경향신문》(1992. 8. 19) (광고)"쇠고기 뷔페사업을 생각하십니까? 유일크린로스타가 도와드리겠습니다".

82 《매일경제》(1982. 5. 3) "호화 음식점이 는다".

83 《매일경제》(1982. 7. 22) "서울 상권 강남 강서로 이동".

84 《동아일보》(1983. 5. 2) "돈 어디로 흐르나: 흥청대는 공원식 갈비집".

85 《경향신문》(1982. 7. 3) "서울 강남에 호화 갈비타운".

86 이재규, 2004, 앞의 책.

87 《월간식당》1985년 5월호, "다시 가고 싶은 식당: 늘봄공원".

88 《월간식당》1985년 10월호, "수원 갈비의 본고장 원천동 갈비식당 거리", p. 47.

89 수원시역사편찬위원회 편, 1986,《수원시사(1)》, 수원시, p. 1665.

90 《동아일보》(1985. 7. 24) "수원 갈비".

91 정건조 외, 2004,《한국의 맛》, 경향신문사출판본부, p. 148.

92 《동아일보》(1996. 5. 31) "한 달 외식비 한 집 평균 94,500원: 제일제당 주부 1천 명 조사".

93 《매일경제》(1990. 5. 23) "여론 의식한 재판부 고뇌".

94 《서울신문》(1991. 6. 23) "돼지고기 값, 수입 쇠고기 앞질렀다".

95 《문화일보》(2009. 3. 26) "LA갈비는 미국산 아닌 'LA식 갈비'를 말하는 것".

96 두산백과사전 EnCyber & EnCyber.com (http://100.naver.com).

97 《세계일보》(1997. 6. 13) "킴스클럽 인기품목 수입 LA갈비 1위".

98 《중앙일보》(2008. 7. 7) "LA갈비가 LA산이 아니라고요?"

99 《조선일보》(1997. 6. 4) "4,500원짜리 산해진미 기사식당".

100 《매일경제》(1977. 5. 9) "날로 늘어나고 있는 현대병: 육류와 야채로 식단 조화를".

101 《동아일보》(1976. 3. 17) "모처럼의 외식".

102 《경향신문》(1994. 4. 5) "로스구이 전문점".

103 《문화일보》(2003. 5. 7) "맛동네: 구수한 '육즙 맛' 그만".

104 《동아일보》(1982. 9. 14) "한국인 쇠고기만 너무 찾는다".

105 《경향신문》(1983. 11. 16) "생활문화론 최남산 산책: 음식문화의 중앙집권".

106 《월간식당》1985년 5월호 "마포 주물럭" pp. 174-175.

107 《경향신문》(1985. 2. 22) "올림픽 식품".

108 《경향신문》(1987. 11. 20) "쇠고기 部位別(부위별) 모듬 食單(식단) 인기".

109 《월간식당》1992년 2월호 "성공한 사람들: 〈암소한마리〉 박영환", pp. 82-87.

110 《월간식당》1992년 8월호 "심층취재: 쇠고기 뷔페 바람 뜨겁다".

111 《경향신문》(1992. 4. 18) "인건비 줄여야 장사된다: 단일메뉴 뷔페 성업".

V. 육류구이 문화 정체기: 2000년 이후

1 윤계순 등, 1999, 앞의 글, p. 250.

2 허진재, 2001, 〈광우병 파동으로 식생활 변화, 쇠고기 소비 줄고 생선 섭취

늘어〉, AD INFORMATION, pp. 127-130.

3 《경향신문》(2004. 11. 19) "주부 쇠고기 구입실태 설문: 37%가 '등심 고르죠'".

4 《경향신문》(2005. 4. 8) "한우 '덩치' 30년새 2배로, 18개월 수소 평균 542kg… 87% 늘어".

5 《동아일보》(2000. 3. 29) 31면 "日, 대만 한국 육류 수입 금지".

6 《동아일보》(2000. 9. 26) "돼지고기 값 폭락 비상… 작년 말보다 30% 하락".

7 《문화일보》(2000. 10. 16) "돼지고기 재고 쌓이는데… 삼겹살 수입은 계속 늘어".

8 《국민일보》(2000. 11. 21) "우리 국민들 삼겹살 편애 심하다".

9 《문화일보》(2002. 5. 20) "국산 삼겹살 값 수입 쇠고기 추월".

10 《문화일보》(2003. 12. 24) "미국산 쇠고기 수입 중단".

11 《문화일보》(2003. 12. 24) "미국산 쇠고기 수입 중단".

12 《월간식당》 2004년 2월호 "광우병, 조류독감 파동 그 후", p. 95.

13 송주호 외, 2004, 앞의 글.

14 《서울신문》(2003. 12. 22) "날개 단 조류독감 '속수무책'".

15 《동아일보》(2003. 12. 27) "돼지고기 판매 50%이상 급증…광우병,조류독감 특수".

16 《월간식당》2004년 3월호 "돼지고기", p. 113.

17 《경향신문》(2004. 5. 1) "돼지고기값 너무 오른다".

18 《한국일보》(2004. 7. 7) "돼지고기와 가격역전 쇠고기 '음메~기죽어'".

19 《한국일보》(2004. 6. 4) "불고기의 반란: 쇠고기소비촉진협 불고기 먹기 캠페인".

20 《한겨레》(2004. 5. 28) "쇠불고기 소비 감소: 갈비 등심에 밀려".

21 《한국일보》(2004. 6. 4) "불고기의 반란: 쇠고기소비촉진협 불고기 먹기 캠페인".

22 《국민일보》(2004. 5. 26) "불고기 먹고 힘내세요".

23 한국외식정보, 2007,《한국외식연감 2007》, 한국외식정보, p. 108.

24 《세계일보》(2001. 3. 22) "서울 용산 '역전회관'".

25 《파이낸셜뉴스》(2018. 10. 23) "'언양 불고기 축제' 위기… 식당 30 → 16곳만 남아".

26 《월간식당》 1994년 1월호 "삼오불고기", p. 118.

27 홍성유, 1987,《한국 맛있는 집》, 범양사. p. 404.

28 《경향신문》(1990. 1. 30) "내 고장 사람들".

29 《매일경제》(1984. 1. 11) "패도 장인 박용기 씨".

30 《경향신문》(2006. 4. 5) "'음식 한류' 日서 영화로: 타이틀 'THE 불고기'".

31 《문화일보》(2006. 10. 31) "마장동 '불고기 外食명소'로".

32 《데일리안》(2009. 12. 24) "'횡성한우' 저지방육 가공제품, 첫 선"(http://www. dailian.co.kr/news).

33 《데일리안》(2009. 12. 6) "횡성한우, 중 '마카오 입성' 타진"(http://www.dailian. co.kr/news).

34 《뉴데일리》(2010. 2. 2) "우주에서도 불고기·비빔밥을… 한국형 우주식품 추가 개발"(http://www.newdaily.co.kr).

35 《동아일보》(2010. 4. 9) "'이동식당 트럭 요리' 로이 최, 美 최고 셰프 뽑혔다".

36 《국민일보》(1999. 12. 10) "소스 이야기".

37 《동아일보》(2003. 3. 3) "3월 3일은 삼겹살데이: 파주 무료시식 등 행사".

38 《한겨레》(2003. 3. 12) "2001년 국민 식생활 조사: 30~40대는 소주·삼겹살 과섭취".

39 《한국일보》(2002. 5. 3) "한국인이 즐기는 고기요리… 돼지 삼겹살이 으뜸!".

40 《서울신문》(2007. 5. 7) "경제현장 읽기".

41 《한국일보》(2001. 2. 13) "대나무통 삼겹살 맛보러 오세요"; 《동아일보》(2001. 1. 27) "까페風 '삼겹살집' 성업… 삼겹살에 와인 한잔"; 《경향신문》(2001. 10. 25) "매실금 삼겹살 전문점".

42 《동아일보》(2001. 1. 27) 22면 "까페風 '삼겹살집' 성업… 삼겹살에 와인 한잔".

43 《동아일보》(2003. 6. 10) "브랜드肉' 고기도 명품시대".

44 《한겨레21》(2009. 4. 24) "공포의 삼겹살".

45 《동아일보》(2005. 3. 30) "참살이 열풍… 돼지 '저지방 부위' 뜬다".

46 《문화일보》(2005. 12. 12) "외식품목 1년간 값 오름 폭 1위 '쇠갈비'".

47 《경향신문》(2006.12.26) "등심구이 2000년 대비 외식 지수 56% 상승".

48 《경향신문》(2004. 11. 19) "부드럽고 담백한 소고기 삼겹살".

49 《동아일보》(2007. 7. 16) "소비자 선택권 빼앗는 '쇠고기 反美'".

50 《경향신문》(2008. 4. 19) "한미 쇠고기 협상타결: 위생조건 개정 등 절차 남아".

51 《경향신문》(2008. 7. 7) "'LA'갈비(×) 'LA식' 갈비(○) 미국산 오해에 마트 표기 바뀌".

1. 신문 및 잡지

신문: 《독립신문」,《대한매일신보》,《황성신문》,《경향신문》,《동아일보》,《서울신문 (대한매일)》,《한국일보》,《시대》,《중외》,《중앙》,《조선중앙》,《매일경제》,《매일 신보》,《조선일보》,《중앙일보》,《국민보》,《국민신보》,《만세보》등

잡지: 《별건곤》,《개벽》,《삼천리》,《동광》,《여원》,《신동아》,《모던일본》,《월간식당》등

2. 총독부 자료 및 기타 일문 자료

白寬洙, 1929,《京城便覽》, 京城 : 弘文社.

今井晴夫, 1929,《朝鮮之觀光》, 京城: 朝鮮之觀光社.

今井晴夫, 1939,《朝鮮之觀光》, 京城: 朝鮮之觀光社.

柳川勉, 1926,《朝鮮之事情》, 京城: 朝鮮之事情社.

朝鮮總督府, 1909-1942,《朝鮮總督府 統計年報》, 京城: 朝鮮總督府.

朝鮮總督府, 1932,《平壤府》, 京城: 朝鮮總督府.

朝鮮總督府, 1933,《朝鮮の 産業》, 京城: 朝鮮總督府.

平安南道, 1933,《平壤小誌》, 平壤: 平安南道.

平安南道 內務部, 1935,《平安南道ノ農業》, 平壤: 平安南道.

佐々木道雄, 2004,《燒肉の文化史》, 明石書店

3. 근·현대 조리서

강인희, 1987,《한국의 맛》, 서울: 대한교과서주식회사.

계몽사편집실 편, 1965,《요리백과》, 서울: 계몽사.

김광연·박동창, 2004,《고기료리》, 조선출판물수출입사.

김문흡·리길황, 2005,《민속명절료리》, 조선출판물수출입사.

김영애·현주, 2006,《가정료리교실》, 근로단체출판사.

김정순 편, 2007,《조선의 이름난 료리》, 조선출판물수출입사.

동아일보사, 1976, 〈음식솜씨 도와주는 요리사전〉,《여성동아》 12월호 별책부록, 서울: 동아일보사.

림찬영 편, 2005,《조선의 특산료리》, 평양출판사.

문예출판사편집부 편, 1970,《가정요리》, 서울: 문예출판사.

방신영, 1917,《조선요리제법》(이성우 편, 1992,《한국고식문헌집성(IV)》, 수학사, pp. 1546-1626).

방신영, 1939,《조선요리제법(증보9판)》, 경성: 한성도서주식회사.

방신영, 1957,《우리나라음식 만드는 법》, 서울: 장충도서출판사.

방신영, 1958,《고등요리실습》, 서울: 장충도서출판사.

방신영, 1958,《중등요리실습》, 서울: 장충도서출판사.

빙허각이씨(憑虛閣 李氏), 1975,《규합총서(閨閤叢書)》, 정량완 옮김, 보진재

안동장씨, 2000,《음식디미방》, 한복려 외 엮음, 궁중음식연구원.

왕준연·윤은숙, 1976, 〈한국요리 330가지〉,《여원》 1976년 9월호 별책부록, 서울: 여원사.

왕준연, 1982,《한국요리》, 서울: 범한출판사.

유계완, 1976,《계절과 식탁》, 서울: 삼화출판사.

윤서석, 1969,《한국요리》, 서울: 수학사.

이석만, 1934,《간편조선요리제법》(이성우 편, 1992,《한국고식문헌집성(V)》, 수학사, pp. 1931-1974).

이석만, 1935,《신영양요리법》, (이성우 편, 1992,《한국고식문헌집성(V)》, 수학사, pp 2009-2076).

이용기, 1924,《조선무쌍신식요리제법》(이성우 편, 1992,《한국고식문헌집성(V)》, 수학사, pp. 1636-1791).

이정연, 1975,《새가정요리집》, 서울: 정문사문화.

장철구평양상업대학 급양연구실, 2005,《대중료리》, 조선출판물수출입사.

저자 미상, 1800년대 말,《시의전서》(이성우 편, 1992,《한국고식문헌집성(IV)》, 수학사, pp. 1446-1522).

조선료리전집 편찬위원회, 1994,《조선료리전집》, 조선외국문도서출판사.

조자호, 1943,《조선요리법》(이성우 편, 1992,《한국고식문헌집성(VI)》, 수학사, pp.

2251-2318).

주부생활사 편, 1967, 〈한국요리〉, 《주부생활》 2월호 부록. 서울: 주부생활사.

주부생활사, 1983, 《주부생활 카드요리》, 서울: 주부생활사.

춘추각 편집부, 1969, 《요리》, 서울 :춘추각.

하선정, 1980, 《한국의 가정요리》, 서울: 삼선출판사.

하숙정, 1986, 《한국요리전집》, 서울: 삼화인쇄.

한정혜, 1972, 《생활요리: 동양요리》, 서울: 집현각.

한정혜, 1974, 《한국요리》, 서울: 대광서림.

한희순·황혜성·이혜경, 1957, 《이조궁정요리통고》(이성우 편, 1992, 《한국고식문헌집성
(VII)》, 수학사, pp. 2783-2804).

황혜성, 1976, 《한국요리백과사전》, 서울: 삼중당.

황혜성, 1981, 《한국의 요리》, 서울: 계몽사.

4. 국어사전

강남성, 1954, 《수정증보 국어대사전》, 서울: 영창서관.

남광우 외, 1987, 《새국어대사전》, 서울: 명문당.

동아출판사, 1963, 《新撰 국어대사전》, 서울: 동아출판사.

동아출판사 편집부, 1971(초판발행, 1973년 5판발행), 《신콘사이스 국어사전》, 서울:
학습연구사.

문세영, 1938(4271 초판발행/4283 4판발행), 《우리말사전》, 서울: 삼문사.

문세영, 1958(4291), 《수정증보 표준국어사전》, 서울: 장문사.

문세영, 1959, 《큰국어사전》, 서울: 건국사.

성문사 사서부, 1968, 《표준국어사전》, 서울: 성문사.

신기철·신용철 공편, 1958, 《표준국어사전》, 서울: 을유문화사.

신기철·신용철 공편, 1958(초판발행/1966년 수정7판발행), 《표준국어사전》, 서울: 을
유문화사.

양주동, 1983, 《새국어사전》, 서울: 청개구리.

이희승, 1961(초판 발행, 1982년 수정증보판, 1988년 4쇄 발행), 《국어대사전》, 서울: 민
중서림.

이희승, 1982, 《수정증보판 국어대사전》, 서울: 민중서림.

정인승, 1973, 《새국어사전》, 서울: 미문출판사.

한국어사전편찬위원회, 1991,《국어대사전》, 서울: 삼성문화사.

한국학회 편, 1947-1957,《큰사전》, 서울: 을유문화사.

5. 국내 문헌

간보(干寶), 1997,《수신기(상)》, 임동석 옮김, 서울: 동문선.

강인희, 1978,《한국식생활사》, 서울: 삼영사.

국립경주문화재연구소, 2019, 〈2019 신라 천년의 궁성, 월성〉(2019년도 경주 월성 발굴조사 브로슈어), 국립경주문화재연구소.

국립고궁박물관, 2018,《국역 수작의궤》, 국립고궁박물관

김귀옥, 2006, 〈한국구술사 연구현황, 쟁점과 과제〉,《사회와 역사》 제71집, 한국사회사학회: 313-348.

김미옥·김태홍, 2000, 〈1945년 이후 우리나라 쇠고기찜류의 문헌적 고찰〉,《동아시아식생활학회지》 10(1): 1-20.

김미혜·정혜경, 2009, 〈구술을 통한 전통세대의 음식문화 특성 연구〉,《한국식생활문화학회지》 24(6): 613-630.

Kim SB·Lee SW, 1992, "A Study of Cookery of Meal in Youngjeob Dogam Euigwae of Choson Dynasty", *J. Korean Soc. Food Cult.* 7(2): 141-148.김상보, 1995,《조선왕조 궁중의궤 음식문화》, 수학사.

김상보, 1997,《한국의 음식생활문화사》, 서울: 광문각.

김상보, 2004,《조선왕조 궁중연회식 의궤 음식의 실제》, 서울: 수학사.

김상보, 2006,《조선시대의 음식문화》, 서울: 가람기획.

김상보, 2010,《상차림문화》, 서울: 기파랑

김성희, 2003,《문명개화기의 서양문화 수용: 육식, 계몽, 생활문화》, 한양대학교 대학원 석사논문.

김수성, 2007, 〈근대 일본에 있어서의 서양문화 수용: 육식을 중심으로〉,《일어일문학》 33: 289-304.

김숙희, 1976,《어떻게 무얼 먹지》, 서울: 정우사.

김업식·한명주, 2009, 〈음식디미방, 규합총서, 조선무쌍신식요리제법에 수록된 시대적 흐름에 따른 부식류의 변화〉,《한국식생활문화학회지》 24(4): 366-375.

김은실·전희정·이효지, 1990, 〈찜의 문헌적 고찰(1): 수조육류를 이용한 찜을 중심으로〉,《한국식문화학회지》 5(1): 59-75.

김은실·전희정·이효지, 1990, 〈찜의 문헌적 고찰(2): 어패류, 채소류 및 기타를 이용한 찜을 중심으로〉, 《한국식문화학회지》 5(1): 77-99.

김찬별, 2008, 《한국음식, 그 맛있는 탄생》, 서울: 로크미디어.

김천호, 1996, 〈한·몽 간의 육식문화 비교〉, 《몽골학》 4: 1-25.

김천호, 1997, 〈몽골인의 식생활문화와 한·몽 간의 육식문화 비교〉, 《민족과 문화》 6: 155-166.

김철호, 2008, 《한국민중구술열전(36): 김순현 1925년 2월 15일생》, 서울: 눈빛.

김태정·손주영·김대성, 1997, 《음식으로 본 동양문화》, 서울: 대한교과서주식회사.

김태홍, 1992, 〈우육 조리법의 역사적 고찰1: 국〉, 《한국식생활문화학회지》 7(3): 223-235.

김태홍, 1992, 〈우육 조리법의 역사적 고찰2: 포〉, 《한국식생활문화학회지》 7(3): 237-244.

김태홍, 1995, 〈우육 조리법의 역사적 고찰3: 찜〉, 《한국식생활문화학회지》 9(5): 487-496.

김태홍, 1995, 〈우육 조리법의 역사적 고찰4: 숙육과 편육〉, 《한국식생활문화학회지》 9(5): 499-507.

김태홍, 1995, 〈우육 조리법의 역사적 고찰4: 구이〉, 《한국식생활문화학회지》 10(4): 291-300.

김태홍, 1995, 〈우육 조리법의 역사적 고찰5: 산적〉, 《한국식생활문화학회지》 10(4): 301-310.

김태홍, 1999, 〈우육 조리법의 역사적 고찰7: 회〉, 《한국식생활문화학회지》 14(4): 385-393.

김태홍·김희선, 1991, 〈돼지고기 조리법의 문헌적 고찰: 1945년 이전의 문헌조사를 중심으로〉, 《가정문화논집》 8: 57-71.

김형민, 1987, 《김형민 회고록》, 서울: 범우사.

김화진, 1973, 《한국의 풍토와 인물》, 서울: 을유문화사.

류시현, 2019, 《민족사 서술을 위한 새로운 이론: 신채호의 독사신론》, 내일을여는역사.

박명규·서호철, 2003, 《식민권력와 통계: 조선총독부의 통계체계와 센서스》, 서울: 서울대학교 출판부.

박상준, 2008, 《서울 이런 곳 와보셨나요?》, 파주: 한길사.

박유미, 2013, 〈맥적의 요리법과 연원〉, 《선사와 고대》 38호, 한국고대학회.

박채린·권용석·정혜정, 2011, 〈설하멱적을 통해서 본 쇠고기 구이 조리법 변화에 대한 역사적 고찰: 1950년대 이전의 문헌을 중심으로〉, 《한국식생활문화학회지》 26(6): 599-613.

박형기 외, 2003, 《식육, 육제품의 과학과 기술》, 서울: 선진문화사.

방민호 편, 2003, 《모던 수필》, 서울: 향연.

백관수, 1929, 《경성편람》, 경성: 홍문사.

서현정, 2005, 《한국민중구술열전(15): 최한채 1935년 1월 21일생》, 서울: 눈빛.

성경일·윤은숙·배재홍·최홍열·김경회·백영태·김지융, 2017, 《한우 문화 이야기: 육식 문화의 역사 및 한민족의 정체성》, 한우자조금관리위원회.

송은주, 2014, 《고종 정해진찬의궤에 나타난 궁중연향음식문화 연구》, 경기대학교 대학원 박사학위논문.

송주호·신승열·김철민, 2004, 〈미국 BSE 발생이후 국내 쇠고기 소비변화 분석〉, 한국농촌경제연구원.

수원시 역사편찬 위원회 편, 1986, 《수원시사(1)》, 수원시.

신권식, 2007, 《평택일기로 본 농촌생활사》, 수원: 경기문화재단.

옥영정, 2008, 〈한글본 뎡니의궤의 서지적 분석〉, 《서지학연구》 제39집.

우병준·전상곤·김현중·채상현, 2009, 〈쇠고기 산업의 구조와 발전방안〉, 한국농촌경제연구원.

윤계순·우자원, 1999, 〈한국인의 육류음식에 관한 의식구조 및 이용행동〉, 《한국식품영양과학회지》 28(1): 246-256.

윤서석, 1997, 《한국음식의 개관》(한국음식대관 제1권), 한국문화재보호재단.

이경재, 1993, 《서울 정도 육백년: 다큐멘터리》, 서울: 서울신문사.

이계임·최지현·이철현·안병일, 1999, 〈육류 소비구조의 변화와 전망〉, 《한국농촌경제연구원》.

이기문, 2006, 〈'불고기' 이야기〉, 《새국어생활》 제16권 제4호(2006년 겨울): 77-83.

이기숙, 1998, 〈가족구술사 연구법에 관한 소고〉, 《한국가족관계학회지》 3(2): 109-26.

이봉언, 2009, 《재일동포 1세, 기억의 저편》, 윤상인 옮김, 서울: 동아시아.

이성우, 1978, 《고려 이전의 한국식생활사 연구》, 서울: 향문사.

이성우, 1981, 《한국식경대전》, 서울: 향문사.

이성우, 1984, 《한국식품문화사》, 서울: 교문사.

이성우, 1984, 《한국식품사회사》, 서울: 교문사.

이성우, 1985, 《한국요리문화사》, 서울: 교문사.

이성우, 1992,《동아시아 속의 고대 한국식생활연구》, 서울: 향문사.

이용기, 2009, 〈역사학, 구술사를 만나다: 역사학자의 관점에서 본 구술사의 현황과 과제〉,《역사와 현실》71: 291-319.

이재규, 2004,《한국의 맛 갈비》, 서울: 백산출판사.

이준구·강호성, 2006,《조선의 부자》, 서울: 스타북스.

이철호·주용재·안기옥·류시생, 1988, 〈지난 일세기 동안의 한국인 식습관의 변화와 보건 영양상태의 추이분석〉,《한국식문화학회지》3(4): 397-406.

이태우, 2007,《한국민중구술열전(23): 홍성두 1933년 10월 12일생》, 서울: 눈빛.

이효지 외 엮음, 2004,《시의전서》, 서울: 신광출판사.

임장혁, 2000, 〈한국의 육식문화〉,《문화재》33: 274-289.

장경남, 2001, 〈이춘풍전을 통해 본 가부장권의 형상〉,《우리문학연구》14, 우리문학회.

정건조 외, 2004,《한국의 맛》, 서울: 경향신문사출판본부.

정대성, 2000,《일본으로 건너간 우리음식》, 서울: 솔출판사.

정양완, 2000, 〈내가 써온 서울 말 몇 가지〉,《서울말 연구 1》, 서울: 박이정.

정혜경·이정혜·조미숙·이종미, 1996, 〈서울음식문화에 대한 연구: 심층면접에 의한 사례연구〉,《한국식생활문화학회지》11(2): 155-167.

조풍연, 1989,《서울 잡학사전》, 서울: 정동출판사.

주영하, 2000,《음식전쟁, 문화전쟁》, 파주: 사계절출판사.

주영하, 2003, 〈벽화를 통해서 본 고구려의 음식풍속〉,《고구려연구》17집.

주영하, 2013,《식탁 위의 한국사》, 서울: 휴머니스트.

진경혜, 2007, 〈서울시 음식 거리의 형성 배경과 발달 과정에 관한 연구〉,《지리학논총》, 제49호: 77-105.

최남선, 1946,《조선상식문답》, 서울: 동명사.

최남선, 1948,《조선상식: 풍속편》, 서울: 동명사.

최남선, 2013,《최남선 한국학 총서(17) 고사통》, 류시현 옮김, 서울: 경인문화사.

한국외식정보, 2007,《한국외식연감 2007》, 서울: 한국외식정보.

최세진, 2008,《번역박통사(상): 주석》, 장숙영 옮김, 서울: 한국문화사.

친일인명사전편찬위원회, 2009,《친일인명사전》, 민족문제연구소.

한국학중앙연구원 조선왕조궁중음식고문헌연구단 편, 2012, (조선왕조 궁중음식 고문헌 자료집 VI)《음식발기류 상세해제 자료집(3)》, 한국학중앙연구원.

한국학중앙연구원 조선왕조궁중음식고문헌연구단 편, 2012, (조선왕조 궁중음식 고문헌 자료집 VII)《종합류 상세해제 자료집》, 한국학중앙연구원.

한복진, 1998,《우리가 정말 알아야 할 우리 음식 백가지(2)》, 서울: 현암사.

한복진, 2001,《우리생활 100년 음식》, 서울: 현암사.

한일비교문화연구센터, 2007,《일본잡지 모던일본과 조선 1939》, 서울: 어문학사.

한일비교문화연구센터, 2009,《일본잡지 모던일본과 조선 1940》, 서울: 어문학사.

허진재, 2001, 〈광우병 파동으로 식생활 변화, 쇠고기 소비 줄고 생선 섭취 늘어〉, AD INFORMATION, 127-130.

홍하상, 2004,《개성상인》, 서울: 국일미디어.

황필수, 2015,《명물기략》, 박재연·구사회·이재홍 옮김, 고양: 학고방.

6. 해외문헌

Asakura Toshio, 2009, "Yakiniku and Bulgogi : Japanese, Korean, and Global Foodways", The 11th Symposium on Chinese Dietary Culture/2009 ICCS International Symposium, pp10:1-10:23.

Horowitz, Roger, 2006, *Putting meat on the American table:taste, technology, transformation*, Baltimore: The Johns Hopkins University Press.

Holm, L., Mohl, M., 2000, "The role of meat in everyday food culture: an analysis of an interview study in Copenhagen", *Appetite* 34: 277-283.

Kramer, Hans Martin, 2008, "Not befitting our divine country: eating meat in Japanese Discourses of self and other from the 17th century to the present", *Food and Foodways* 16:33-62.

Smil, Vaclav, 2002, "Eating Meat: Evolution, Patterns, and Consequences", *Population & Development Review* 28(4): 599-640.

Willard, Barbara E., 2002, "The American Story of Meat: Discursive Influences on Cultural Eating Practice", *Journal of Popular Culture* 36(1): 105-118.

Rifkin, Jeremy, 1993, *Beyond Beef*(신현승 옮김,《육식의 종말》, 서울: 시공사, 2002).

Simoons, Frederick J., 1994, *Eat Not This Flesh: Food Avoidances From Prehistory To The Present*, Univ of Wisconsin(김병화 옮김,《이 고기는 먹지마라?》, 파주: 돌베개, 2005).

Mellinger, Nan, 2000, *Fleisch. Ursprung und Wandel einer Lust.*, Campus Fachbuch(임진숙 옮김,《고기: 욕망의 근원과 변화》, 서울: 해바라기).

岡田哲, 2000, 《とんかつの誕生——明治洋食事始め》(정순분 옮김, 《돈가스의 탄생》, 서울: 뿌리와이파리).

7. 영상물 및 관련 사이트

MBC '한국의 맛 9부 : 불고기'
KBS '한식탐험대: 제 20회 불이 빚은 진미, 불고기'

국립국어원, 국어대사전 (http://www.korean.go.kr)
국사편찬위원회 (http://sillok.history.go.kr)
광양시 홈페이지 (http://www.gwangyang.go.kr)
농협협동조합중앙회 (http://www.nonghyup.com)
뉴데일리 (http://www.newdaily.co.kr)
데일리안 (http://www.dailian.co.kr/news)
서울대 규장각 한국학연구원(의궤) (http://kyu.snu.ac.kr/LANG/en/introduction/2_organization.jsp)서울시 농수산물 공사, 가락시장 소개 (http://www.garak.co.kr/)
씨네21.com (http://www.cine21.com/Movies)
연합뉴스 (https://www.yna.co.k)
이데일리 (http://www.edaily.co.kr)
중앙선데이 (https://news.joins.com)
특허청 (http://www.kipo.go.kr)
한국고전번역원 (http://db.itkc.or.kr/dir)
한국관광공사 (www.visitkorea.or.kr)
한국영상자료원 (www.koreafilm.or.kr)
http://hanmihye.egloos.com
http://blog.naver.com/ahnbhn
www.hellodd.com
http://blog.naver.com/ch4640?Redirect=Log&logNo=150079431360